Die entscheidenden 90 Tage

Michael D. Watkins hat unter anderem an der Harvard Business School gelehrt und beschäftigt sich seit Langem mit den Themen Leadership und Verhandlung. Sein Unternehmen Genesis Advisers berät und unterstützt Führungskräfte aus der Wirtschaft und dem öffentlichen Bereich. Er hat bereits mehrere erfolgreiche Managementbücher verfasst. *Die entscheidenden 90 Tage* hat sich in den letzten zehn Jahren bereits mehr als 400 000-mal verkauft und viele Führungskräfte beim erfolgreichen Onboarding auf einer neuen Position unterstützt.

MICHAEL WATKINS

Die entscheidenden 90 Tage

So meistern Sie jede neue Managementaufgabe

Aus dem Englischen von Jürgen Neubauer und Nicole Hölsken

CAMPUS VERLAG
FRANKFURT/NEW YORK

Die englische Ausgabe erschien 2013 bei Harvard Business Review Press unter dem Titel *The First 90 Days. Proven Strategies for Getting Up to Speed Faster and Smarter.*

MIX
Papier | Fördert gute Waldnutzung
FSC® C089473
FSC www.fsc.org

ISBN 978-3-593-50129-1
ISBN 978-3-593-42432-3 E-Book (PDF)
ISBN 978-3-593-42483-5 E-Book (EPUB)

2. erweiterte Auflage 2014

Umschlaggestaltung: Anne Strasser, Hamburg
Satz: Fotosatz L. Huhn, Linsengericht
Druck und Bindung: Beltz Bad Langensalza GmbH, Bad Langensalza
Beltz Grafische Betriebe ist ein Unternehmen mit finanziellem Klimabeitrag (ID 15985-2104-1001).
Printed in Germany

Campus Verlag® / www.campus.de

Inhalt

Für Aidan,
Maeve und Niall,
meine wunderbaren Kinder.
– M. W.

Vorwort zur 2. Auflage

Wie viel sich in einem Jahrzehnt doch verändert! Als ich im Jahr 2001 mit der Arbeit an *Die entscheidenden 90 Tage* begann, fand man nur wenig Literatur darüber, wie eine neue Führungskraft ihre Übergangssituation möglichst schnell möglichst erfolgreich meistern kann.[1] Zu jenem Zeitpunkt lehrte ich Verhandlungsstrategie und Firmendiplomatie an der Harvard Business School (HBS). Obwohl ich als Koautor im Jahr 1999 an einem einigermaßen erfolgreichen Buch über den Wechsel in Führungspositionen beteiligt gewesen war – *Right from the Start* mit Dan Ciampa –, hatten meine Kollegen an der HBS Bedenken, dass eine weitere Konzentration auf dieses Thema meiner Karriere nicht unbedingt förderlich sein könnte.[2]

Ich war für ihren Rat zwar dankbar, aber letztlich entschloss ich mich dennoch, das Buch voranzutreiben. Das Thema des erfolgreichen Übergangs in eine neue Führungsposition war einfach zu interessant, und die Zeit war reif, es näher zu erforschen. Es war buchstäblich unerforschtes Land, und zwar sowohl vom intellektuellen als auch vom praktischen Standpunkt aus gesehen. Ende 1999, kurz nach der Veröffentlichung von *Right from the Start,* war ich von der Unternehmensentwicklung der Firma Johnson & Johnson gebeten worden, Workshops und Coachingverfahren zu entwickeln, um den neuen Führungskräften auf die Sprünge zu helfen. Diese Arbeit war der Grundstein für eine verbindliche Zusammenarbeit, sodass J & J schon bald mein Testumfeld für die Entwicklung und den Einsatz meiner Ideen wurde.

Die entscheidenden 90 Tage ist sozusagen das Destillat dessen, was ich durch die fast zweieinhalb Jahre währende Zusammenarbeit mit Hunderten von Führungskräften auf der CEO- und Direktionsebene in allen Teilen der Welt gelernt hatte. Das Buch basiert auf einigen grundlegenden Ideen, die ich in *Right from the Start* bereits entwickelt hatte, beispielsweise die Bedeutung des effektiven Lernens, das Sichern früher Erfolge und die Bedeutung von Verbündeten. Doch die Ideen wurden erweitert, getestet und modifiziert, sodass ein praktischer Bezugsrahmen entstand, der Führungskräften auf sämtlichen Ebenen das Handwerkszeug an die Hand gab, um ihren Erfolg in der neuen Führungsposition voranzutreiben. Es war ein Destillat – eine Mischung aus Konzepten, Tools, Fällen und praktischen Ratschlägen –, das für den Wechsel in eine Führungsposition von unschätzbarem Wert ist.

Dann hatte ich das große Vergnügen mitzuerleben, wie die Verkaufszahlen von *Die entscheidenden 90 Tage*, als es im November 2003 in den USA erschien, raketenartig in die Höhe schnellten. Im Sommer 2004 stand das Buch auf der *BusinessWeek*-Bestseller-Liste und blieb dort 15 Monate lang. Zeitgleich mit dem Erfolg endete mein Arbeitsverhältnis in Harvard, was meine Entscheidung unterstützte, nicht länger im akademischen Bereich zu arbeiten. Stattdessen gründete ich mit einigen Mitarbeitern eine Firma zur Entwicklung von Führungskräften – Genesis Advisers –, die Unternehmen helfen sollte, Mitarbeiter bei der Übernahme von neuen Führungsrollen zu unterstützen.

Führungsratgeber, auch sehr erfolgreiche, verkaufen sich oft ein bis zwei Jahre wirklich gut, dann verschwinden sie in der Versenkung. Das war bei *Die entscheidenden 90 Tage* nicht der Fall. Zu meiner großen Freude verkaufte sich das Buch ein Jahrzehnt lang gleichbleibend gut, sodass in englischer Sprache fast 800 000 Exemplare über den Ladentisch gingen. Allein im Jahre 2011 waren es 75 000. Im letzten Jahrzehnt gehörte das Buch stets zu den Bestsellern von Harvard Business Review Press. Außerdem wurde es in 27 Sprachen übersetzt und gilt als Basis für *Leadership Transitions*, dem von Harvard Business Publishing herausgegebenen, preisgekrönten E-Learning-Tool.[3]

Durch seinen dauerhaften Erfolg gilt *Die entscheidenden 90 Tage* mittlerweile als »Business-Klassiker«, ein etwas angestaubtes Etikett, mit dem ich mich nicht ganz wohlfühle. Dennoch fühlte ich mich geehrt, als mein Buch im Jahr 2009 nach einer ausführlichen Rezension von Jack Covert und Todd Sattersten in *800-CEO-Read* als eines der 100 besten Business-Bücher aller Zeiten bezeichnet wurde. Diese Anerkennung zeigte nicht nur die Bedeutung und den bleibenden Wert dieser Ideen, sondern auch die Tatsache, dass auch weiterhin jede neue Generation von Führungskräften den Übergang in eine erfolgreiche Laufbahn erst lernen muss.

Der Erfolg von *Die entscheidenden 90 Tage* förderte und wurde gefördert durch ein wachsendes Interesse vonseiten der Unternehmen am Talent-Management, an der Einstellung neuer Mitarbeiter und an der Sicherung von Führungskraftnachfolgern. Von vornherein konzentrierte sich die Arbeit von Genesis Advisers bei J&J darauf, neuen Führungskräften einen erfolgreichen Übergang in ihre neue Rolle zu ermöglichen und interne Beförderungen voranzutreiben. Ich bin nach wie vor der Überzeugung, dass es ein Fehler ist, sich ausschließlich auf Neueinstellungen zu konzentrieren und die Betreuung der Übergangsphase in die Führungsebene zu vernachlässigen. Dennoch war es das Interesse am Onboarding, das dieses Thema vorantrieb, da der Kampf um begabte Mitarbeiter immer härter wurde und die hohen Kosten von Derailment im Management, Überforderung sowie die Abwanderung neuer Arbeitskräfte eine immer größere Belastung darstellten. Viele Unternehmen begannen, die Ideen aus *Die entscheidenden 90 Tage* zu übernehmen, um neue Mitarbeiter besser in die Unternehmensstruktur zu integrieren. Unabhängig von unserer Arbeit mit unseren Kunden bei Genesis Advisers wurden die Konzepte und Tools des Buches von den Human-Resources-Abteilungen in Tausenden von Firmen eingesetzt, erlernt und weiterentwickelt. Im Jahr 2006 bezeichnete *The Economist* das Werk als die »Onboarding Bibel«[4]. Das Forschungsgebiet ist mittlerweile »erwachsen« geworden, was aktuell durch verschiedene größere Tagungen deutlich wird, die sich den Themen Onboarding und der Erleichterung des Wechsels in eine Führungsaufgabe widmen.

Auch meine eigenen Erkenntnisse haben sich in den letzten zehn Jahren natürlich weiterentwickelt, weshalb ich in dieser neuen Ausgabe des Buches verschiedenste Verbesserungen angebracht habe. Ich arbeite immer noch eng mit Führungskräften in der Übergangsphase zusammen, forsche und übersetze meine praktischen Erfahrungen und Erkenntnisse in bessere Rahmenbedingungen und Tools. Zu den besonders wichtigen darauffolgenden Publikationen gehören:

- ***Shaping the Game.*** Ein 2006 bei Harvard Business Review Press erschienenes Buch, das näher darauf eingeht, wie frischgebackene Führungskräfte sich Verhandlungstechniken und Einfluss zunutze machen können, um erfolgreich in ihrer neuen Rolle zu bestehen.[5]
- ***The First 90 Days in Government.*** Eine Version von *Die entscheidenden 90 Tage*, die sich auf den öffentlichen Bereich konzentriert. Koautor war Peter Daly, ein ehemaliger führender Mitarbeiter des Finanzministeriums und Cate Reavis.[6]

- **»The Pillars of Executive Onboarding«.** Ein im Oktober 2008 erschienener Artikel in der Zeitschrift *Talent Management* über die Hauptschwerpunkte des Onboarding: Business-Orientierung, Erwartungen, Koordination, kulturelle Anpassung und politische Verbindung.[7]
- ***Your Next Move.*** Ein im Jahre 2009 bei Harvard Business Press erschienenes Buch, das betont, wie wichtig es für Führungskräfte im Übergang ist, zwischen den firmeninternen Herausforderungen und den persönlichen Anpassungsschwierigkeiten zu unterscheiden. Außerdem befasst sich das Buch intensiv mit den verschiedenen Arten des beruflichen Übergangs wie Beförderung, der Führung ehemaliger Kollegen, Onboarding oder einem internationalen Stellenwechsel.[8]
- **»Picking the Right Transition Strategy«.** Ein im Januar 2009 im *Harvard Business Review* erschienener Artikel, der sich mit der Situationsanalyse als Voraussetzung zum Erfolg befasst (egal, ob es sich nun um Start-ups, Turnarounds, Wachstumsbeschleunigung, Restrukturierung oder die Stabilisierung des Erfolgs handelt). Nur durch eine solche Analyse kann die richtige Strategie für verschiedene Managementsituationen entwickelt werden.[9]
- **»How Managers Become Leaders«.** Ein im Juni 2012 im *Harvard Business Review* erschienener Artikel, der meine Forschungsergebnisse zu den »sieben seismischen Veränderungen« zusammenfasst, die Führungskräfte durchlaufen, während sie aus einer Führungsposition zum Geschäftsführer eines gesamten Unternehmens heranwachsen.[10]

Meine Arbeit wurde zudem während der vergangenen acht Jahre dadurch entscheidend beeinflusst, dass wir unser Coaching für unsere Kunden bei Genesis Advisers immer wieder auf den neuesten Stand brachten. So entwickelten wir eine neue Generation von Lern-Coaching-Prozessen, einen webbasierten Workshop, der virtuelle Teilprojektgruppen beinhaltet, sowie ein spezielles Programm, das Ärzten beim Übergang von der klinischen Praxis und Forschung in ein Wirtschaftsgefüge hilft.

Ich bin sehr froh, dass *Die entscheidenden 90 Tage* und meine darauf basierende Arbeit so viel Interesse am Studium und der praktischen Anwendung von Ideen im Hinblick auf Übergangssituationen für Manager hervorgerufen hat. Hierzu entstanden im Laufe der letzten Jahre viele hervorragende Artikel.[11] Imitation ist, wie wir wissen, die aufrichtigste Form der Schmeichelei. Ich fühle mich also sehr geschmeichelt, dass viele meiner Konzepte, Hilfsmittel und Begrifflichkeiten von anderen Praktikern und Beratern aufgegriffen wurden: die sieben S zum Beispiel, ebenso wie Übergangsfallen und das Sichern früher Erfolge[12], der Gedanke des »unscharfen Beginns« (womit die Phase zwischen der Vertragsunterschrift für den neuen Job und der formalen Übernahme der neuen Rolle gemeint ist – eine Vorstellung, die ich in Zusammenarbeit mit Dan Ciampa entwickelt habe)[13]. Ebenso wurde die für die Einschätzung des Übergangsrisikos wichtige Unterscheidung zwischen den unternehmerischen und den persönlichen Herausforderungen, die solch eine Veränderung mit sich bringt, von anderen Kollegen hinreichend gewürdigt.[14]

Die vergangenen zehn Jahre waren eine wunderbare Reise für mich, und ich schulde vielen Menschen meinen Dank, die dazu beigetragen haben, dass ich sie realisieren konnte. Zuallererst möchte ich die beiden Menschen nennen, die den größten Einfluss auf die frühe Phase meiner Forschungen und ihre Anwendung im Berufsalltag hatten: meinen Koautor für *Right from the Start*, Dan Ciampa, und meine Partnerin Shawna Slack. Als Nächstes danke ich meinen Lektoren und Redakteuren bei Harvard Business Review Press, insbesondere Jeff Kehoe, der mich stets ermutigt, geleitet und meine Arbeit verbessert hat. Dankbar bin ich auch für die Unterstützung der Führungskräfte bei Kunden unserer Firma Genesis Advisers, die bereit waren, den Sprung zu wagen und Geld und Zeit in unsere Arbeit zu investieren, insbesondere Becky Atkeison und ihre Kollegen bei FedEx sowie Inaki Bastarrika, Ron Bossert, Carolynn Cameron, Michael Ehret, Ted Nguyen und Doug Soo Hoo bei Johnson & Johnson. Schließlich danke ich von ganzem Herzen meinen Mitarbeitern von Genesis Advisers für ihre harte Arbeit und ganz besonders Kerry Brunelle für ihre Unterstützung bei der Überarbeitung des Manuskripts.

Michael Watkins

Einleitung: Die ersten 90 Tage

Der Präsident der Vereinigten Staaten von Amerika hat 100 Tage, um sich zu bewähren – Sie haben 90. Was Sie in den ersten drei Monaten in einer neuen Führungsposition tun, entscheidet darüber, ob Sie dort Erfolg haben werden oder nicht.

Es steht viel auf dem Spiel. Ein Misserfolg in einem neuen Aufgabengebiet kann das Ende einer vielversprechenden Karriere bedeuten. Doch bei der Gestaltung Ihres erfolgreichen Wechsels sollte es um weit mehr gehen als darum, eine Katastrophe zu vermeiden. Es gibt zwar Führungskräfte, die mit Pauken und Trompeten untergehen (und in diesem Fall lassen sich die Ursachen meist auf Teufelskreise zurückführen, die in den ersten Monaten entstanden sind). Doch auf jede gescheiterte Führungskraft kommen unzählige, die zwar überleben, denen es aber nicht gelingt, ihr Potenzial voll zu entfalten. Damit verbauen sie sich die Möglichkeit, weiter aufzusteigen, und bringen auch für ihr Unternehmen nicht die Leistung, die es sich auf dieser Position erhofft hatte.

Warum ist ein solcher Wechsel schwierig? Bei meiner Befragung von mehr als 1 300 Führungskräften im Personalwesen waren sich fast 90 Prozent einig, dass »der Wechsel in eine neue Rolle zu den schwierigsten Phasen im Berufsleben von Führungskräften gehört«.[15] Und fast drei Viertel stimmten zu, dass »Erfolg oder Scheitern in den ersten paar Monaten ein deutlicher Prädikator für den Gesamterfolg oder das Scheitern im Job« sei. Natürlich verurteilt ein misslungener Wechsel den Betreffenden nicht unweigerlich zum Scheitern, er macht aber den Erfolg unwahrscheinlicher.

Übergangsphasen bieten dem Einzelnen die Chance zum Neubeginn und geben die Gelegenheit, auch das Unternehmen neu zu strukturieren. Aber Übergangsphasen machen auch sehr verletzlich, denn es fehlen feste Arbeitsbeziehungen und ein detailliertes Verständnis für die neue Rolle. Als Manager agieren Sie quasi unter dem Mikroskop, sind in hohem Maße dem prüfenden Blick Ihrer Umgebung ausgesetzt, weil Ihre Mitarbeiter herausfinden wollen, wer Sie sind und wofür Sie als Führungskraft stehen. Ansichten über Ihre Effektivität bilden sich überraschend schnell, und haben sie sich einmal gebildet, sind sie schwer veränderbar. Wenn es Ihnen erfolgreich gelingt, Glaubwürdigkeit aufzubauen, und Sie sich frühe Erfolge sichern können, gibt Ihnen das den richtigen Schwung, um den Rest Ihrer Amtszeit ebenfalls gut zu überstehen. Aber wenn Sie sich am Anfang immer tiefer hineinreiten, müssen Sie sich darauf gefasst machen, sich wie Sisyphos immer wieder den Berg hinaufkämpfen zu müssen.

Die richtige Kompetenz zum Laufbahnwechsel erlangen

Eine langjährige Tätigkeit in einer einzigen Firma (oder auch nur in zwei oder drei Firmen) gibt es heutzutage nur noch ganz selten. Gerade Führungskräfte wechseln häufig die Stelle, weshalb die Fähigkeit, sich schnell und effizient an eine neue Rolle anzupassen, mittlerweile überlebenswichtig ist. In einer Studie von 580 Führungskräften, die gemeinschaftlich von Genesis Advisers, dem *Harvard Business Review* und dem International Institute of Management Development durchgeführt wurde (im Folgenden die Genesis/HBR/IMD-Studie), berichteten die Befragten, dass sie durchschnittlich über 18,2 Jahre Berufserfahrung verfügten.[16] Die typische Führungskraft wurde durchschnittlich 4,1 Mal befördert, hat etwa 1,8 Rollenwechsel hinter sich (indem sie beispielsweise vom Vertrieb ins Marketing wechselte), hat 3,5 Mal die Firma gewechselt, 1,9 Mal die Abteilung und ist jobbedingt 2,2 Mal umgezogen. Insgesamt kommt man auf 13,5 größere Veränderungen pro Führungskraft, also alle 1,3 Jahre eine. Wir werden später noch darauf eingehen, dass einige dieser Übergangsphasen wahrscheinlich parallel erfolgen. Aber was das bedeutet, ist klar: Jede erfolgreiche berufliche Laufbahn besteht aus einer Folge erfolgreich ausgeführter Aufgaben, und jede erfolgreich ausgeführte Aufgabe wird durch einen erfolgreichen Übergang in Gang gesetzt.

Neben diesen leicht erkennbaren Meilensteinen durchleben Führungskräfte auch zahlreiche verborgene Übergangssituationen. Diese ergeben sich, wenn ihre Rolle oder ihr Verantwortungsbereich sich ändert, ohne dass sie einen neuen Titel erhalten. Das passiert häufig und ist oft auf Veränderungen im Unternehmen aufgrund eines schnellen Wachstums, aufgrund von Umstrukturierungs- oder Akquisemaßnahmen zurückzuführen. Verborgene Übergänge dieser Art bergen oft besondere Gefahren in sich, denn Manager erkennen sie nicht immer oder schenken ihnen nicht immer genügend Aufmerksamkeit. Die gefährlichste Übergangssituation ist häufig die, die man nicht als solche identifiziert.

Führungskräfte werden auch vom beruflichen Wandel ihres Umfelds beeinflusst. Alljährlich wechselt etwa ein Viertel der Manager in typischen Fortune-500-Unternehmen den Job.[17] Und jeder Wechsel in der Führungsetage beeinflusst die Leistung von etwa einem Dutzend anderer Mitarbeiter – der Vorgesetzten, Kollegen, Mitarbeiter oder Projektmitarbeiter.[18] Wenn Sie sich also persönlich gerade nicht in einer Übergangsphase befinden, werden Sie sich wahrscheinlich dennoch mit den Veränderungen im Berufsleben der anderen auseinandersetzen müssen. Um dafür ein Bewusstsein zu entwickeln, überlegen Sie, wer in Ihrem unmittelbaren Umfeld gerade ebenfalls seine ersten 90 Tage durchlebt. Sie werden erstaunt sein, wie viele es sind.

Das Problem besteht darin, dass es zwar ausreichend Literatur und Diskussionen darüber gibt, wie man als Manager zum Erfolg gelangt, aber nur wenige Aufsätze und Forschungsergebnisse befassen sich damit, wie man Führungspositionen und Wechsel in der beruflichen Laufbahn erfolgreich vorantreibt. Diese wichtige berufliche Feuerprobe stehen viele Menschen noch immer vergleichsweise unvorbereitet und ohne verlässliches Wissen oder das Handwerkszeug, das ihnen helfen könnte, durch. Und genau das soll dieses Buch Ihnen an die Hand geben.

Den Break-even erreichen

Ihr Ziel sollte es sein, so rasch wie möglich den Break-even zu erreichen, ab dem Sie zum aktiven Wertschöpfer in Ihrem neuen Unternehmen werden (siehe Kasten »Der Break-even«). Denn jede Minute, die Sie durch die systematische Gestaltung Ihres Wechsels einsparen, ist eine Minute, die Sie für Ihr Unternehmen gewinnen.

Der Break-even

Der Break-even ist der Punkt, an dem eine Führungskraft in ihrem neuen Unternehmen so viel erwirtschaftet hat, wie sie an Kosten verursacht hat. Wie aus der Grafik 0.1 hervorgeht, kosten Sie als neue Führungskräfte zu Beginn mehr, als Sie erwirtschaften. Doch mit jeder Entscheidung, die Sie fällen, beginnen Sie, Werte für Ihr Unternehmen zu schaffen. Vom Break-even an sind Sie ein Aktivposten für Ihr Unternehmen. In einer Befragung wurden 210 Vorstandsvorsitzende und Geschäftsführer gebeten einzuschätzen, wie lange ein Manager der mittleren Führungsebene in ihrem jeweiligen Unternehmen benötigt, um den Break-even zu erreichen; der Durchschnitt lag bei 6,2 Monaten.[19] Eine effiziente Gestaltung der Einarbeitungsphase soll Führungskräften helfen, diesen Punkt früher zu erreichen. Was wäre es einem Unternehmen wert, wenn sämtliche Führungskräfte auf neuen Positionen ihren Break-even einen Monat früher erreichen würden?

Grafik 0.1: Der Break-even

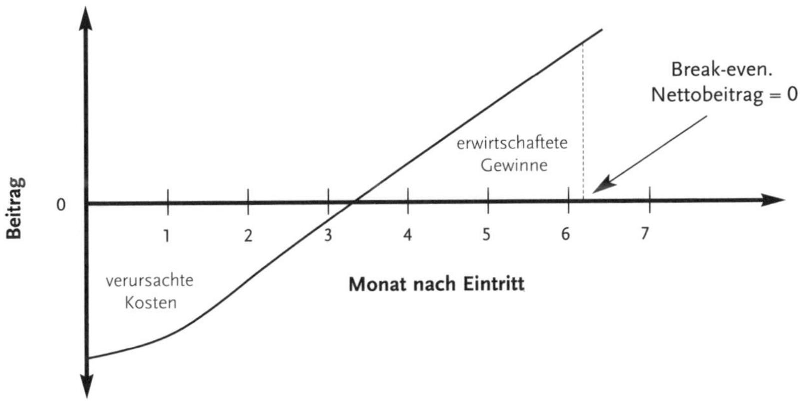

Dieses Buch liefert Ihnen eine Anleitung, wie Sie die Zeit, die Sie benötigen, um den Break-even zu erreichen, dramatisch verkürzen können, und zwar ganz unabhängig von der Position, die Sie in Ihrem Unternehmen haben. Tatsächlich haben unabhängige Studien gezeigt, dass Sie durch eine rigorose Anwendung der in diesem Buch beschriebenen Prinzipien die Zeit um bis zu 40 Prozent minimieren können.[20]

Übergangsfallen vermeiden

Wie die meisten Führungskräfte haben Sie vermutlich gelernt, Ihre beruflichen Veränderungen auf die harte Tour durchzuziehen – durch Ausprobieren, Fehler und letztliches Überwinden der Schwierigkeiten. Im Laufe der Zeit haben Sie sicherlich Methoden entwickelt, die sich als durchaus wirkungsvoll für Sie herausgestellt haben ... wenigstens bis heute. Aber was in manchen Situationen gut funktioniert, ist in anderen wirkungslos, doch das finden Sie in aller Regel erst heraus, wenn es zu spät ist. Deshalb ist es wesentlich, beim Übergang in die nächste Verantwortungsstufe oder Führungsposition einem umfassenden Rahmenprogramm zu folgen, einem Programm, in dem die Erfahrungen vieler verschiedener Führungskräfte zusammengefasst sind, die sich mit einer großen Bandbreite an Herausforderungen konfrontiert sahen.

Schauen Sie sich beispielsweise die folgende Liste häufiger Fallen an, die wir durch Interviews mit erfahrenen Führungskräften zusammengestellt und durch die Antworten auf die Genesis/HBR/IMD-Studie ergänzt haben. Beim Durchlesen der Liste sollten Sie Ihre eigenen Erfahrungen ebenfalls im Hinterkopf behalten.

Auf eingefahrenen Gleisen bleiben: Sie glauben, dass Sie in Ihrer neuen Rolle Erfolg haben werden, wenn Sie genauso verfahren wie in Ihrer vorherigen Position, nur intensiver. Dabei übersehen Sie, dass Sie in Ihrer neuen Rolle nur erfolgreich sein können, wenn Sie bestimmte Aufgaben nicht mehr erfüllen und sich neue Kompetenzen aneignen.

Blinder Aktionismus: Sie haben das Gefühl, unbedingt aktiv werden zu müssen, und Sie bemühen sich zu intensiv und zu früh, dem Unternehmen Ihren Stempel aufzudrücken. Sie sind zu sehr damit beschäftigt zu lernen, und Sie treffen schlechte Entscheidungen, sodass sich Widerstand gegen Ihre Initiativen regt.

Unrealistische Erwartungen schüren: Sie verhandeln Ihre Aufgaben nicht und setzen sich auch keine klaren, erreichbaren Ziele. Vielleicht sind Ihre Leistungen gar nicht so schlecht, aber die Erwartungen Ihres Vorgesetzten oder anderer Interessensvertreter erfüllen Sie trotzdem nicht.

Sie überfordern sich: Sie preschen in sämtliche Richtungen gleichzeitig vor, stoßen zahlreiche Initiativen an in der Hoffnung, dass die ein oder andere sich bezahlt machen wird. Die Menschen in Ihrer Umgebung reagieren mit Verwirrung. Außerdem verhindert dieses Vorgehen, dass Ressourcen gebündelt und auf die entscheidenden unternehmerischen Aktivitäten konzentriert werden.

Besserwisserei: Sie haben die Entscheidungen bereits getroffen, Sie kommen zu schnell zu Schlussfolgerungen über »das« Problem und »die« Lösungen. Sie stoßen Menschen vor den Kopf, die Ihnen helfen und zu einem besseren Verständnis der Situation beitragen könnten, und verspielen so die Chance, Unterstützung zur Entwicklung guter Lösungen zu finden.

Falsche Lernstile: Sie konzentrieren sich zu sehr auf das Erlernen der fachlichen Hintergründe und versäumen es, sich mit den kulturellen und politischen Dimensionen Ihrer neuen Rolle zu befassen. So entwickeln Sie weder die notwendigen unternehmensspezifischen Einsichten noch die Beziehungen und die Informationskanäle, die Sie brauchen, um zu durchschauen, was tatsächlich relevant ist.

Horizontale Beziehungen vernachlässigen: Sie verbringen zu viel Zeit damit, sich auf die vertikale Beziehungsebene zu konzentrieren – bis hinauf zu Ihrem Vorgesetzten und hinab zu Ihren Mitarbeitern –, vernachlässigen aber Kollegen, Gleichgestellte und andere Projektmitarbeiter. Deshalb durchschauen Sie nicht, was zum Erfolg notwendig ist, und verpassen von Anfang an die Gelegenheiten, Bündnisse zu knüpfen, die Ihnen von Nutzen sein können.

Sie kennen diese Fallen aus Ihrer Vergangenheit? Oder haben andere hineintappen sehen? Denken Sie jetzt über Ihre neue Position nach. Laufen Sie Gefahr, einen dieser Fehler zu machen? Um Karrierebrüche zu vermeiden und schneller zum Break-even zu gelangen, sollten Sie diese Fallen stets im Auge haben.

Schwungkraft gewinnen

Jede dieser Fallen verwickelt die Opfer in einen Teufelskreis (siehe Grafik 0.2). Indem Sie am Anfang nicht die richtigen Dinge auf die richtige Weise lernen, werden falschen Anfangsentscheidungen, die Ihre Glaubwürdigkeit unterminieren, Tür und Tor geöffnet. Wenn die Kollegen, Mitarbeiter und Vorgesetzten dann einmal Ihr Urteilsvermögen infrage gestellt haben, wird es umso schwieriger für Sie, notwendige Informationen in Erfahrung zu bringen. Sie brauchen ungeheuer viel Energie, um frühere Fehleinschätzungen zu kompensieren, und schon beginnt die Abwärtsspirale. Aber Ihr Ziel besteht nicht nur darin, derlei Teufelskreise zu vermeiden; Sie müssen zusätzlich positive Dynamiken in Gang setzen, die Ihnen Schwung geben und eine Aufwärtsspirale an gesteigerter Effektivität bewirken (siehe Grafik 0.3).

Grafik 0.2: Der Teufelskreis der Übergangsphase

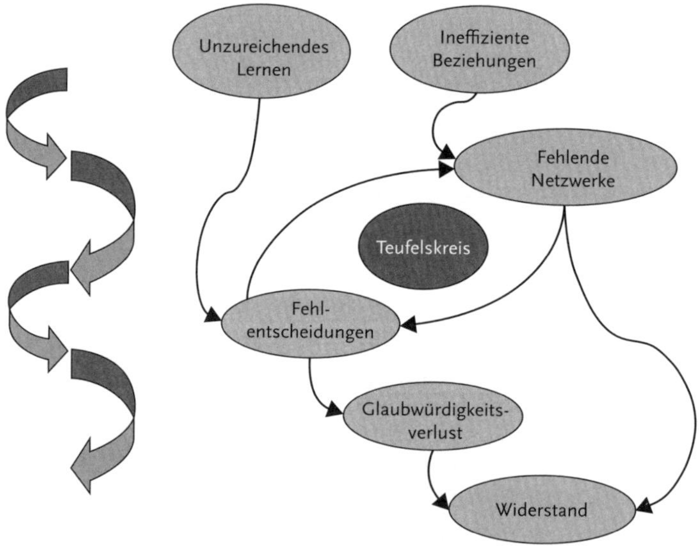

Gute Anfangsentscheidungen, die auf richtigem Lernen basieren, fördern beispielsweise Ihre persönliche Glaubwürdigkeit. Die Menschen vertrauen Ihrem Urteil, was wiederum Ihre Lernfähigkeit steigert, sodass Sie profunde Entscheidungen zu schwierigeren Themen treffen können.

Ihr vorrangiges Ziel, wenn Sie sich auf den neuesten Stand bringen und die Verantwortung übernehmen wollen, besteht darin, sich selbst Schwung

Grafik 0.3: Positiver Kreislauf der Übergangsphase

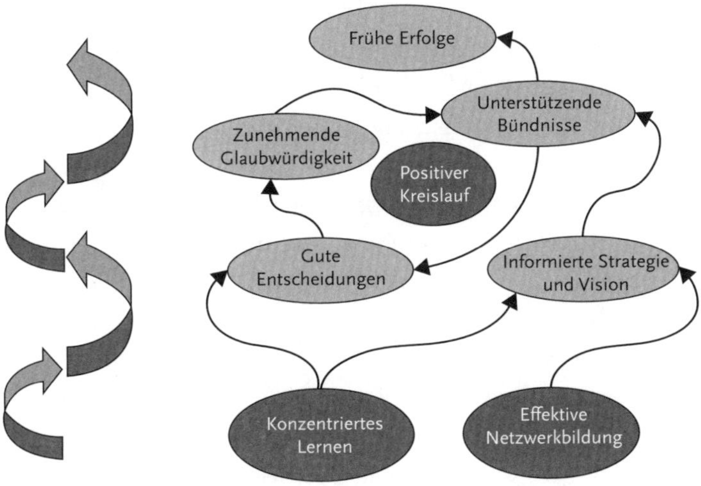

zu geben, indem Sie positive Kreisläufe in Gang setzen und Teufelskreise, die Ihre Glaubwürdigkeit unterminieren, vermeiden. Bei Führungspositionen geht es letztendlich um Einfluss und eine starke Position. Sie sind schließlich auch nur ein Mensch und stehen erst einmal allein da. Um erfolgreich zu sein, müssen Sie die Energie vieler anderer in Ihrem Unternehmen mobilisieren. Wenn Sie das Richtige tun, dann können Ihre Visionen, Ihr Fachwissen und Ihr Antrieb Sie nach vorn bringen und als Impfkristall wirken. Tun Sie aber das Falsche, enden Sie womöglich in jenen Endlosschleifen aus negativem Feedback, dem man nur schwer, manchmal sogar nie entkommt.

Verständnis der fundamentalen Prinzipien

Die Hauptursachen für das Scheitern eines Karrieresprungs liegen immer in der schädlichen Wechselwirkung zwischen der neuen Rolle als Führungskraft – mit all ihren Gelegenheiten und Fallstricken – und dem Einzelnen – mit seinen Stärken und Schwächen. Beim Scheitern geht es niemals nur um die Schwächen des frischgebackenen Managers. Tatsächlich hatten sämtliche Führungskräfte, die ich befragte, in der Vergangenheit beträchtliche Erfolge erlangt. Aber genauso wenig ist das Scheitern auf eine hoffnungslose Situation zurückzuführen, bei der selbst eine übermenschliche Führungskraft den Sieg nicht hätte davontragen können. Die unternehmerischen Herausforderungen, denen sich scheiternde Führungskräfte ausgesetzt sehen, sind nicht härter als jene, in denen andere große Erfolge einheimsen. Manager scheitern am Übergang, weil frischgebackene Führungskräfte entweder die grundlegenden Anforderungen der Situation nicht durchschauen oder ihnen die Fähigkeit und die Flexibilität fehlt, sich ihnen anzupassen.

Die gute Nachricht lautet, dass es systematische Methoden gibt, um die Wahrscheinlichkeit des Scheiterns zu mindern und den Break-even schneller zu erreichen. Die spezifischen Unternehmenssituationen, mit denen sich Führungskräfte in der Übergangsphase befassen müssen, variieren natürlich. Aber spezifischen Übergangssituationen, wie Start-ups und Turnarounds, sind bestimmte Eigenschaften und Notwendigkeiten gemein. Außerdem existieren bestimmte Prinzipien – beispielsweise das Sichern früher Erfolge –, die den Erfolg eines jeglichen Übergangs auf sämtlichen Führungsebenen untermauern. Der Schlüssel besteht darin, die eigene Strategie der Situation anzupassen.

Fast ein Jahrzehnt der Forschung und Praxis haben gezeigt, dass man den eigenen Übergang in eine neue Führungsrolle dramatisch vorantreiben kann. Tun Sie das Richtige – erfüllen Sie die wesentlichen Übergangsaufgaben, die im Folgenden aufgelistet sind –, und Sie werden sehr schnell genügend Schwung erhalten, um noch größere Erfolge einzuheimsen.

- **Befördern Sie sich selbst.** Verabschieden Sie sich innerlich von Ihrer alten Stelle und bereiten Sie sich darauf vor, an Ihrer neuen Wirkungsstätte Verantwortung zu übernehmen. Sie können kaum einen größeren Fehler machen, als anzunehmen, dass Ihre bisherigen Erfolgsstrategien auch Ihren weiteren Erfolg garantieren. Die Gefahr ist groß, dass Sie sich an das halten, was Sie schon wissen, extrem hart arbeiten – und kläglich scheitern.
- **Lernen Sie effektiv.** Im neuen Unternehmen (oder in der neuen Abteilung) sollten Sie unbedingt so rasch wie möglich alles Wissenswerte lernen. Das heißt, Sie sollten seine Märkte, Produkte, Technologien, Systeme und Strukturen genauso kennen lernen wie seine Kultur und Politik. Manchmal fühlt sich dieser Lernprozess so an, als würden Sie aus einem Feuerwehrschlauch trinken. Umso wichtiger ist es, dass Sie systematisch und fokussiert entscheiden, was Sie lernen und wie Sie es am effektivsten tun.
- **Entwickeln Sie die optimale Strategie für Ihre Situation.** Es gibt keine allgemein, gültigen Regeln für einen erfolgreichen Wechsel. Sie müssen die Situation richtig analysieren und Ihre Chancen und Gefahren einschätzen. Start-ups

zum Beispiel – egal, ob es sich um ein neues Produkt, einen neuen Prozess, ein neues Werk oder eine Unternehmensneugründung handelt – haben ihre Gemeinsamkeiten und unterscheiden sich wiederum vom Turnaround eines problematischen Produkts, Prozesses oder Werks. Eine klare Analyse der Situation ist Grundvoraussetzung für die Entwicklung Ihres Aktionsplans.

- **Sichern Sie sich frühe Erfolge.** Frühe Erfolge stärken Ihre Glaubwürdigkeit und motivieren. Sie setzen die positiven Kreisläufe in Gang, mit denen Sie Dinge im Unternehmen bewirken können und die anderen in Ihrer Umgebung das Gefühl geben, dass von Ihnen Gutes ausgeht. In den ersten 90 Tagen sollten Sie unbedingt Wege finden, Ihre persönliche Glaubwürdigkeit zu stärken. Sie sollten Möglichkeiten finden, Werte zu schaffen, die Geschäftsergebnisse zu verbessern und möglichst bald Ihren Break-even zu erreichen.
- **Handeln Sie Ihren Erfolg aus.** Das wichtigste Arbeitsverhältnis ist das zu Ihrem neuen Chef. Deshalb sollten Sie herausfinden, wie Sie eine produktive Beziehung zu ihm herstellen und mit seinen Erwartungen umgehen können. Das bedeutet, sich gut auf einige entscheidende Gespräche über die wirtschaftliche Situation, Erwartungen, Arbeitsweisen, Ressourcen und Ihre persönliche Entwicklung vorzubereiten. Vor allem geht es darum, einen 90-Tage-Plan zu entwickeln und seine Zustimmung dafür zu finden.
- **Koordinieren Sie Ihr Umfeld.** Je höher Sie in einem Unternehmen aufsteigen, desto öfter werden Sie in die Rolle des Organisationsarchitekten schlüpfen. Es gehört zu Ihren wichtigsten Aufgaben, herauszufinden, ob die Organisationsstrategie intakt ist, die Struktur mit der Strategie in Einklang zu bringen und Systeme und Fähigkeiten zu entwickeln, die nötig sind, um die strategischen Ziele zu erreichen.
- **Bauen Sie ein schlagkräftiges Team auf.** Wenn Sie ein Team übernehmen, müssen Sie die Mitglieder beurteilen und es gegebenenfalls umstrukturieren, um den Anforderungen der Situation besser gerecht zu werden. Ihre Bereitschaft, früh auch unangenehme Personalentscheidungen zu treffen, und Ihre Fähigkeit, die richtigen Mitarbeiter für die richtigen Stellen zu finden, gehören während der Übergangsphase zu den wichtigsten Erfolgsfaktoren. Daher sollten Sie unbedingt systematisch und strategisch an den Aufbau Ihres Teams herangehen.
- **Finden Sie Verbündete.** Ihr Erfolg hängt von Ihrer Fähigkeit ab, Menschen außerhalb Ihrer direkten Kontrolle zu beeinflussen. Sie brauchen interne und externe Verbündete, um Ihre Ziele zu erreichen. Daher sollten Sie

schon zu Beginn die Menschen ausfindig machen, deren Unterstützung für Ihren Erfolg unabdingbar ist, und herausfinden, wie Sie sie auf Ihre Seite bringen können.

- **Halten Sie Ihr persönliches Gleichgewicht.** Jeder Wechsel bringt persönliche und berufliche Turbulenzen mit sich, und Sie werden alle Hände voll zu tun haben, um sich Ihr persönliches Gleichgewicht und Ihre Urteilsfähigkeit zu bewahren. Während des Jobwechsels laufen Sie immer Gefahr, den Blick aufs große Ganze zu verlieren und falsche Entscheidungen zu treffen. Doch Sie können viel tun, um Ihre Einarbeitung zu erleichtern und Ihre neuen Aufgaben besser in den Griff zu bekommen. Ein gutes Netzwerk von Ratgebern ist eine unerlässliche Ressource.
- **Helfen Sie anderen.** Schließlich sollten Sie in der Übergangsphase den anderen in Ihrer Umgebung – Ihrem Chef, Ihren Mitarbeitern und Ihren Kollegen – helfen, die Veränderungen möglichst effektiv zu bewältigen. Je schneller Sie Ihre neuen Mitarbeiter auf Sie einstellen, umso besser wird Ihre eigene Leistung sein. Wenn Sie die Menschen in Ihrem Umfeld unterstützen, profitiert darüber hinaus das gesamte Unternehmen.

Die folgenden Kapitel geben Ihnen einen praktischen Leitfaden und Instrumente an die Hand, um diese zehn Herausforderungen erfolgreich zu meistern. Sie werden lernen, Ihre Situation zu analysieren und Handlungspläne zu entwickeln, die optimal auf Ihre Bedürfnisse zugeschnitten sind, egal, auf welcher Führungsebene Sie sich befinden oder vor welcher Situation Sie stehen. Sie werden einen 90-Tage-Plan aufstellen, der Ihnen hilft, schneller in Ihre neue Rolle zu wechseln.

Risiken einschätzen

Der erste Schritt besteht darin, die Arten des Übergangs zu analysieren, die Sie durchleben werden. Ob Sie sich nun auf ein Vorstellungsgespräch vorbereiten oder bereits eine neue Position übernommen haben, dies ist der Anfangspunkt, an dem Sie beginnen müssen, die fundamentalen Prinzipien anzuwenden. Die häufigsten Veränderungen sind eine Beförderung oder ein Neubeginn in einem neuem Unternehmen.

Die meisten Führungskräfte, die eine neue Position übernehmen, erleben verschiedenste Übergangsphasen parallel – so treten sie vielleicht den Dienst in einer neuen Firma an und haben gleichzeitig einen Umzug bewältigt. Oder sie werden befördert und haben nun keine funktionale, sondern eine cross-funktionale, also abteilungsübergreifende Rolle inne. Teilnehmer der Führungskräfteprogramme, die wir untersuchten, gaben an, nach Übernahme der neuen Position durchschnittlich 2,2 größere Veränderungen durchlebt zu haben (wie eine Beförderung, einen Firmenwechsel, einen Abteilungswechsel oder einen Umzug).[21]

Diese Komplexität trägt dazu bei, dass eine Übergangsphase für eine Führungskraft eine Herausforderung darstellt, die durchaus das Risiko eines Scheiterns in sich birgt. Es ist also entscheidend, die Arten des Übergangs, die Sie erleben, zu verstehen und zu identifizieren, welche Veränderungen Sie als besonders schwierig erleben. Eine Hilfe dabei mag das Ausfüllen der Tabelle 0.1 sein.

90-Tage-Plan

Ihre Übergangsphase beginnt mit dem Augenblick, da Sie erfahren, dass Sie für einen neuen Job in Betracht kommen (siehe Tabelle 0.1). Wann die Übergangsphase endet, hängt entscheidend von der Situation ab, die Sie erwartet. Egal, was für ein Wechsel Ihnen bevorsteht, innerhalb von etwa drei Monaten erwarten die Schlüsselmitarbeiter Ihres Unternehmens – Ihre Vorgesetzten, Kollegen und direkten Untergebenen –, dass Sie Fuß gefasst haben. Deshalb ist die 90-Tage-Marge Ihr Planungshorizont. Er hilft Ihnen dabei, in einem begrenzten Zeitrahmen effizient zu agieren. Wenn Sie Glück haben, gewährt man Ihnen etwas Vorbereitungszeit zwischen Ihrer Einstellung und dem Zeitpunkt, da Sie den Posten tatsächlich bekleiden müssen. Nutzen Sie diese Zeit, um sich Informationen über Ihr Unternehmen zu beschaffen.

Egal, wie viel Vorbereitungszeit Sie bekommen, planen Sie Ihre Ziele, indem Sie sich spezifische Etappenziele setzen. Ein paar Stunden vorzeitiger Planung können einen entscheidenden Unterschied darstellen. Denken Sie zunächst über den ersten Tag an Ihrem neuen Arbeitsplatz nach. Was wollen Sie bis zum Ende des Tages geschafft haben? Dann planen Sie Ihre erste Woche. Konzentrieren Sie sich dann auf das Ende des ersten Monats, dann des zweiten und schließlich auf die Drei-Monats-Marke. Diese Pläne sind sicherlich erst einmal nur vage und skizzenhaft, aber allein der Akt des Planens trägt dazu bei, dass Sie einen klaren Kopf bekommen.

Für einen erfolgreichen Übergang sollten Sie zunächst die Risiken identifizieren, denen Sie ausgesetzt sind, indem Sie die folgende Tabelle ausfüllen. Kreuzen Sie zunächst in der mittleren Spalte an, welche Arten der Veränderungen Sie durchleben. Dann bewerten Sie in der rechten Spalte auf einer Skala zwischen 1 und 10, wie problematisch die jeweilige spezifische Veränderung für Sie ist. 1 entspricht leicht, 10 entspricht sehr schwierig. Addieren Sie die Zahlen rechts unten, um Ihren Persönlichen Übergangsrisiko-Index zu ermitteln (bis 100). Der Index gibt Ihnen ein Gefühl dafür, wie groß die Herausforderung ist, und gibt Ihnen Hinweise, auf welche spezifischen Themen Sie sich besonders konzentrieren müssen.

Tabelle 0.1: Risikobewertung in der Übergangsphase

Art der Veränderung	**Ankreuzen, wenn gültig**	**Einschätzen des relativen Schwierigkeitsgrades (1–10)**
Eine neue Branche, ein neuer Beruf		
Ein neues Unternehmen		
Eine neue Abteilung oder Gruppe in der gleichen Firma		
Beförderung		
Ehemaligen Kollegen vorstehen (nach einer Beförderung)		
Wechsel der Funktion (z. B. vom Vertrieb in den Marketingbereich)		
Erstmalige Übernahme einer cross-funktionalen, abteilungsübergreifenden Führungsposition		
Umzug Inland		
Tätigkeit im Ausland		
Zwei Jobs gleichzeitig (die alte Tätigkeit zum Abschluss bringen und gleichzeitig die neue beginnen)		
Eine neu geschaffene Position einnehmen (und nicht eine bereits existierende)		
Eine Stelle in einem Unternehmen antreten, in dem größere Veränderungen anstehen.		
Addieren Sie die Zahlen in der äußeren rechten Spalte, um Ihren persönlichen Übergangsrisiko-Index zu ermitteln		

Grafik 0.4 Wichtige Meilensteine

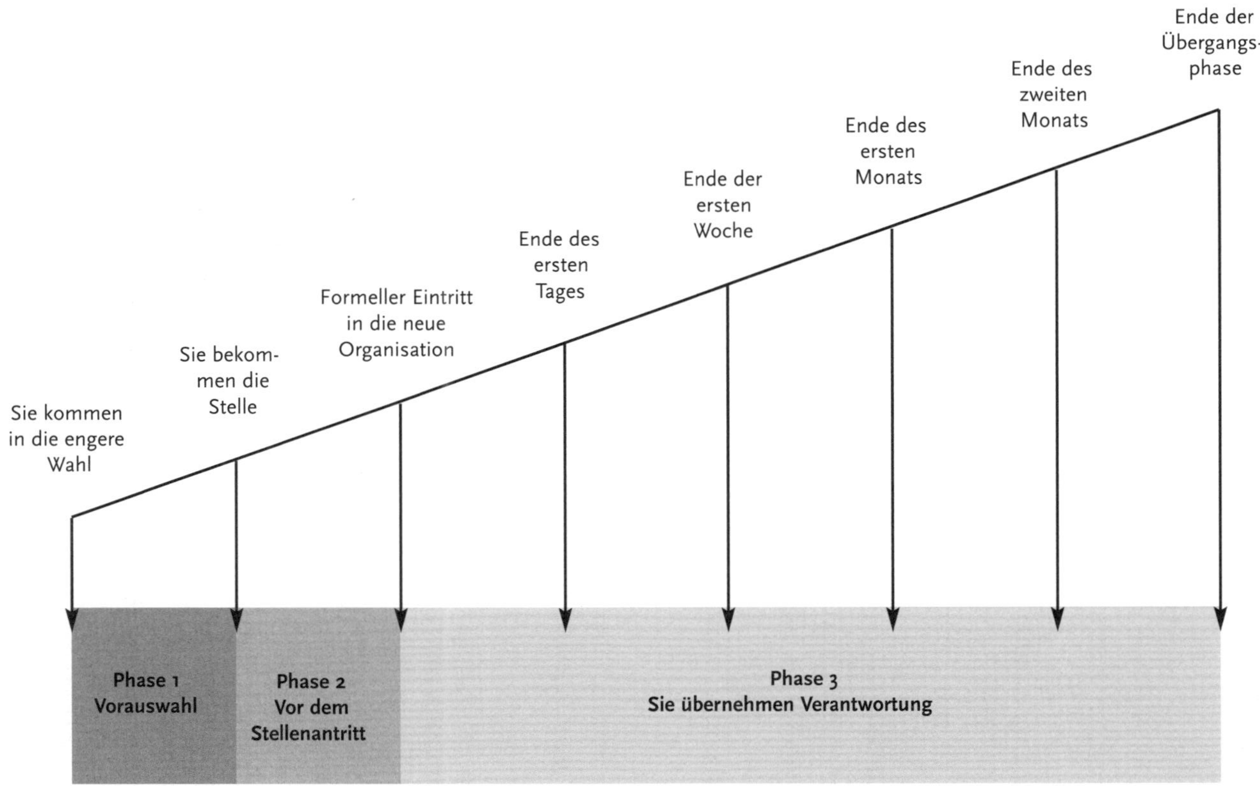

Alles sofort im Griff

Dieses Buch richtet sich an alle Führungskräfte, vom Jungmanager bis zum Vorstandsvorsitzenden. Die Grundvoraussetzungen für einen erfolgreichen und raschen Führungskräftewechsel sind auf allen Hierarchieebenen dieselben. Auf allen Ebenen muss sich eine neue Führungskraft rasch mit der neuen Organisation vertraut machen und frühzeitig Erfolge erzielen. Daher leitet Sie dieses Buch an, nach bestimmten Grundprinzipien Ihre eigenen Pläne zu entwickeln, die optimal auf Ihre Bedürfnisse zugeschnitten sind. Lesen Sie die folgenden Kapitel deshalb aktiv, machen Sie sich Notizen, inwieweit bestimmte Punkte auf Ihre Situation anwendbar sind, und denken Sie darüber nach, wie Sie die Ratschläge an Ihre Situation anpassen können.

Listen wie die folgende finden Sie am Ende eines jeden Kapitels. Sie fassen das Wichtigste noch einmal zusammen und helfen Ihnen, die Informationen auf Ihre Situation anzuwenden – und zwar sowohl, um Sie auf Vorstellungsgespräche vorzubereiten, wenn Sie für eine neue Stelle in Betracht kommen, als auch, um Ihren erfolgreichen Übergang zu beschleunigen, sobald Sie sie übernommen haben. Detailliertere Anleitungen und Vorschläge finden Sie auch in der »First 90 Days App«, die in englischer Sprache erhältlich ist.

Ihre Checkliste zum raschen Führungskräftewechsel

1. Was benötigen Sie, um den Break-even schneller zu erreichen?
2. In welche Fallen könnten Sie tappen, und wie können Sie sie vermeiden?
3. Was können Sie unternehmen, um positive Kreisläufe in Gang zu setzen und Ihrer neuen Rolle Schwung zu verleihen?
4. Welchen Übergangssituationen sehen Sie sich konkret gegenüber? Welche finden Sie am schwierigsten und warum?
5. Was sind die wichtigsten Elemente und Meilensteine in Ihrem 90-Tage-Plan?

Kapitel 1
Befördern Sie sich selbst

Nach acht Jahren bei einem texanischen Hersteller für Unterhaltungselektronik übernahm Julia Gould ihre erste Projektleitung. Sie hatte einen kometenhaften Aufstieg hinter sich. Von Anfang an war sie durch ihre Intelligenz, Klarheit und Entschlossenheit aufgefallen und früh in leitende Positionen befördert worden. Das Unternehmen stufte sie als High Potential ein und wollte sie möglichst rasch an Aufgaben im Topmanagement heranführen.

In ihrer neuen Position sollte Julia die Markteinführung eines wichtigen neuen Produkts leiten. Ihr wurde ein abteilungsübergreifendes Team unterstellt, das sich aus Führungskräften aus den Bereichen Marketing, Vertrieb, Forschung und Entwicklung sowie Produktion zusammensetzte. Ihre Aufgabe bestand darin, das Produkt von der Entwicklung möglichst reibungslos zur Fertigung zu führen, es rasch in den Vertrieb zu bringen und eine überzeugende Markteinführung vorzubereiten.

Schon früh bekam Julia die ersten Probleme. Im Marketing war sie vor allem durch ihre Detailgenauigkeit erfolgreich gewesen. Da sie es gewohnt war, mit Autorität zu führen und alle Entscheidungen selbst zu treffen, wollte sie über alles die Kontrolle behalten und neigte zum Mikromanagement. Als sie auch in ihrer neuen Position versuchte, alles selbst zu entscheiden, hielt das Team zunächst still. Doch schon bald zweifelten zwei wichtige Teammitglieder ihre Kompetenz und Autorität an. Julia fühlte sich getroffen und konzentrierte sich umso mehr auf den Bereich, den sie am besten kannte: das Marketing der Produkteinführung. Doch ihr fortgesetztes Mikromanagement sorgte bald für Unmut unter den Marketingleuten im Team. Nach anderthalb Monaten war Julia wieder in ihrer alten Abteilung, und jemand anderes hatte die Teamleitung übernommen.

Julia Gould scheiterte, weil sie nicht in der Lage war, den Sprung von einer funktionellen Leitung zum abteilungsübergreifenden Projektmanagement zu machen. Sie verstand nicht, dass ihre Stärke, die ihr in der Marketingabteilung zum Erfolg verholfen hatte, in der neuen Rolle eine Schwäche sein könnte, weil es hier nicht mehr darum ging, durch Autorität und gute Fachkompetenz zu führen. Sie tat das, was sie am besten konnte, weil es ihr ein Gefühl der Sicherheit und der Kontrolle gab. Damit hatte sie jedoch nicht den gewünschten Erfolg: Weil sie sich nicht von der Vergangenheit lösen und ihre neue Rolle einnehmen konnte, vertat sie eine große Chance, im Unternehmen weiter voranzukommen.

Was hätte Julia Gould anders machen können? Sie hätte sich innerlich zu ihrer neuen Position befördern können. Sich selbst zu befördern ist eine der zentralen Aufgaben einer neuen Führungskraft. Es bedeutet, ganz bewusst den Schritt in die neue Rolle zu machen, die Vergangenheit hinter sich zu lassen und sich die Anforderungen der neuen Situation zu eigen zu machen, um rasch durchzustarten. Das ist nicht immer einfach, aber es ist unerlässlich. Denn viel zu häufig werden talentierte Führungskräfte befördert, versäumen es jedoch, sich auch selbst zu befördern und den nötigen Perspektivenwechsel vorzunehmen.

Wer sich selbst befördern will, der muss zunächst die verschiedenen Veränderungen analysieren, mit denen er sich konfrontiert sieht. Um die Herausforderungen, die mit dem Wechsel in eine neue Führungsposition einhergehen, besser zu illustrieren, konzentriere ich mich hier auf die beiden häufigsten Arten des Übergangs: die Beförderung und den Antritt einer neuen Position in einem anderen Unternehmen.

Die Beförderung

Eine Beförderung ist oft das Ergebnis jahrelanger, harter Arbeit, mit der Sie die einflussreichen Mitarbeiter Ihres Unternehmens davon überzeugt haben, dass Sie bereit und fähig sind, die nächste Verantwortungsstufe zu übernehmen. Aber sie markiert auch den Beginn einer neuen Reise. Sie müssen herausfinden, was erforderlich ist, um in Ihrer neuen Position erfolgreich zu sein, wie Sie die Erwartungen jener, die für Ihre Beförderung verantwortlich sind, übertreffen und wie Sie Ihre Karriere noch weiter vorantreiben können. Jede Beförderung konfrontiert frischgebackene Führungskräfte mit einer Reihe von Herausforderungen, die es zu überwinden gilt.

Loten Sie Breite und Tiefe aus

Mit jeder Beförderung erweitert sich Ihre Bandbreite an Fachthemen und Entscheidungen. Sie müssen also eine entsprechende übergeordnete Perspektive in Ihrer neuen Funktion entwickeln. Um Erfolg zu haben, musste Julia ihren Fokus von ihrer marketingspezifischen Ausrichtung auf die ganze Bandbreite von Themen, die mit einem Produkt-Launching zu tun haben, richten.

Außerdem muss man lernen, die Balance zu halten zwischen dem allgemeinen Überblick einerseits und der Konzentration auf die Details andererseits. Dieser Jonglierakt ist häufig eine große Herausforderung, denn was in Ihrem vorherigen Job der Blickwinkel aus höchster Höhe war, ist vielleicht in Ihrem neuen Job nur der Blick auf einen Teilausschnitt.

Überdenken Sie Delegationsaufgaben

Mit jeder Beförderung steigern sich Komplexität und Ambivalenz der Themen, mit denen Sie sich befassen müssen. Sie müssen also überdenken, was Sie delegieren. Egal, wo Sie letztlich landen, die Schlüssel zum effektiven Delegieren bleiben im Großen und Ganzen immer die gleichen: Sie bauen sich ein Team kompetenter Mitarbeiter auf, denen Sie vertrauen. Sie setzen Ziele und entwickeln Erfolgskriterien zur Überwachung ihres Fortschritts, Sie verwandeln die übergeordneten Ziele in spezifische Verantwortungsbereiche für Ihre direkten Untergebenen, und Sie verstärken sie durch Geschäftsprozesse.

Nach einer Beförderung muss das, was Sie delegieren, sich meist verändern. Wenn Sie ein Unternehmen von fünf Personen leiten, ist es vielleicht sinnvoll, spezielle Aufgaben (wie den Entwurf einer Marketingbroschüre oder einer Verkaufsmaßnahme an einen bestimmten Kunden) zu delegieren. In einem Unternehmen mit 50 Mitarbeitern konzentrieren Sie sich weniger auf die Aufgaben als auf Projekte und Geschäftsprozesse. Bei einer Belegschaft von 500 Mitarbeitern wird es häufig notwendig, die Verantwortung für spezifische Produkte oder Plattformen zu delegieren. Und bei 5000 Mitarbeitern sind Ihre direkten Untergebenen womöglich verantwortlich für ganze Geschäftszweige.

Beeinflussen Sie anders

Man sagt, dass Aufgaben sich umso leichter erledigen lassen, je höher man steigt. Aber das ist nicht unbedingt zutreffend. Paradoxerweise lässt die Bedeutung persönlicher Autorität häufig nach einer Beförderung immer stärker nach. Wie Julia erhalten Sie vielleicht einen größeren Spielraum, um unternehmensrelevante Entscheidungen zu treffen, aber die Art und Weise, wie Sie damit umgehen, sollte sich grundlegend unterscheiden. Entscheidungen werden dann eher auf politischer Ebene getroffen – es geht weniger um Autorität als um Einflussnahme. Das ist weder gut noch schlecht; es ist einfach unvermeidlich.

Dafür gibt es zwei Hauptgründe. Zunächst einmal werden die Fachthemen erheblich komplexer und ambivalenter, je höher Sie in der Firmenhierarchie steigen – und Ihre Fähigkeit, die »richtigen« Antworten zu finden, die sich einzig auf Daten und Analysen stützen, lässt entsprechend nach. Entscheidungen basieren dann stärker auf dem Expertenurteil der anderen und darauf, wer wem vertraut, ebenso wie auf den Netzwerken gegenseitiger Unterstützung.

Zum Zweiten sind Ihre Mitspieler auf höheren Ebenen fähiger und haben ein größeres Selbstvertrauen. Denken Sie daran: Sie wurden befördert, weil Sie fähig und ehrgeizig sind; das Gleiche gilt jedoch für alle anderen in Ihrer Umgebung. Es sollte Sie also nicht überraschen, dass das Spiel um Entscheidungen anstrengender und politischer wird, je höher Sie aufsteigen. Es ist deshalb von entscheidender Bedeutung, dass Sie effektiver darin werden, sich Verbündete zu suchen und diese Allianzen auch aufrechtzuerhalten.

Kommunizieren Sie formeller

Die gute Nachricht lautet: Wer aufsteigt, hat mehr Überblick und mehr Spielraum. Aber die Medaille hat auch eine Kehrseite: Sie sind deutlich weiter von der vordersten Front entfernt und erhalten wahrscheinlich nur noch gefilterte Informationen. Um dies zu vermeiden, müssen Sie neue Kommunikationskanäle schaffen, um die Verbindung zum eigentlichen Unternehmensgeschehen zu halten. So könnten Sie beispielsweise den regelmäßigen, direkten Kontakt mit ausgewählten Kunden suchen oder sich regelmäßig mit den Praktikern Ihres Unternehmens zusammensetzen, allerdings alles, ohne die Integrität der Vorgesetztenstruktur zu unterminieren.

Außerdem benötigen Sie neue Kommunikationskanäle, um Ihre strategischen Absichten und Ihre Vision im Unternehmen deutlich zu machen. Dabei empfiehlt sich die Versammlung in der Stadthalle wohl eher als die Zusammenkünfte kleiner Arbeitsgruppen. Auch der Einsatz elektronischer Medien ist geeignet, Ihre Botschaft einem möglichst breiten Publikum nahezubringen. Ihre direkten Mitarbeiter sollten eine größere Rolle bei der Kommunikation Ihrer Absichten und der Verbreitung wichtiger Informationen spielen – daran sollten Sie denken, wenn Sie die Führungsqualitäten der Teammitglieder evaluieren, die Ihnen jetzt unterstellt sind.

Die richtige Präsenz pflegen

»Die ganze Welt ist eine Bühne«, sagte schon William Shakespeare in *Wie es Euch gefällt,* »und alle Frauen und Männer bloße Spieler.« Die unausweichliche Wahrheit bei einer Beförderung ist, dass Sie deutlich mehr Aufmerksamkeit auf sich ziehen und erheblich mehr Kontrolle ausgesetzt sind als vorher. Sie sind plötzlich der Hauptdarsteller in einem wichtigen öffentlichen Schauspiel. Private Augenblicke werden rarer, und der Druck, stets die richtige Führungspräsenz an den Tag zu legen, steigt.

Deshalb ist es auch so wichtig, sich frühzeitig darüber klar zu werden, was »Führungspräsenz« in Ihrer neuen Rolle bedeutet. Wie sieht eine Führungskraft in Ihrer neuen Führungsebene aus? Wie verhält sie sich? Wie wollen Sie Ihrer neuen Führungsrolle Ihren persönlichen Stempel aufdrücken? Wie wollen Sie sie sich zu eigen machen? Das sind wichtige Überlegungen, für die Sie sich unbedingt Zeit nehmen sollten.

Die Herausforderungen, denen Sie sich in aller Regel nach einer Beförderung gegenübersehen, werden in Tabelle 1.1 zusammengefasst.

Onboarding: Eine neue Position in einem neuen Unternehmen

Nach einer Beförderung wissen Führungskräfte in aller Regel viel über ihr Unternehmen, müssen aber neue Verhaltensweisen und Kompetenzen entwickeln, um ihrer neuen Aufgabe gerecht zu werden. Treten Sie aber eine Stelle in einer neuen Firma an, sehen Sie sich womöglich vollkommen anderen Übergangsschwierigkeiten gegenüber. Führungskräfte, die in einer neuen Firma anfangen, machen häufig eine Seitwärtsbewegung. Sie übernehmen die gleichen Aufgaben, die sie woanders ebenfalls schon einmal erfolgreich bewältigt haben. Hier besteht die Herausforderung darin, sich in neue Organisationszusammenhänge einzugliedern, in denen andere politische Strukturen und eine andere Unternehmenskultur herrschen.

Tabelle 1.1 Die wichtigsten Herausforderungen nach einer Beförderung
Jeder Herausforderung steht eine entsprechende Strategie gegenüber, die die frisch beförderte Führungskraft anwenden sollte.

Was hat sich tatsächlich verändert?	Was sollten Sie tun?
Horizonterweiterung: Sie müssen sich auf mehr Themen, Menschen und Ideen konzentrieren.	Loten Sie Breite und Tiefe aus.
Größere Komplexität und Ambiguität: Es existieren mehr Variablen, und das Ergebnis ist unsicher.	Delegieren Sie effizienter und stärker.
Härtere unternehmenspolitische Erfordernisse: Sie müssen mehr einflussreiche Geschäfts- und Arbeitspartner zufriedenstellen.	Modifizieren Sie Ihre Art der Einflussnahme.
Weitere Entfernung von der vordersten Front: Sie sind weiter von der Exekutivebene entfernt, was die Kommunikation möglicherweise schwächt und filtert.	Kommunizieren Sie formeller.
Mehr Kontrolle: Mehr Menschen widmen Ihrer Arbeit mehr Aufmerksamkeit.	Passen Sie sich der erhöhten Sichtbarkeit an.

Der Veranschaulichung mag hier das Beispiel von David Jones gelten, der bei Energix, einer kleinen, schnell wachsenden Firma zur Gewinnung von Windenergie, arbeitete. David war früher bei einer hoch angesehenen, international arbeitenden Produktionsfirma tätig gewesen. Als ausgebildeter Ingenieur war er im Bereich Forschung und Entwicklung stetig aufgestiegen und war nun Vizepräsident der Neuproduktentwicklung für die energietechnische Abteilung. David erwarb seine Führungsqualitäten in einer Firma, die für die Stärke ihrer Führungsriege bekannt war. Die Unternehmenskultur basierte auf einem Führungsstil vom Gefechtsstand aus, also quasi hinter der Front. Dennoch wurde von den Mitarbeitern erwartet, dass sie freimütig ihre Meinung äußerten – und das taten sie auch. Die Firma war lange Zeit ein Vorreiter bei der Einführung und Weiterentwicklung von Prozessmanagement-Methoden gewesen, wozu auch Total Quality Management (umfassendes Qualitätsmanagement), Lean Production und das Managementsystem Six Sigma gehörten.

Als neuer Leiter der Forschungs- und Entwicklungsabteilung bei Energix wirkte David nun in einer Firma mit, die die typischen Herausforderungen eines Start-up-Unternehmens gemeistert hatte, welches sich von zwei Mitarbeitern erst auf 200 und dann auf 2000 Mitarbeiter gesteigert hatte und nun im Begriff war, zum Großkonzern zu mutieren. Demzufolge hatte der Geschäftsführer David während der Bewerbungsphase mehr als einmal verkündet, dass sich etwas ändern müsse: »Wir müssen disziplinierter arbeiten. Wir hatten bislang Erfolg, indem wir uns auf die Sachaufgaben konzentriert haben und als Team zusammenarbeiteten. Wir kennen einander, wir vertrauen einander, und wir sind gemeinsam schon sehr weit gekommen. Aber nun müssen wir unsere Arbeitsabläufe systematisieren, sonst werden wir von unserer neuen Unternehmensgröße weder profitieren noch sie aufrechterhalten können.« David verstand also, dass seine Hauptaufgabe darin bestehen würde, die Kerngeschäftsprozesse der Abteilung Forschung und Entwicklung zu identifizieren, zu systematisieren und zu verbessern – ein wichtiger erster Schritt, um die Grundlage für weiteres Wachstum zu schaffen.

David vertiefte sich mit der ihm üblichen Energie in den neuen Job. Er stellte fest, dass die Firma bislang größtenteils aus dem Bauch heraus geleitet worden war. Viele wichtige operationale und finanzielle Prozesse waren nicht vernünftig etabliert; andere wurden nicht genügend überwacht. Allein in der Produktentwicklung waren Dutzende von Projekten nur unzureichend spezifiziert, und es gab nicht genügend präzise Projektabschnitte und festgeschriebene Leistungen. Ein wichtiges Projekt, Energix' große Turbine der nächsten Generation, lag fast schon ein Jahr über dem Zeitplan und hatte das Budget bereits bei Weitem gesprengt. Nach seinen ersten Wochen im Unternehmen fragte David sich, was oder wer Energix zusammengehalten hatte – und er war überzeugter denn je, dass er diese Firma auf eine neue Ebene führen konnte.

Doch dann stieß er auf Hindernisse. Die Meetings mit der Geschäftsleitung hatten schon frustrierend begonnen und wurden noch schlimmer. David, der an streng disziplinierte Konferenzen mit klaren Tagesordnungspunkten und verbindlichen Entscheidungen gewöhnt war, fand die elliptischen Diskussionen und konsensgetragenen Prozesse quälend. Was ihn besonders besorgt machte, war das Fehlen jeder offenen Diskussion über drängende Themen und das Gefühl, dass Entscheidungen inoffiziell, durch die Hintertür, getroffen wurden. Wenn David ein kritisches oder provozierendes Thema bei der Geschäftsleitung ansprach oder andere Konferenzteilnehmer zu einer Stellungnahme bewegen wollte, verfielen die Anwesenden entweder in Schweigen oder brachten jede Menge Gründe hervor, warum Dinge nicht auf eine bestimmte Art und Weise geregelt werden konnten.

Nach zwei Monaten war David mit seiner Geduld am Ende und beschloss, sich einfach nur auf das zu konzentrieren, weswegen er angestellt worden war. Er wollte die Produktentwicklungsprozesse neu gestalten, um das Wachstum der Firma zu fördern. Also berief er ein Meeting mit den Führungskräften der Forschungs- und Entwicklungsabteilung sowie mit den Abteilungen Technik und Finanzen ein, um mit den Verantwortlichen das weitere Prozedere abzustimmen. Bei dieser Zusammenkunft präsentierte David einen Plan zur Bildung von Projektteams, die bereits existierende Fertigungsprozesse dokumentieren und eine gründliche Überarbeitungsstrategie ausarbeiten sollten. Außerdem schilderte er, welche Ressourcen unbedingt erforderlich waren – so wollte er aus den Abteilungen Technik und Finanzen jeweilig leistungsstarke Mitarbeiter abziehen, die in den Projektteams mitwirkten, und externe Berater engagieren, die sie bei der Analyse unterstützten.

Vor dem Hintergrund der Gespräche, die er im Rahmen seines Einstellungsverfahrens mit dem CEO geführt hatte, und dem klaren Auftrag, der ihm mutmaßlich erteilt worden war, war David schockiert über die Blockadepolitik, mit der er sich nun konfrontiert sah. Die Teilnehmer hörten ihm zwar zu, wollten sich oder ihre Mitarbeiter aber nicht auf Davids Plan einschwören. Stattdessen drängten sie David, diesen Plan der Geschäftsleitung vorzustellen, denn er betraf viele Teile des Unternehmens und hatte durchaus zerstörerisches Potenzial, wenn man nicht vorsichtig zu Werke ging. (Später erfuhr er, dass zwei der Teilnehmer gleich nach dem Meeting die Geschäftsleitung aufsuchten, um ihrer Sorge Ausdruck zu verleihen; einer von ihnen bezeichnete David als »Elefant im Porzellanladen«. »Wir müssen vorsichtig sein und dürfen das empfindliche Gleichgewicht nicht stören, wenn wir die Turbine der nächsten Generation auf den Markt bringen«, hatte der andere gesagt. Und beide waren der festen Überzeugung gewesen, dass »es vielleicht nicht richtig sei, Jones die Leitung dieser Angelegenheiten zu überlassen«.) Mit noch größerer Sorge bemerkte David, dass sein Verhältnis zum CEO sich merklich und in beunruhigendem Maße abkühlte.

Eine Position in einer neuen Firma anzutreten ist mit einer Organtransplantation vergleichbar – und das neue Organ sind Sie selbst. Wenn Sie sich der neuen Situation nicht vorsichtig anpassen, könnten Sie letztlich durch das unternehmerische Immunsystem abgestoßen werden. Siehe Davids Probleme bei Energix.

Befragte HR-Fachleute sind sich größtenteils einig, dass die Herausforderung für einen Mitarbeiter von außen »deutlich größer« ist als für einen intern Beförderten.[22] Sie führen die hohe Durchfallquote von Außenstehenden auf verschiedene Barrieren zurück, insbesondere auf die folgenden:

- Führungskräfte aus anderen Unternehmen sind mit den betriebsinternen informellen Informations- und Kommunikationsnetzwerken nicht vertraut.
- Fremde Arbeitskräfte kennen die Firmenkultur nicht und haben demzufolge größere Schwierigkeiten, sich zurechtzufinden.
- Neue Mitarbeiter sind in der Firma nicht bekannt und haben nicht die gleiche Glaubwürdigkeit wie jemand, der intern befördert wurde.
- Eine langjährige Tradition, die Führungspositionen vornehmlich mit internen Mitarbeitern besetzt, macht es in einigen Unternehmen schwierig, Außenseiter zu akzeptieren.

Um diese Barrieren zu überwinden und sich erfolgreich in dem neuen Unternehmen zu behaupten, sollten Sie sich auf die vier Säulen effizienten Onboardings stützen: Unternehmensorientierung, Vernetzung mit Gleichgestellten, Abgleich der Erwartungshaltung, kulturelle Anpassung.

Unternehmensorientierung

Unternehmensorientierung ist der unkomplizierteste Teil des Onboardings. Je eher Sie Ihre unternehmerische Umgebung verstehen, in der Sie agieren, umso eher können Sie produktive Beiträge leisten. Sich im Unternehmen zu orientieren bedeutet, etwas über das Unternehmen als Ganzes zu lernen und sich nicht nur auf spezifische Teile zu konzentrieren. Dabei ist es ratsam, über die Themen Finanzen, Produkte und Strategie hinauszublicken. Unabhängig von Ihrer Position ist es beispielsweise empfehlenswert, etwas über die Marken und Produkte zu lernen, die Sie unterstützen, egal, ob Sie nun direkt am Vertrieb und Marketing beteiligt sind oder nicht. Konzentrieren

Sie sich auch darauf, das Betriebsmodell zu verstehen, die Planungssysteme, das System zur Leistungsbeurteilung, das Talent-Management. All diese Faktoren können einen entscheidenden Einfluss auf die Effizienz Ihrer Maßnahmen haben.

Horizontale Vernetzung

Genauso wichtig ist es, so bald wie möglich für die richtige Vernetzung zu sorgen. Das bedeutet zunächst einmal, die relevantesten Akteure zu identifizieren und produktive Arbeitsbeziehungen zu ihnen aufzubauen. Wie bei David, so existiert bei neuen Führungskräften die natürliche, aber gefährliche Neigung, sich von Anfang an auf die vertikale Beziehungsebene zu konzentrieren – also nach oben zu ihren Vorgesetzten und nach unten zu ihren Teams. Häufig widmen sie den horizontalen Beziehungen mit Kollegen und Kontaktpersonen außerhalb des unmittelbaren Unternehmensumfelds zu wenig Zeit. Denken Sie daran: Sie möchten Ihre Nachbarn nicht zum ersten Mal in der Nacht treffen, wenn Ihr Haus gerade abbrennt.

Abgleich der Erwartungshaltung

Egal, wie gut Sie glauben, verstanden zu haben, was man von Ihnen erwartet, prüfen Sie diese mutmaßlichen Erwartungen immer und immer wieder, nachdem Sie dem Unternehmen tatsächlich beigetreten sind. Warum? Weil Übereinkünfte, die vor Ihrem Dienstantritt getroffen wurden – über Vollmachten, Unterstützung und Ressourcen –, sich nach Jobantritt als nicht ganz zutreffend entpuppen können. Sie wurden vielleicht nicht aktiv in die Irre geführt. Vielmehr ist es so, dass die Personalbeschaffungsphase wie die Werbungsphase in einer Beziehung ist, während die Anstellung der Ehe vergleichbar ist. Wie David erfahren musste, macht man frisch angeworbene Führungskräfte gern glauben, dass sie mehr Spielraum haben, um Veränderungen zu erzielen, als es tatsächlich der Fall ist. Wenn Sie auf der Basis dieser unzutreffenden Annahmen agieren, lösen Sie womöglich unnötigen Widerstand auf und führen Ihr Scheitern selbst herbei.

Außerdem ist es von entscheidender Bedeutung, die Erwartungshaltung der wichtigsten Abteilungen abseits von Ihrem direkten Vorgesetzten zu verstehen und einzubeziehen – beispielsweise die Schlüsselfiguren im Finanzvorstand, wenn Sie einen bestimmten Geschäftsbereich unter sich haben. Das ist besonders dann der Fall, wenn die Betreffenden einen gewissen Einfluss auf Ihre Bewertung oder auf Ihren Bonus haben.

Kulturelle Anpassung

Die Herausforderung, die Führungskräfte in einem neuen Unternehmen am meisten entmutigt, ist die Anpassung an eine fremde Firmenkultur. Für David bedeutete das den Übergang von einem autoritär geführten, prozessorientierten Umfeld in eine auf Einvernehmlichkeit abzielende und auf persönlichen Beziehungen basierende Firmenkultur.

Um sich erfolgreich anzupassen, muss man verstehen, wie die Kultur insgesamt aussieht und wie sie sich in dem Unternehmen oder der eigenen Abteilung manifestiert (denn verschiedene Abteilungen können auch wieder unterschiedliche Subkulturen haben). Dabei hilft es oft, sich vorzustellen, man sei ein Anthropologe, der eine neu entdeckte Zivilisation untersuchen will.

Was versteht man denn nun unter Kultur? Es handelt sich um ein konsistentes Muster, dem die Mitarbeiter im Hinblick auf ihre Kommunikation, ihr Denken und ihr Handeln folgen, und das seine Basis in ihren gemeinsamen Annahmen und Werten hat. In jedem Unternehmen ist die Firmenkultur in der Regel vielschichtig, wie in Grafik 1.1 deutlich wird. An der Spitze der Kulturpyramide befinden sich die Oberflächenelemente – die Symbole, die gemeinsame Sprache oder andere Dinge, die auch für den Außenstehenden sichtbar sind. Offensichtliche Symbole sind die Logos, der Dresscode oder Anordnung und Aufteilung der Räumlichkeiten.

Außerdem hat jedes Unternehmen eine gemeinsame Sprache – eine lange Liste von Akronymen beispielsweise, mit der Abteilungen, Produkte, Prozesse, Projekte oder andere unternehmensrelevante Elemente beschrieben werden.

Es ist also wesentlich, dass Sie die Sprache der Einheimischen frühzeitig lernen. Das ist noch relativ einfach. Wenn die Leute auf Ihrer Verantwortungsstufe keinen Schottenrock tragen, sollten Sie das ebenso wenig tun, es sei denn, Sie wollen ihnen signalisieren, dass Sie die Kultur verändern möchten.

Unter der Oberflächenschicht von Symbolen und Sprache liegt ein tieferes, weniger sichtbares Cluster an unternehmensspezifischen Normen und akzeptierten Verhaltensmustern. Zu diesen kulturellen Elementen gehören

Grafik 1.1 Die Kulturpyramide

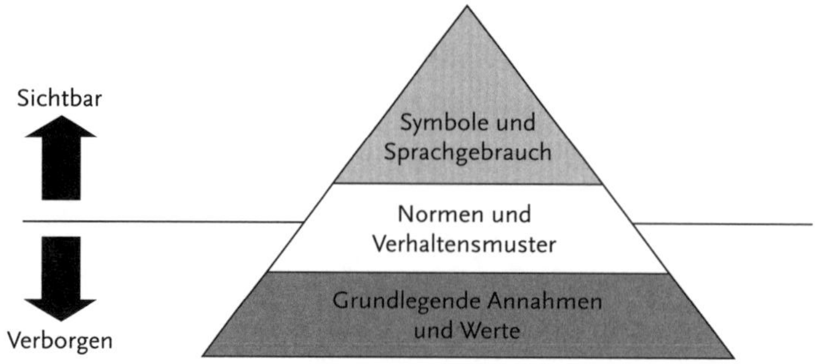

zum Beispiel die Wege, die die Mitarbeiter anwenden, um sich Unterstützung für wichtige Initiativen zu sichern, wie sie Anerkennung für ihre Leistungen gewinnen, wie sie Meetings betrachten – als Diskussionsforen oder Informationsveranstaltung für ihre Erfüllungsgehilfen? (Siehe Kasten »Kulturelle Anpassung«.) Diese Normen und Muster sind häufig gar nicht so leicht erkennbar und werden erst sichtbar, wenn Sie schon eine Weile in einer neuen Umgebung verbracht haben.

Und schließlich liegen sämtlichen Kulturen die fundamentalen Grundannahmen und Werte über das Wirken der Welt zugrunde – die gemeinsamen Werte, die sämtliche anderen Elemente in der Pyramide beeinflussen und verstärken. Ein gutes Beispiel dafür ist die allgemeine Überzeugung der Belegschaft, wie Macht in einer bestimmten Position ausgeübt werden sollte.

Kulturelle Anpassung

In den folgenden Bereichen können die kulturellen Normen eines Unternehmens erheblich variieren. Führungskräfte im Wechsel sollten diese Checkliste anwenden, um herauszufinden, mit welchen Mechanismen sie es in ihrem neuen Unternehmen zu tun haben.

- **Einfluss.** Wie sichern sich Menschen Unterstützung für wichtige Projekte? Ist es wichtiger, einen Mäzen im Vorstand zu haben, oder kommt es auf die Befürwortung Ihrer Idee durch den Kollegenkreis und bei den direkten Mitarbeitern an?
- **Meetings.** Diskutiert man in Konferenzen eher die harten Fakten, oder handelt es sich vielmehr um Foren, in denen öffentlich Vereinbarungen ratifiziert werden, die bereits unter der Hand ausgehandelt wurden?

- **Umsetzung.** Wenn die Zeit gekommen ist, Aufgaben zu erfüllen, was ist wichtiger – ein tieferes Verständnis der Prozesse oder die richtigen Leute zu kennen?
- **Konflikt.** Können Menschen offen über schwierige Themen sprechen, ohne Angst vor Vergeltungsmaßnahmen zu haben? Oder meiden sie Konflikte – oder, noch schlimmer, geben sie an die unteren Ebenen weiter, wo sie schweren Schaden anrichten können?
- **Anerkennung.** Neigt das Unternehmen eher dazu, Stars zu fördern und die zu belohnen, die sichtbar und durch ihr Auftreten unternehmerische Initiativen vorantreiben? Oder ermutigt es Teamplayer und belohnt diejenigen, die maßgeblich, aber im Stillen und in Zusammenarbeit mit ihren Kollegen ihre Führungsaufgabe wahrnehmen?
- **Zweck versus Mittel.** Gibt es Einschränkungen, wie sie Ergebnisse erzielen? Hat die Organisation ein gut definiertes, gut kommuniziertes Cluster an Werten, die wiederum durch positive und negative Anreize gestärkt und gefördert werden?

Gesteht man Führungskräften in bestimmten Rollen vom ersten Tag an einen gewissen Entscheidungsspielraum zu, oder ist Autorität von Betriebszugehörigkeit abhängig? Oder gilt in der Firma eher das Prinzip des allgemeinen Konsenses, sodass eine gewisse Überredungskunst der Schlüssel zum Erfolg ist? Wieder sind diese Bestandteile der Unternehmenskultur oft unsichtbar, und man benötigt Zeit, um sie klar wahrnehmen zu können.

Ausgerüstet mit einem tieferen Verständnis der unternehmerischen Situation, der politischen Netzwerke, der Erwartungen und der Kultur, sind Sie nun in einer erheblich besseren Position, um herauszufinden, wie Sie die richtige Balance zwischen Anpassung an die neue Firma und Veränderungsbemühungen finden. In Tabelle 1.1 stellen wir Probleme und Handlungsleitlinien vor, die sich auf jede der vier Säulen effizienten Onboardings stützen.

Die Probleme einer neuen Unternehmenskultur treten nicht nur bei einem Firmenwechsel auf, sondern unter Umständen auch bei einem Abteilungswechsel – wir sprechen hier von der »Inboarding«-Herausforderung – oder bei internationalen beruflichen Veränderungen. Warum? Beide Arten der Veränderung machen es für die Führungskraft im Übergang notwendig, sich mit neuen Arbeitskulturen auseinanderzusetzen. Auch hier lassen sich die Kriterien der kulturellen Einschätzung und Anpassung anwenden (mit den geeigneten Modifikationen).

Tabelle 1.2: Onboarding-Checklisten

Checkliste zur Orientierung im Unternehmen
• Verschaffen Sie sich so früh wie möglich Zugang zu öffentlich zugänglichen Informationen über Finanzen, Produkte, Strategie und Marken. • Suchen Sie nach zusätzlichen Informationsquellen wie Websites oder Analystenberichten. • Wenn es für Ihre neue Stellung angemessen ist, bitten Sie das Unternehmen, ein Briefing Book für Sie zusammenzustellen. • Wenn möglich vereinbaren Sie noch vor Ihrem tatsächlichen Eintrittstermin Schnuppertouren durch die wichtigsten Firmenbereiche.
Checkliste zur Vernetzung mit anderen Mitarbeitern
• Bitten Sie Ihren Vorgesetzten, Ihnen die wichtigsten Leute zu nennen mit denen Sie von Anfang an zusammenarbeiten sollten, und sie Ihnen vorzustellen. • Treffen Sie sich mit ein paar einflussreichen Mitarbeitern, noch bevor Sie Ihren Dienst antreten. • Nehmen Sie sich Ihren Kalender vor und vereinbaren Sie mit den wichtigsten Vertretern Ihres Unternehmens ein Treffen. • Achten Sie auf horizontale Beziehungen (zu Kollegen und anderen) und nicht nur auf vertikale (dem Vorgesetzten, Ihren Mitarbeitern).
Checkliste zum Abgleich der Erwartungshaltung
• Verstehen Sie die Businessplanung und die Leistungskontrolle in Ihrem Unternehmen und beteiligen Sie sich daran. • Egal, wie gut Sie glauben, Ihre zukünftigen Aufgaben verstanden zu haben, vereinbaren Sie noch in der ersten Woche Ihrer Tätigkeit eine Unterredung mit Ihrem Vorgesetzten, in der er Ihnen seine Erwartungen darlegt. • Führen Sie so früh wie möglich mit Ihren Vorgesetzten und direkten Mitarbeitern explizite Gespräche über Arbeitsstile.
Checkliste zur kulturellen Anpassung
• Stellen Sie schon bei den Vorstellungsgesprächen Fragen zur Unternehmenskultur. • Vereinbaren Sie Gespräche mit Ihrem neuen Vorgesetzten und der HR-Abteilung, um sich über die kulturellen Gegebenheiten an Ihrem neuen Arbeitsplatz zu informieren, und stellen Sie auch danach immer wieder gezielt Fragen. • Suchen Sie nach Kollegen im Unternehmen, die Ihnen die Kultur nahebringen könnten. • Nach 30 Tagen führen Sie ein 360° Feedback mit Ihrem Vorgesetzten und Ihren Kollegen durch, um auszuloten, wie Ihre eigene Anpassung vorangeht.[23]

Vorbereitung

Durch das tiefere Verständnis der Herausforderungen, die bei einem Stellenwechsel auf Sie warten, können Sie sich jetzt darauf konzentrieren, sich auf den Sprung quasi vorzubereiten. Wie können Sie dafür sorgen, dass Sie die Herausforderungen in Ihrer neuen Position meistern? Sie können sich auf die grundlegenden Prinzipien der Vorbereitung stützen, die wir Ihnen im Folgenden vorstellen:

Etablieren Sie einen klaren Haltepunkt

Der Wechsel von einer Position in die nächste ist meistens recht unklar. Vor Arbeitsbeginn schenkt man Ihnen wahrscheinlich nicht allzu viel Aufmerksamkeit. Wenn Sie Glück haben, haben Sie jetzt ein paar Wochen Zeit, aber häufig misst man Sie anhand von Tagen. Überstürzt müssen Sie Ihren alten Job zum Abschluss bringen und den neuen umarmen. In manchen Fällen sind Sie vielleicht sogar gezwungen, beide Jobs gleichzeitig zu bewältigen, bis Ihre neue Position vergeben ist, was die Demarkationslinie sogar noch unschärfer macht.

Aufgrund dieser fehlenden Trennschärfe ist es wesentlich, sich selbst zu disziplinieren, um diesen Übergang wenigstens mental zu vollziehen. Wählen Sie einen konkreten Zeitpunkt, beispielsweise das Wochenende, und nutzen Sie es, indem Sie sich vorstellen, wie Sie jetzt den Wechsel vollziehen. Denken Sie bewusst daran, den alten Job loszulassen und den neuen willkommen zu heißen. Überlegen Sie genau, welche Unterschiede zwischen beiden Arbeitsplätzen existieren, und untersuchen Sie, inwiefern Sie jetzt anders denken und handeln müssen. Nehmen Sie sich Zeit, in ungezwungenem Rahmen diesen Schritt mit Freunden und Familie zu feiern. Nutzen Sie die Zeit, um sich mit informellen Beratern zusammenzusetzen und sie um Rat zu fragen. Fazit: Tun Sie, was immer notwendig ist, um sich geistig auf Ihren Übergang vorzubereiten.

Analysieren Sie Ihre Schwächen

Sie haben die neue Stelle bekommen, weil diejenigen, die Sie ausgewählt haben, der Ansicht waren, dass Sie das Zeug dazu mitbringen, um dort erfolgreich zu sein. Das ist sicher der Fall. Doch wie wir in den Fällen von Julia Gould und David Jones gesehen haben, kann es ein fataler Irrtum sein, sich zu sehr auf das zu verlassen, was Ihnen in der Vergangenheit zum Erfolg verholfen hat. Wie ein leitender Angestellter es einmal ausdrückte: »Sie haben immer das Bedürfnis, eine Hierarchieebene unter der zu arbeiten, auf der Sie sich gerade befinden. Aber Sie müssen da arbeiten, wo Sie sind, nicht da, wo Sie waren.«

Eine Möglichkeit, Ihre Schwächen zu analysieren, ist es, Ihre Lieblingsprobleme ausfindig zu machen – die Art von Aufgabenstellungen, auf die Sie instinktiv zusteuern. Jeder von uns macht bestimmte Dinge lieber als andere. Julia Gould hatte eine besondere Vorliebe für das Marketing, bei anderen mögen es Finanzen oder das operative Geschäft sein. Aufgrund Ihrer Vorlieben haben Sie vermutlich eine Stelle gewählt, auf der Sie das tun können, was Ihnen am meisten liegt. Daher haben Sie bestimmte Fähigkeiten weiterentwickelt und fühlen sich besonders kompetent, wenn Sie es mit Problemen auf diesen Gebieten zu tun haben, was wiederum Ihre Vorliebe noch verstärkt. Es ist so, als würden Sie Ihren rechten Arm trainieren und Ihren linken ignorieren: Der starke Arm wird immer stärker, und der schwache verkümmert. Damit laufen Sie Gefahr, ein Ungleichgewicht zu erzeugen, das sich dann negativ auswirkt, wenn Sie mit beiden Armen arbeiten sollen.

Die Tabelle 1.3 bietet Ihnen ein einfaches Instrument zur Ermittlung Ihrer Vorlieben für bestimmte Probleme. Bewerten Sie, wie groß Ihr Interesse an Problemlösungen auf den unterschiedlichen Gebieten ist. Fragen Sie sich beispielsweise im ersten Feld, wie groß Ihr Interesse an der Entwicklung von Beurteilungs- und Belohnungssystemen ist. Es geht nicht darum, die verschiedenen Punkte untereinander zu vergleichen und in eine Reihenfolge zu bringen. Bewerten Sie Ihr Interesse an jeder einzelnen Problemstellung und vergeben Sie eine Note zwischen 1 (überhaupt kein Interesse) und 10 (sehr großes Interesse). Denken Sie außerdem daran, dass es hier um Ihre Interessen geht, nicht um Ihre Fähigkeiten oder Ihre Erfahrung. Blättern Sie bitte nicht weiter, ehe Sie die Tabelle ausgefüllt haben.

Übertragen Sie nun Ihre Bewertungen aus Tabelle 1.3 in die entsprechenden Felder in Tabelle 1.4. Addieren Sie die Zahlen in den drei Spalten und den fünf Zeilen.

Tabelle 1.3: Bewerten Sie Ihre Problemvorlieben

Bewerten Sie Ihr Interesse an Problemlösungen in den folgenden Bereichen. Vergeben Sie Noten von: 1 (überhaupt kein Interesse) bis 10 (sehr großes Interesse).					
☐	Entwicklung von Beurteilungs- und Entlohnungssystemen	☐	Moral der Mitarbeiter	☐	Gleichstellung und Fairness
☐	Finanzielles Risikomanagement	☐	Haushaltsplanung	☐	Kostenbewusstsein
☐	Produktpositionierung	☐	Verhältnis zu Kunden	☐	Konsumorientierung
☐	Produkt- und Servicequalität	☐	Verhältnis zu Händlern und Zulieferern	☐	Kontinuierliche Optimierung
☐	Projektmanagementsystemte	☐	Verhältnis von Forschung und Entwicklung, Marketing und operativem Geschäft	☐	Abteilungsübergreifende Zusammenarbeit

Tabelle 1.4: Ihre Vorlieben für Probleme und Funktionen

	technisch	politisch	kulturell	**Summe**
Personal				
Finanzen				
Marketing				
operatives Geschäft				
Forschung und Entwicklung				
Summe				

Die Summe der Spalten zeigt Ihnen, ob Ihre Vorliebe bei technischen, politischen oder kulturellen Problemstellungen liegt. Technische Fragen beinhalten Strategien, Märkte, Technologien und Prozesse. Politische Fragen betreffen Macht und Politik innerhalb eines Unternehmens. Kulturelle Fragen schließlich beziehen sich auf Werte, Normen und Leitbilder.

Wenn die Summe in einer der drei Spalten deutlich niedriger ist als in den anderen, dann haben Sie an dieser Stelle möglicherweise einen blinden Fleck. Wenn Sie beispielsweise in der Spalte der technischen Fragen viele und in der Spalte der politischen und kulturellen Fragen wenige Punkte erzielen, dann laufen Sie vielleicht Gefahr, die menschliche Seite des Unternehmens zu übersehen.

In der Summe der Zeilen können Sie Ihre Vorliebe für bestimmte Unternehmensbereiche ablesen. Eine niedrige Summe in einer der Zeilen lässt vermuten, dass Sie Problemen in diesem speziellen Bereich lieber aus dem Weg gehen. Auch hierbei handelt es sich möglicherweise wieder um einen blinden Fleck.

Die Ergebnisse dieser Analyse sollen Ihnen dabei helfen, die folgenden Fragen zu beantworten: In welchen Bereichen lösen Sie am liebsten Probleme? In welchen Bereichen lösen Sie ungern Probleme? Inwieweit machen Sie diese Vorlieben in Ihrer neuen Stelle verwundbar?

Sie können viel tun, um Ihre möglichen Schwächen auszugleichen. Ihre drei wichtigsten Hilfsmittel sind Selbstdisziplin, der Aufbau eines Teams und ein Netzwerk von Ratgebern. Sie sollten sich disziplinieren, um Zeit auf wichtige Tätigkeiten zu verwenden, die Sie ungern angehen und die Ihnen möglicherweise schwerer fallen als andere. Darüber hinaus sollten Sie Leute aus dem Unternehmen in Ihr Team holen, die auf diesen Gebieten besondere Stärken haben, die Sie unterstützen und von denen Sie lernen können. Ein Netzwerk von Ratgebern kann Ihnen schließlich helfen, Ihre Komfortzone zu verlassen.

Hüten Sie sich vor Ihren Stärken

Ihre Schwächen können Sie verwundbar machen, doch Sie sollten sich mindestens genauso vor Ihren Stärken hüten. Jede Stärke kann ein Fallstrick sein. Die Qualitäten, die Ihnen bisher zum Erfolg verholfen haben, können sich in der neuen Position als Schwächen herausstellen. Sowohl Julia Gould als auch Douglas Ivester waren detailgenau. Diese eindeutige Stärke kann an einer neuen Stelle von Nachteil sein, besonders dann, wenn Sie außerdem noch ein großes Kontrollbedürfnis haben: Die Folge ist, dass Sie Menschen auf Ihren Spezialgebieten mikromanagen. Damit demotivieren Sie Ihre Mitarbeiter, die eigenständige Beiträge leisten wollen, ohne dass Sie ihnen ständig über die Schulter schauen.

Lernen Sie das Lernen neu

Es ist möglicherweise schon eine Weile her, dass Sie so viel auf einmal lernen mussten. »Plötzlich habe ich bemerkt, was ich alles nicht weiß«, klagen viele Führungskräfte in der Übergangszeit. Vielleicht haben Sie vorher wie Julia Gould in einer bestimmten Disziplin geglänzt und sollen nun eine abteilungsübergreifende Führungsposition übernehmen. Oder Sie fangen, wie David Jones, in einem neuen Unternehmen an, in dem Sie noch kein Netzwerk haben und dessen Kultur Sie nicht kennen. Wie auch immer: Mit einem Mal müssen Sie sehr schnell sehr viel lernen.

Wieder mit dem Lernen anfangen zu müssen, kann längst überwunden geglaubte Versagensängste wecken, besonders wenn Sie zu Beginn einige Rückschläge erleben. Möglicherweise fühlen Sie sich in frühere Tage Ihrer Laufbahn zurückversetzt, als Sie noch nicht das Selbstvertrauen hatten, das Sie heute haben. Vielleicht machen Sie zum ersten Mal seit Langem wieder Fehler und erleben, was es heißt zu scheitern. Also suchen Sie sich unbewusst Aufgaben auf den Gebieten, auf denen Sie sich besonders kompetent fühlen, und halten nach Menschen Ausschau, die Ihre Selbstsicherheit stärken.

Neue Herausforderungen und die damit verbundenen Versagensängste können einen Teufelskreis aus Verweigerung und Defensivhaltung auslösen. Sie haben also eine einfache Wahl: Sie können lernen, oder Sie können sich verkriechen und scheitern. Sie können grandios scheitern, wie Julia Gould, oder Sie können tausend kleine Tode sterben, aber Ihr Scheitern ist vorprogrammiert. Wie wir im nächsten Kapitel sehen werden, sind Defensivhaltung und Verweigerung der sichere Weg zum Untergang.

Das Lernen neu zu lernen kann schmerzhaft sein. Wenn Sie also nachts schweißgebadet aufwachen, lassen Sie sich zum Trost gesagt sein: Den meisten Führungskräften geht es ganz genauso. Und wenn Sie einsehen, dass Sie ums Lernen nicht herumkommen, dann haben Sie einen ersten wichtigen Schritt gemacht.

Ordnen Sie Ihr Netzwerk neu

Im Laufe Ihrer Karriere ändert sich die Art von Rat und Unterstützung, die Sie benötigen. Sich selbst zu befördern heißt auch, Ihr Ratgeber- und Unterstützernetzwerk neu zu ordnen. Zu Beginn Ihrer Laufbahn brauchen Sie vor allem gute technische Ratgeber, die Ihnen etwa in Fragen des Marketings oder der Finanzierung zur Hand gehen. Je weiter Sie in Ihrer Karriere vorankommen, umso wichtiger wird jedoch politischer und persönlicher Rat. Politische Berater können Ihnen helfen, die Politik innerhalb des Unternehmens zu verstehen, was besonders wichtig wird, wenn Sie Veränderungen umsetzen wollen. Persönliche Ratgeber helfen Ihnen, auch in Zeiten großer Belastung das große Ganze im Blick zu behalten und Ihr Gleichgewicht zu bewahren. Wie wir in Kapitel 9 sehen werden, ist es nicht leicht, Ihr Ratgebernetzwerk neu zu ordnen. Ihre Ratgeber sind möglicherweise gleichzeitig gute Freunde, und Sie fühlen sich vielleicht sehr wohl mit den technischen Beratern, deren Bereiche Sie so gut kennen.

Hüten Sie sich vor Menschen, die Sie zurückhalten wollen

Es gibt Menschen, die Sie bewusst oder unbewusst in Ihrer alten Stelle festhalten wollen. Ihr alter Chef könnte beispielsweise wenig Interesse daran haben, Sie ziehen zu lassen. Sobald Sie also wissen, dass Sie wechseln werden, sollten Sie mit ihm vereinbaren, wie Sie Ihre Arbeit zum Abschluss bringen. Sie sollten klar benennen, welche Projekte und Themen Sie noch bearbeiten werden und in welchem Umfang Sie das tun. Und genauso klar sollten Sie auch benennen, was Sie nicht mehr zu Ende bringen werden. Halten Sie die Vereinbarungen für Ihre Mitarbeiter in einem Protokoll fest und geben Sie auch Ihrem Chef ein Exemplar, damit alle auf demselben Stand sind. Achten Sie darauf, dass sowohl Sie als auch Ihr Chef die Vereinbarungen einhalten. Seien Sie realistisch, was Sie in den letzten Tagen erreichen können und was nicht. Man kann immer noch mehr machen, also denken Sie daran, dass die Zeit, die Sie haben, um sich auf Ihre neue Stelle vorzubereiten, knapp und wertvoll ist.

Freunde befürchten möglicherweise, dass sich Ihr Verhältnis zu ihnen ändern wird. Das muss es jedoch auch, und je schneller Sie das akzeptieren (und Ihren Freunden helfen, es ebenfalls zu akzeptieren), umso besser. Andere im Unternehmen werden sehr genau darauf achten, ob Sie Ihre Günstlinge haben, und Sie entsprechend beurteilen.

Wenn Sie befördert wurden und nun frühere Kollegen führen sollen, könnten einige eifersüchtig reagieren und sogar gegen Sie arbeiten. Das kann sich mit der Zeit geben. Erwarten Sie jedoch gerade zu Beginn Machtspiele und bereiten Sie sich darauf vor, hart, aber gerecht darauf zu reagieren. Wenn Sie ihnen nicht früh ihre Grenzen aufzeigen, werden Sie es bereuen. Andere dazu zu bringen, Ihre Beförderung zu akzeptieren, gehört unbedingt zu Ihrer Selbstbeförderung. Wenn Sie zu dem Schluss kommen, dass bestimmte Kollegen Ihre Beförderung nicht akzeptieren werden, müssen Sie Mittel und Wege finden, sie aus Ihrem Team oder Ihrer Abteilung zu befördern.

Holen Sie sich Hilfe

In vielen Unternehmen gibt es Programme und Prozesse, um Führungskräften einen erfolgreichen Übergang in die neue Rolle zu ermöglichen. Diese rangieren von Entwicklungsprogrammen für High-Potentials (die vielversprechende Führungskräfte auf einen Posten in der Geschäftsleitung vorbereiten) bis zu formalen Onboarding-Prozessen (Programmen oder Coachings), die auf die entscheidenden Unternehmensnormen abzielen. Sie sollten sich sämtliche Angebote des Unternehmens zunutze machen. Doch auch wenn Ihre neue Firma kein formelles Übergangsprogramm anbietet, sollten Sie sich mit der HR-Abteilung und Ihrem neuen Vorgesetzten in Verbindung setzen und einen 90-Tage-Übergangsplan erstellen. Nach einer Beförderung sollten Sie herausfinden, ob es Kompetenzmodelle gibt, die die Erfordernisse Ihrer neuen Rolle beschreiben (wobei Sie allerdings nicht davon ausgehen sollen, dass diese die ganze Wahrheit erzählen). Wenn Sie einen neuen Arbeitgeber haben, bitten Sie um Hilfe. Lassen Sie sich die Hauptansprechpartner nennen und vorstellen oder suchen Sie sich einen kulturellen »Dolmetscher«. Diese Menschen sind häufig firmenspezifische Urgesteine, die Ihnen einen historischen Einblick darüber geben, wie das Unternehmen sich entwickelt und verändert hat.

Wie Sie Hindernisse überwinden

Sich selbst zu befördern ist ein hartes Stück Arbeit. Einige der Hindernisse tragen Sie möglicherweise in sich. Nehmen Sie sich ein paar Minuten Zeit, um über Ihre Verwundbarkeit in der neuen Position nachzudenken, die sich aus der Analyse Ihrer Problemvorlieben ergeben hat. Wie werden Sie mögliche blinde Flecken ausgleichen? Denken Sie anschließend über äußere Einflüsse nach, die Sie zurückhalten könnten, wie etwa Ihre Verpflichtungen gegenüber Ihrem alten Chef. Wie können Sie diese überwinden?

Um eine Redensart zu bemühen: Sich selbst zu befördern ist der Weg, nicht das Ziel. Sie sollten sich immer wieder versichern, dass Sie die tatsächlichen Herausforderungen Ihrer neuen Stelle angehen, und keine »Arbeitsvermeidung« praktizieren.[24] Es ist allzu leicht, auf lieb gewonnene Gewohnheiten zurückzugreifen, die in Ihrer neuen Position genauso bequem wie gefährlich sind. Lesen Sie dieses Kapitel in gewissen Abständen immer wieder und fragen Sie sich: »Tue ich wirklich alles, um mich selbst zu befördern?«

Ihre Checkliste für den erfolgreichen Wechsel

1. Warum sollten Sie nach einer Beförderung Breite und Tiefe ausloten, delegieren, beeinflussen, kommunizieren und Führungspräsenz zeigen?
2. Wie wollen Sie sich nach einem Unternehmenswechsel in der Firma orientieren, sich mit den wichtigsten Persönlichkeiten identifizieren und vernetzen, Erwartungshaltungen klären und sich der neuen Kultur anpassen? Wie sieht das richtige Gleichgewicht zwischen Anpassung und Veränderung aus?
3. Was hat Sie in Ihrer bisherigen Karriere erfolgreich gemacht? Können Sie in Ihrer neuen Position erfolgreich bleiben, indem Sie sich allein auf diese Stärken verlassen? Wenn nicht, welche wichtigen Fähigkeiten sollten Sie ausbauen?
4. Gibt es in Ihrer neuen Position Aufgaben, die für Ihren Erfolg entscheidend sind, denen Sie aber lieber aus dem Weg gehen? Warum ist das so? Wie werden Sie diese blinden Flecken ausgleichen?
5. Was können Sie tun, um innerlich den Sprung in die neue Position zu vollziehen? Wer kann Sie dabei beraten? Was können Sie sonst tun, um den Sprung zu schaffen?

Kapitel 2
Lernen Sie effektiv

Chris Hadley war Leiter der Qualitätskontrolle bei der Firma Dura Corporation, einem mittelgroßen Software-Service-Anbieter. Als der Chef von Chris die Firma verließ und die Stelle des stellvertretenden Geschäftsführers bei Phoenix Systems, einem angeschlagenen Softwarehersteller, annahm, bot er Chris die Stelle als Leiter der Qualitäts- und Testabteilung des Unternehmens an. Obwohl er auf der gleichen Karrierestufe blieb, packte Chris die Gelegenheit, eine Kehrtwende zu leiten, beim Schopf.

Dura hatte eine erstklassige Softwareentwicklung. Chris war gleich nach dem Ingenieursstudium in das Unternehmen eingetreten und hatte sich dort durch die wichtigsten Sparten und Positionen nach oben gearbeitet. Er hatte sein Handwerk von der Pike auf gelernt. Doch er war es gewohnt, mit modernsten Technologien und hervorragend ausgebildeten und motivierten Fachkräften zu arbeiten. Bevor er die neue Stelle annahm, hatte er die Testabteilung von Phoenix besucht und wusste, dass sie weit hinter dem bisherigen Standard zurückblieb. Er war fest entschlossen, das zu ändern, und zwar schnell.

Kurz nach seinem Antritt erklärte Chris, die Prozesse seien völlig veraltet und müssten von den Grundmauern neu aufgebaut werden, und zwar »nach dem Vorbild von Dura«. Er holte sich Berater ins Haus, die einen vernichtenden Bericht verfassten, in dem sie die Testverfahren und Prozesse als »antiquiert« und die Ausbildung der Arbeiterschaft als »mangelhaft« beschrieben. Sie empfahlen eine gründliche Reorganisation, die Einführung von Teams und verstärkte Investitionen in Technologie und Ausbildung. Chris stellte den Mitgliedern seines Führungsstabs den Bericht vor und teilte ihnen mit, er plane, die Empfehlungen möglichst zügig umzusetzen. Ihr Schweigen deutete er als Zustimmung.

Kaum war die neue Teamstruktur eingeführt worden, gingen Produktivität und Qualität der Abteilung in den Keller. Chris rief sein Team zusammen und drängte darauf, die Probleme in den Griff zu bekommen, und zwar rasch. Doch die Situation verschärfte sich noch, und die Moral der gesamten Arbeiterschaft wurde immer schlechter.

Nach nur zwei Monaten musste sich Chris eine Standpauke von seinem Chef anhören: »Du hast es dir mit allen verscherzt. Ich habe dich doch geholt, um die Abteilung wieder auf die Beine zu stellen, nicht um sie einzureißen.« Dann stellte ihm sein Chef einige unangenehme Fragen: »Wie viel Zeit hast du dir genommen, um die Abteilung kennenzulernen? Wusstest du, dass sie bereits seit Jahren nach größeren Investitionen fragen? Hast du dir angeschaut, was sie vor deiner Ankunft geleistet haben, mit den wenigen Mitteln, die sie zur Verfügung hatten? Hör auf mit deinem Aktionismus und fang an, zuzuhören!«

Erschrocken führte Chris ernüchternde Gespräche mit den Managern, Abteilungsleitern und Arbeitern. Er erfuhr, wie viel Kreativität sie angesichts fehlender Investitionen entwickelt hatten. Er bekam auch direktes Feedback zu den Schwachstellen seiner neuen Struktur. Dann rief er die gesamte Belegschaft zu einer Versammlung zusammen und kündigte an, die Restrukturierung an das Feedback, das er bekommen hatte, anzupassen. Er erklärte auch, dass er – bevor er irgendetwas anderes tun würde – in neue Testtechnologien und Fortbildungen investieren würde.

Wo lag der Fehler von Chris? Wie so viele Führungskräfte hatte er es versäumt, sich ausreichend über sein neues Unternehmen zu informieren, und hatte stattdessen einige Vorannahmen getroffen, die ihn prompt teuer zu stehen kamen. Wenn Sie Ihre neue Position antreten, sollten Sie sich unbedingt als Allererstes einen Überblick darüber verschaffen, was Sie über Ihr neues Unternehmen wissen müssen, und sich dieses Wissen dann so effektiv und effizient wie möglich aneignen. Der Grund ist einfach: Durch effektives und effizientes Lernen sind Sie auf Ihrer neuen Position weniger verwundbar. Nur so können Sie frühzeitig erkennen, wo Zeitbomben ticken, die Ihnen möglicherweise einen Strich durch Ihre Planungen machen. Außerdem sind Sie so in der Lage, schon frühzeitig gute Entscheidungen treffen zu können. Denken Sie daran: Mitarbeiter und Kunden werden nicht so lange auf Sie warten, bis Sie die Lernkurve erklommen haben.

Überwinden Sie Ihre Lernschwächen

Wenn eine neue Führungskraft versagt, liegt das fast immer an einem gescheiterten Lernprozess. In der Informationsflut können selbst die offensichtlichsten Probleme untergehen. Es gibt so viel zu lernen, dass es gar nicht einfach ist, das Essenzielle herauszufiltern. Inmitten der Unmengen an Informationen haben Sie schnell selbst ein Menetekel übersehen. Oder Sie konzentrieren sich zu sehr auf technische Aspekte Ihrer neuen Position, wie etwa die Produktion, Kunden, Technologien und Strategien, und vernachlässigen darüber die Unternehmenskultur und -politik, die jedoch für Ihre Arbeit enorm wichtig sind.

Dazu kommt, dass erstaunlich wenige Manager wissen, wie man eine Organisation systematisch analysiert. Diejenigen, die es gelernt haben, arbeiten üblicherweise in der Personalentwicklung oder waren früher Unternehmensberater.

Ein verwandtes Problem besteht darin, dass die wenigsten neuen Führungskräfte ihr Lernen planen. Lernen zu planen bedeutet, zuallererst die zentralen Themen zu identifizieren und sich dann systematisch das wichtigste Wissen anzueignen. Kaum eine neue Führungskraft nimmt sich die Zeit, ihre Lernziele zu formulieren, und noch weniger Manager legen sich bewusst einen Lernplan zurecht, wenn sie eine neue Position übernehmen.

Manche Führungskraft leidet gar unter akuten »Lernschwächen«, potenziell fatalen inneren Blockaden gegenüber dem Lernen. Eine solche Lernschwäche kann beispielsweise darin bestehen, sich nicht über die Geschichte eines Unternehmens zu informieren. Eine der ersten Fragen, die sich eine neue Führungskraft stellen sollte, ist: »Wie ist dieses Unternehmen dahin gekommen, wo es heute steht?« Wenn Sie sich diese Frage nicht stellen, laufen Sie Gefahr, Mauern einzureißen, ohne zu wissen, warum sie gebaut wurden. Wenn Sie jedoch die Geschichte des Unternehmens kennen, können Sie beurteilen, ob eine Mauer gebraucht wird, weil es sich um eine Tragwand handelt, oder ob sie gefahrlos eingerissen werden kann.

Eine weitere Lernblockade, die bereits in der Einleitung erwähnt wurde, ist blinder Aktionismus. Betroffene haben das fast zwanghafte Bedürfnis, aktiv zu werden. Effektive Führungskräfte halten das richtige Gleichgewicht zwischen Tun (also Dinge bewegen) und Sein (also beobachten und reflektieren). Aber Chris Hadley musste feststellen, dass es nicht leicht ist, es in der Übergangsphase zuzulassen, einfach nur zu »sein«. Der Druck, etwas zu »tun«, kommt nur selten von außen, sondern ist eher ein psychisches Phänomen.

Er spiegelt fehlendes Selbstvertrauen wieder und demzufolge das ständige Bedürfnis, sich selbst zu beweisen. Rufen Sie sich also ins Gedächtnis: Wer einfach nur den aufrichtigen Wunsch zeigt, zu lernen und zu verstehen, der steigert seine Glaubwürdigkeit und seinen Einfluss.

Wenn Sie feststellen, dass Sie immer zu beschäftigt oder zu nervös sind, um systematisch zu lernen, dann leiden Sie möglicherweise unter dieser Lernschwäche. Dabei handelt es sich um ein ernst zu nehmendes Symptom, denn wenn Sie zu beschäftigt sind, um zu lernen, setzen Sie leicht einen Teufelskreis in Gang: Wenn Ihnen wichtige Informationen fehlen, treffen Sie am Anfang leicht Fehlentscheidungen, die Ihre Glaubwürdigkeit gefährden, was wiederum dazu führt, dass Ihnen Ihre Mitarbeiter wichtige Informationen vorenthalten, weshalb Sie fast zwangsläufig weitere Fehlentscheidungen treffen. Dieser fatale Kreislauf kann Ihre Glaubwürdigkeit unwiederbringlich zerstören. Seien Sie also gewarnt! Es mag sich richtig anfühlen, in einer neuen Situation möglichst rasch und entschieden anzupacken, und wie wir im nächsten Kapitel sehen werden, ist es das manchmal auch – doch dabei laufen Sie Gefahr, die eigentlichen Probleme zu übersehen.

Die schlimmste Form der Lernschwäche äußert sich jedoch darin, dass neue Führungskräfte schon mit der Antwort im Gepäck antreten. Sie wissen bereits, wie sie sämtliche Probleme des Unternehmens lösen werden. Sie kommen aus Unternehmen, »wo man die Dinge richtig anpackt«, und erkennen nicht, dass etwas, was in einer Unternehmenskultur gut funktioniert, in einer anderen kläglich scheitern kann. Chris Bagley musste am eigenen Leibe erfahren, wie schnell man mit dieser Einstellung schwere Fehler macht und wie leicht man es sich mit Menschen verscherzt. Er dachte, er könne dem neuen Unternehmen einfach all das überstülpen, was er bei seinem alten gelernt hatte, und damit wären alle Probleme gelöst.

Als Führungskraft, die neu in einem Unternehmen beginnt, sollten Sie sich unbedingt darauf konzentrieren, möglichst viel über die neue Kultur zu erfahren und sich ihr anzupassen. Sonst laufen Sie Gefahr, wie ein fremdes Organ bei einer Transplantation abgestoßen zu werden. Als neue Führungskraft rufen Sie dann das Immunsystem des Unternehmens auf den Plan und werden wie ein Fremdkörper bekämpft. Selbst bei einem Turnaround, wenn Sie also ganz bewusst in ein Unternehmen geholt werden, weil man sich von Ihnen neue Ideen erhofft, sollten Sie sich unbedingt mit der Organisationskultur und -politik vertraut machen und Ihren Ansatz auf die neuen Bedingungen zuschneiden.

Betrachten Sie Ihr Lernprogramm als Investition

Wenn Sie Ihren Lernprozess als Investitionsplan begreifen und Ihre knappe Zeit und Energie als Ressourcen, die ein sorgfältiges Management verlangen, dann ist Ihr Gewinn handlungstaugliches Wissen. Das sind Erkenntnisse, die es Ihnen erlauben, früh gute Entscheidungen zu treffen und möglichst rasch Ihren Break-even zu erreichen. Chris Bagley hätte vermutlich anders gehandelt, wenn er gewusst hätte, dass erstens das Management von Phoenix die Fertigungsanlage systematisch von großen Investitionen ausgeschlossen hatte, und das, obwohl sich seine Vorgänger vehement für Innovationen eingesetzt hatten, dass zweitens die Anlage trotz dieser widrigen Bedingungen eine beachtliche Produktivität und Qualität erreicht hatte, und dass drittens die Belegschaft zu Recht stolz auf ihre Leistung war.

Um den Gewinn aus Ihrem Lernprogramm zu maximieren, sollten Sie aus der Unmenge an Informationen, die Ihnen zur Verfügung steht, effektiv und effizient handlungstaugliches Wissen herausfiltern. Effektiv zu lernen bedeutet herauszufinden, was Sie lernen müssen, um Ihre Anstrengungen bündeln zu können. Stellen Sie so früh wie möglich einen Lehrplan zusammen und überarbeiten und ergänzen Sie ihn regelmäßig. Effizient zu lernen bedeutet, die besten verfügbaren Informationsquellen ausfindig zu machen und Methoden zu finden, mit dem geringstmöglichen Einsatz Ihrer wertvollen Zeit die bestmöglichen Erkenntnisse zu gewinnen. Chris Bagleys Lernprozess bei Phoenix war weder effektiv noch effizient.

Stellen Sie sich Ihren eigenen Lehrplan zusammen

Wenn Chris Bagley noch einmal von vorn anfangen könnte, was würde er anders machen? Er würde sich vermutlich zuerst einen Lehrplan zusammenstellen, Informationen sammeln und analysieren, Hypothesen formulieren und testen und auf diese Weise einen positiven Kreislauf in Gang bringen.

Stellen Sie sich Ihren Lehrplan schon ganz zu Beginn zusammen, am besten noch ehe Sie Ihre neue Stelle antreten. Mithilfe dieses Lehrplans können Sie Ihre Lernprioritäten erkennen. Er enthält eine Reihe fokussierter Fragen, mit denen Sie Ihre Analyse strukturieren können, oder Hypothesen, die Sie überprüfen wollen – oder beides. Natürlich verändert sich Ihr Lehrplan im

Laufe des Lernprozesses: Zunächst wird er fast ausschließlich Fragen enthalten, doch je mehr Sie wissen, desto mehr Hypothesen werden Sie über die Vorgänge im Unternehmen und über deren Ursachen formulieren können. Ihr Lernprozess wird mehr und mehr darin bestehen, diese Hypothesen auszuarbeiten und zu überprüfen.

Wie kann Ihre erste Fragenliste aussehen? Beginnen Sie am besten mit Fragen über die Vergangenheit, die Gegenwart und die Zukunft des Unternehmens oder der Abteilung. Warum werden Dinge so gemacht, wie sie gemacht werden? Sind die Gründe für eine bestimmte Strategie weiterhin gültig? Verändern sich die Umstände so, dass in Zukunft etwas anders gemacht werden sollte? Die Kästen auf den folgenden Seiten bieten Ihnen Beispielfragen aus diesen drei Bereichen.

Fragen zur Vergangenheit

Performance

- Wie war die Performance des Unternehmens oder der Abteilung in der Vergangenheit? Wie wird diese Performance aus der Innensicht beurteilt?
- Wie wurden Ziele formuliert? Waren diese Ziele ungenügend oder zu ehrgeizig?
- Was waren die internen und externen Benchmarks?
- Wie wurde die Performance gemessen? Welche Verhaltensweisen wurden durch die Messmethoden honoriert, welche nicht?
- Was war die Konsequenz für den Fall, dass Ziele nicht erreicht wurden?

Ursachen

- Wenn die Performance gut war, was waren die Ursachen?
- In welchem Maße tragen Strategie, Struktur, technische Ausstattung, Kultur und Politik zum Erfolg bei?
- Wenn die Performance schlecht war, woran lag es? In welchem Maße behindern Strategie, Struktur, technische Ausstattung, Kultur und Politik den Erfolg?

Geschichte der Veränderungen

- Welche Anstrengungen wurden unternommen, um das Unternehmen oder die Abteilung zu verändern? Was waren die Konsequenzen?
- Wer hat das Unternehmen oder die Abteilung maßgeblich geformt?

Fragen zur Gegenwart

Vision und Strategie

- Was benennt das Unternehmen als seine Vision und seine Strategie?
- Verfolgt es diese Strategie tatsächlich? Wenn nicht, warum nicht? Wenn ja, bringt diese Strategie das Unternehmen oder die Abteilung an das gewünschte Ziel?

Menschen

- Wer ist fähig, wer nicht?
- Wem können Sie vertrauen, wem nicht?
- Wer verfügt über Einfluss und warum?

Prozesse

- Was sind die entscheidenden Prozesse des Unternehmens oder der Abteilung?
- Sind die Prozesse hinsichtlich Qualität, Verlässlichkeit und Pünktlichkeit akzeptabel? Wenn nicht, warum nicht?

Fußangeln und Fettnäpfchen

- Welche Fußangeln warten nur darauf, zuzuschnappen und Sie zum Straucheln zu bringen?
- Auf welche kulturellen und politischen Fettnäpfchen sollten Sie achten?

Frühe Erfolge

- In welchen Bereichen (Menschen, Beziehungen, Prozesse oder Produkte) können Sie frühe Erfolge erzielen?

Fragen zur Zukunft

Gefahren und Chancen

- In welchen Bereichen stehen im kommenden Jahr die größten Herausforderungen an? Was kann schon jetzt unternommen werden, um ihnen zu begegnen?
- Wo liegen die vielversprechendsten, bislang nicht ausgeschöpften Möglichkeiten? Was müsste passieren, um dieses Potenzial nutzen zu können?

Hindernisse und Hilfsmittel

- Welche Hindernisse stehen den notwendigen Veränderungen entgegen? Sind sie technischer, kultureller oder politischer Natur?
- Gibt es in bestimmten Bereichen besondere Stärken oder andere wertvolle Ressourcen, die Sie mobilisieren können?
- Welche neuen Fähigkeiten müssen weiterentwickelt oder neu erworben werden?

Kultur

- Welche Elemente der Kultur sollten erhalten bleiben?
- Welche Elemente müssen sich verändern?

Während Sie diese Fragen durcharbeiten, sollten Sie zudem über die richtige Mischung aus technischem, zwischenmenschlichem, kulturellem und politischem Lernen nachdenken.[25] Auf technischer Ebene müssen Sie sich vielleicht mit fremden Märkten, fremden Technologien, Prozessen und Systemen auseinandersetzen. Auf zwischenmenschlicher Ebene müssen Sie Ihren Vorgesetzten, Ihre Kollegen und direkten Mitarbeiter kennen lernen. Auf kultureller Ebene müssen Sie die Normen, Werten und die Erwartungen kennen lernen, die man an Sie hat und die sich mit hoher Wahrscheinlichkeit von denen Ihrer früheren Firma unterscheiden. Das gilt häufig sogar, wenn Sie in der gleichen Organisation nur die Abteilung wechseln. Auf politischer Ebene müssen Sie die Schattenorganisation verstehen – die informellen Prozesse und Bündnisse, die unterhalb der formellen Struktur existieren und die starken Einfluss auf die tatsächliche Arbeitsweise haben. Die politische Ebene ist sehr wichtig, aber für Unternehmensfremde nun einmal auch sehr schwer zu verstehen. Entsprechende Hindernisse können Ihre Anstrengungen boykottieren, sodass es Ihnen nicht gelingt, sich in der Phase des Übergangs eine solide Unterstützungsbasis zu verschaffen.

Machen Sie Ihre besten Informationsquellen ausfindig

Zum Lernen stehen Ihnen harte Daten zur Verfügung wie etwa Finanzberichte, Leistungsbilanzen, Strategiepläne, Funktionspläne, Mitarbeiterbefragungen, Presseberichte und Industrieberichte. Doch um gute Entscheidungen treffen zu können, benötigen Sie auch »weiche« Daten über die Strategie, das technische Know-how, die Kultur und die Politik des Unternehmens. An diese Daten kommen Sie nur, indem Sie sich mit Menschen unterhalten, die über dieses Wissen verfügen.

Grafik 2.1: Informationsquellen

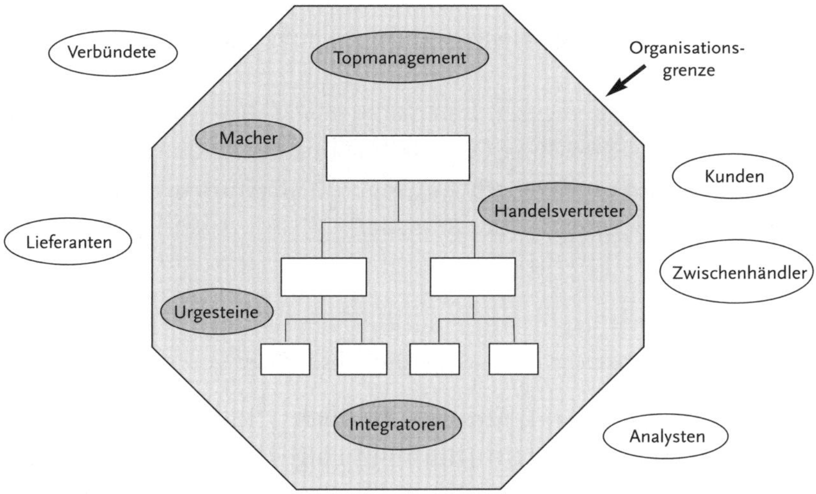

Wer bietet Ihnen für Ihre Lerninvestition die besten Dividenden? Wenn Sie vielversprechende Quellen erkennen, wird Ihr Lernprozess vollständiger und effizienter. Denken Sie daran, mit wichtigen Menschen innerhalb und außerhalb Ihrer Organisation zu sprechen (siehe Grafik 2.1). Je mehr unterschiedliche Perspektiven Sie suchen, desto mehr lernen Sie. Insbesondere können Sie so zwischen externen Wahrheiten und internen Wahrnehmungen, zwischen den Wünschen der Führung und der Realität an der Front unterscheiden.

Ihre besten externen Quellen sind vermutlich die folgenden:

Kunden: Wie nehmen Kunden Ihre Organisation wahr? Wie schätzen Ihre besten Kunden die Qualität Ihrer Produkte oder Dienstleistungen ein? Wie beurteilen sie den Kundendienst? Wie schätzen sie Ihr Unternehmen im Vergleich zur Konkurrenz ein?

Zwischenhändler: Von Zwischenhändlern können Sie eine Menge über Logistik, Kundendienst sowie die Praktiken und Angebote der Konkurrenz erfahren. Sie bekommen zudem einen guten Eindruck von den Fähigkeiten der eigenen Zwischenhändler.

Zulieferer: Durch Zulieferer lernen Sie Ihr Unternehmen in der Rolle des Kunden kennen. Zulieferer helfen Ihnen auch, die internen Stärken und Schwächen Ihres Operations-Managements und der Abläufe zu erkennen.

Externe Analysten: Analysten geben Ihnen eine relativ objektive Einschätzung der Stärken und Fähigkeiten Ihrer Organisation und der Konkurrenz. Analysten haben zudem einen guten Überblick über die Anforderungen des Marktes und die wirtschaftliche Situation der Branche.

Die folgenden sind unerlässliche interne Informationsquellen:

Forschung und Entwicklung sowie operatives Geschäft: Diese Menschen entwickeln und produzieren Ihr Produkt, oder sie erbringen Ihre Dienstleistungen. Sie können Ihnen helfen, die grundlegenden Prozesse des Unternehmens und seine Beziehung zu wichtigen externen Gruppen zu verstehen. Sie zeigen Ihnen auch, inwieweit der Rest des Unternehmens die Bemühungen an der Front unterstützt oder unterminiert.

Kundendienst, Ein- und Verkauf: Diese Menschen treten in direkten Kontakt mit Kunden, Zwischenhändlern und Lieferanten. Oft wissen sie über aktuelle Trends Bescheid und können Sie über Veränderungen am Markt auf dem Laufenden halten.

Kollegen in anderen Abteilungen: Sprechen Sie mit leitenden Angestellten aus den Finanz-, Rechts- und Personalabteilungen. Diese Personen haben ihre eigenen, doch äußerst nützlichen Sichtweisen auf die inneren Abläufe des Unternehmens.

Integratoren: Integratoren sind Personen, die abteilungsübergreifende Interaktionen leiten oder durchführen, wie Projektmanager, Leiter von Fertigungsanlagen oder Produktmanager. Von ihnen können Sie lernen, wie die Verbindungen innerhalb des Unternehmens funktionieren und wo sich bestimmte Bereiche überlappen. Diese Menschen können Ihnen helfen, die politischen Hierarchien im Unternehmen zu verstehen und zu erkennen, wo es interne Konflikte gibt.

Urgesteine: Schauen Sie sich nach »Oldtimern« oder Urgesteinen um, die schon lange beim Unternehmen sind und so etwas wie dessen Gedächtnis verkörpern. Diese Menschen können Ihnen etwas von der Mythologie des Unternehmens vermitteln und die Wurzeln seiner Kultur und Politik erklären.

Als neuer Mitarbeiter können Sie den Integrationsprozess schon vor Dienstantritt in Gang bringen. Machen Sie sich die Onlinequellen zunutze, sammeln Sie Hintergrundinformationen und Analyseberichte, Biografien wichtiger Firmenpersönlichkeiten und andere Daten, die Sie auf der Website des Unternehmens finden. Außerdem empfiehlt es sich, wenn möglich, Kontakt zu gegenwärtigen oder früheren Angestellten aufzunehmen, um sich einen Überblick über Geschichte und Kultur zu verschaffen.

Lernen Sie mit Methode

Wenn Sie einen ungefähren Eindruck bekommen haben, was Sie lernen müssen und woher Sie die notwendigen Informationen bekommen, sollten Sie sich eine Methode zurechtlegen, wie Sie am besten lernen.

Viele Manager springen am liebsten mit beiden Beinen mitten hinein und reden mit Menschen. Mit dieser Methode finden Sie zwar auch eine Menge heraus, doch sie ist wenig effizient. Vor allem ist sie zeitaufwändig, weil Sie aufgrund der mangelnden Struktur nicht wissen, wie viel Gewicht Sie jeder individuellen Aussage beimessen können. Die ersten (oder letzten) Meinungen, die Sie hören, können Ihre Einschätzungen über Gebühr beeinflussen. Außerdem ist es gut möglich, dass bestimmte Personen frühzeitig auf Sie zukommen, weil sie Sie beeinflussen wollen.

Deshalb sollten Sie in Betracht ziehen, ein systematisches Lernprogramm für neue Führungskräfte zu verwenden. Lassen Sie mich Ihnen die Vorteile eines solchen systematischen Ansatzes vor Augen führen. Stellen Sie sich vor, Sie wollen Ihre Mitarbeiter kennen lernen und dabei herausfinden, wie diese die Lage einschätzen. Wie gehen Sie vor? Das Nächstliegende scheint zu sein, alle zusammenkommen zu lassen und sie zu befragen. Doch das kann von Nachteil sein, denn einige werden ihre Meinung nicht öffentlich äußern wollen.

Also entscheiden Sie sich, sie in Einzelgesprächen kennenzulernen. Auch das hat natürlich gewisse Nachteile, denn Sie müssen schließlich in einer bestimmten Reihenfolge vorgehen. Die Mitarbeiter, die zuletzt an der Reihe sind, werden sich bereits mit ihren Kollegen ausgetauscht haben, um herauszufinden, was sie erwartet. Es kann Ihnen also passieren, dass Ihre Mitarbeiter sich untereinander absprechen oder dass sie Ihre Aussagen auf eine Weise auslegen, die nicht in Ihrem Sinne ist.

Nehmen wir trotzdem an, Sie treffen sich zu Einzelgesprächen. In welcher Reihenfolge gehen Sie vor? Wie vermeiden Sie, dass die Aussagen der Ersten Sie übermäßig beeinflussen? Eine gute Möglichkeit ist es, sich in jedem Gespräch an dasselbe »Drehbuch« zu halten. Steigen Sie zum Beispiel mit einigen Sätzen zu Ihrer Person und Ihren Vorstellungen ein, stellen Sie ein paar persönliche Fragen zum Hintergrund, der Familie und den Interessen Ihres Gesprächspartners und gehen Sie dann zu einer festen Liste von Fragen zum Unternehmen über. Diese Vorgehensweise ist wirkungsvoll, da Sie auf diese Weise vergleichbare Antworten bekommen. Sie können die Antworten nebeneinanderlegen und sehen, welche übereinstimmen und welche nicht. Auf diese Weise bringen Sie auch in Erfahrung, wer unter Ihren Mitarbeitern offener ist und wer weniger offen.

Wenn Sie ein neues Unternehmen analysieren, sollten Sie sich also zunächst zu Einzelgesprächen mit Ihren Mitarbeitern treffen. Stellen Sie ihnen die folgenden fünf Fragen:

- Was ist die größte Herausforderung, vor der wir gerade oder in nächster Zukunft stehen?
- Warum stehen wir vor dieser Herausforderung?
- Was sind die vielversprechendsten und noch nicht ausgeschöpften Wachstumsmöglichkeiten?
- Was müssen wir tun, um deren Potenzial auszuschöpfen?
- Wenn Sie an meiner Stelle wären, worauf würden Sie sich konzentrieren?

Wenn Sie diese fünf Grundfragen stellen, gut zuhören und geschickt nachfragen, werden Sie interessante Erkenntnisse gewinnen. Wenn Sie jedem Mitarbeiter dieselben Fragen vorlegen, können Sie verbreitete und abweichende Meinungen erkennen, und Sie vermeiden so, der ersten, autoritärsten oder eloquentesten Person, mit der Sie sprechen, zu viel Gewicht beizumessen. Die Art und Weise, wie Ihre Gesprächspartner Ihnen antworten, verrät Ihnen auch viel über Ihr neues Team und dessen Politik. Wer antwortet direkt, wer weicht aus, wer verliert sich in Plaudereien? Wer übernimmt Verantwortung, wer zeigt mit dem Finger auf andere? Wer hat einen guten Überblick über das Geschäft, wer hat einen Tunnelblick?

Nachdem Sie diese ersten Antworten für sich geordnet haben und erste Erkenntnisse und weitere Fragen herausdestilliert haben, bitten Sie Ihre Mitarbeiter zu einem gemeinsamen Treffen, stellen Sie ihnen Ihre Eindrücke und Fragen vor und laden Sie zu einer Diskussion ein. Auf diese Weise erkennen Sie, welche Sichtweise Substanz hat und wie das Team funktioniert. Außerdem können Sie unter Beweis stellen, wie schnell Sie einige der Kernfragen identifiziert haben.

Sie müssen diesem Prozess nicht stur folgen. Genauso gut können Sie beispielsweise einen externen Berater mit einer Analyse beauftragen und die Ergebnisse vor der Gruppe präsentieren lassen. Oder Sie können einen internen Vermittler bitten, den Prozess zu leiten (siehe Kasten »Der Assimilationsprozess für neue Führungskräfte«). Die Beispiele sollen nur verdeutlichen, dass sogar eine so einfache Struktur – ein Drehbuch, eine Abfolge von Treffen mit Ihren Mitarbeitern, eine kurze Analyse der Gespräche und ein abschließendes gemeinsames Treffen – Ihnen rasch handlungstaugliche Erkenntnisse bringen kann. Natürlich sollten Sie die Fragen speziell auf die Gruppen zuschneiden, die Sie befragen. Wenn Sie sich mit Handelsvertretern treffen, könnten Sie beispielsweise fragen: »Was wünschen sich unsere Kunden, das sie von der Konkurrenz bekommen, aber nicht von uns?«

Der Assimilationsprozess für neue Führungskräfte

Ein gutes Beispiel für eine strukturierte Lernmethode ist der Assimilationsprozess für neue Führungskräfte (New Leader Assimilation Process), der ursprünglich bei General Electric entwickelt wurde. Jedem Manager, der eine wichtige Position übernimmt, wird für eine Übergangszeit ein Supervisor beigeordnet. Der Supervisor trifft sich zunächst mit der neuen Führungskraft, um mit ihr zusammen den Einarbeitungsprozess zu entwickeln. Dann trifft er sich mit den Mitarbeitern der neuen Führungskraft und stellt Fragen wie: Was möchten Sie über Ihren neuen Chef wissen? Was wollen Sie ihm über sich und über die wirtschaftliche Lage mitteilen? Die Antworten gehen anonymisiert an den neuen Chef zurück. Der Prozess endet mit einem Treffen zwischen der neuen Führungskraft und ihren Mitarbeitern, das vom Supervisor geleitet wird.

Tabelle 2.1: Strukturierte Lernmethoden

Methode	Nutzen	Hilfreich
Befragungen zum Betriebsklima und zur Mitarbeiterzufriedenheit	Mit dieser Methode erfahren Sie viel über die Kultur und Moral des Unternehmens oder der Abteilung. Zahlreiche Unternehmen führen regelmäßig solche Befragungen durch, daher könnten diese Daten bereits vorhanden sein. Wenn nicht, erwägen Sie die Einführung regelmäßiger Mitarbeiterbefragungen.	Hilfreich für Führungskräfte auf allen Ebenen, falls die Analyse speziell für Ihre Abteilung oder Gruppe vorhanden ist. Der Nutzen hängt stark davon ab, wie repräsentativ die Erhebung ist. Voraussetzung sind ein gutes Erhebungsverfahren und eine exakte Analyse.
Strukturierte Gespräche mit ausgewählten Mitarbeitern des Unternehmens oder der Abteilung	So erkennen Sie verbreitete und abweichende Wahrnehmungen der Chancen und Probleme. Sie können die Gespräche horizontal (mit Mitarbeitern einer Hierarchieebene, aber aus verschiedenen Abteilungen) oder vertikal (mit verschiedenen Mitarbeitern einer Abteilung) führen. In beiden Fällen sollten Sie jedem Ihrer Gesprächspartner dieselben Fragen vorlegen und nach Ähnlichkeiten und Unterschieden in den Antworten Ausschau halten.	Besonders hilfreich für Führungskräfte, die bereichsübergreifende Gruppen führen. Kann auch auf unteren Ebenen nützlich sein, wenn die Abteilung eine problematische Phase durchläuft.
Fokusgruppen	Dienen der Vertiefung von Themen, die bestimmte Gruppen betreffen, etwa die Mitarbeitermoral in der Produktion oder im Service. Wenn Sie Personen aus einem Team oder einer Abteilung zusammenholen, sehen Sie außerdem, wie diese Teams zusammenarbeiten und wer die Führungsrolle übernimmt. Eine Diskussion fördert weitere Erkenntnisse zutage.	Besonders hilfreich für Führungskräfte, die große Gruppen von Mitarbeitern mit ähnlichen Funktionen führen, wie zum Beispiel Vertriebs- oder Werksleiter. Kann auch für Manager aus den oberen Führungsebenen sinnvoll sein, um sich rasch einen Einblick in die Wahrnehmungen wichtiger Abteilungen zu verschaffen.

Methode	Nutzen	Hilfreich
Analyse wichtiger Entscheidungen der Vergangenheit	Zeigt Muster der Entscheidungsfindung und das Funktionieren von Macht und Einfluss im Unternehmen auf. Wählen Sie eine zentrale Entscheidung und untersuchen Sie, wie diese zustande kam. Wer übte an welcher Stelle Einfluss aus? Sprechen Sie mit den Beteiligten, fragen Sie sie nach ihrer Wahrnehmung und notieren Sie, was gesagt wird und was nicht.	Besonders hilfreich für Manager aus höheren Führungsebenen, die größere Einheiten oder Projektgruppen leiten.
Prozessanalyse	Untersucht die Interaktion zwischen unterschiedlichen Abteilungen oder Bereichen und beurteilt die Effizienz eines bestimmten Prozesses. Wählen Sie einen zentralen Prozess aus, wie etwa die Produktauslieferung an Kunden oder Zwischenhändler, und stellen Sie eine abteilungsübergreifende Arbeitsgruppe zusammen, um Engpässe und Schwachstellen ausfindig zu machen.	Besonders hilfreich für Führungskräfte von Abteilungen, in denen die Arbeit aus unterschiedlichen Abteilungen oder Bereichen zusammengeführt werden muss. Kann auch auf mittleren und unteren Führungsebenen nützlich sein, um zu verstehen, welche Rolle die eigene Gruppe im Gesamtzusammenhang der Abläufe spielt.
Markt- und Fabrikbesichtigungen	Fabrikbesichtigungen sind eine gute Möglichkeit, informell mit dem Produktionspersonal in Kontakt zu kommen und ihre Ansichten zu hören. Treffen mit Mitarbeitern aus dem Verkauf und der Produktion helfen Ihnen, technisches Know-how einzuschätzen. Begegnungen mit Kunden lassen Sie Probleme und Möglichkeiten besser erkennen.	Besonders hilfreich für Manager aus dem Kundengeschäft.
Pilotprojekte	Pilotprojekte geben Ihnen einen guten Einblick in das technische Know-how sowie in die Kultur und Politik eines Unternehmens. Diese Erkenntnisse sind zwar nicht der eigentliche Zweck eines Pilotprojekts, doch Sie lernen eine Menge aus den Reaktionen, die aus dem Unternehmen oder der Gruppe auf Ihre Pilotinitiative kommen.	Hilfreich für Manager aller Führungsebenen. Die Größe des Pilotprojekts und seine Auswirkungen nehmen natürlich mit der Führungsebene zu.

Je nach Situation können auch andere strukturierte Lernmethoden hilfreich sein. So ist ein weiteres Beispiel für eine strukturierte Lernmethode der Einsatz eines Bezugsrahmens wie die sogenannte SWOT-Analyse. Dieses englische Akronym setzt sich aus den Einzelelementen Strengths (Stärken), Weaknesses (Schwächen), Opportunities (Chancen) und Threats (Bedrohungen) zusammen. Es ist ein Instrument der diagnostischen Analyse in Unternehmen und anderen Organisationen. Dieser Bezugsrahmen kann bei der Kommunikation mit Schlüsselfiguren sehr hilfreich sein – also mit Vorgesetzten, Kollegen und direkten Mitarbeitern – und trägt dazu bei, eine gemeinsame Einschätzung der Situation zu entwickeln, dient also der Positionsbestimmung und gilt als Basis der Strategieentwicklung.. Mit einigen der in Tabelle 2.1 vorgestellten Ansätze können Sie Ihren Lernprozess effizienter gestalten, je nach der Hierarchieebene, auf der Sie sich befinden. Natürlich können Sie verschiedene Methoden auch kombinieren, um Ihre Lernstrategie direkt auf die Anforderungen der Situationen zuzuschneiden.

Stellen Sie Ihr Lernprogramm zusammen

In Ihrem Lernprogramm halten Sie fest, was Sie lernen und wie Sie es lernen. Dieser Plan hilft Ihnen, Ihren Lernprozess zu optimieren und Lernziele in Handlungen zu übersetzen, indem Sie die richtigen Informationsquellen ausfindig machen und mit Methode lernen. Ihr Lernprogramm ist zentraler Bestandteil Ihres 90-Tage-Plans. Wie wir später sehen werden, sollte es der zentrale Punkt für die ersten 30 Tage sein (es sei denn, Sie müssen sich gerade um die Lösung einer Katastrophensituation kümmern).

Ihr Lernprogramm verläuft zyklisch: Sie sammeln Informationen, analysieren und filtern sie, entwickeln und überprüfen Hypothesen und vertiefen auf diese Weise Ihr Verständnis des neuen Unternehmens oder der neuen Abteilung. Die Erkenntnisse, die Sie weiterverfolgen wollen, sind natürlich je nach Situation andere. Schauen Sie sich zunächst den Zeitplan des Lernprogramms im nachfolgenden Kasten an, wählen Sie die Elemente aus, die in Ihrer Situation sinnvoll sind, und überlegen Sie, ob etwas fehlt. Im nächsten Kapitel werden wir verschiedene Übergangssituationen bei einem Führungskräftewechsel untersuchen und auf die Frage zurückkommen, was Sie wann lernen müssen.

Der Zeitplan für Ihr Lernprogramm

Vor dem ersten Arbeitstag

- Lesen Sie alles verfügbare Material über die Strategie, Struktur, Performance und Mitarbeiter des neuen Unternehmens.
- Suchen Sie Einschätzungen von Außenstehenden über die Performance des Unternehmens. Auf diese Weise erfahren Sie, wie eine informierte Öffentlichkeit Ihr Unternehmen sieht. Wenn Sie eine Stelle im mittleren Management antreten, sprechen Sie mit Menschen, die als Kunden oder Lieferanten mit Ihrer zukünftigen Abteilung zu tun haben.
- Suchen Sie Außenstehende, die das Unternehmen gut kennen, wie etwa kürzlich ausgeschiedene oder pensionierte Mitarbeiter oder Geschäftspartner. Stellen Sie ergebnisoffene Fragen über die Geschichte, Politik und Kultur des Unternehmens. Sprechen Sie, wenn möglich, mit Ihrem Vorgänger.
- Sprechen Sie mit Ihrem neuen Chef.
- Halten Sie Ihre ersten Eindrücke schriftlich fest und formulieren Sie gegebenenfalls schon erste Hypothesen.
- Stellen Sie erste Fragen zusammen, um beim Antritt der Stelle mit einem strukturierten Lernprozess beginnen zu können.

Kurz nach Ihrem ersten Arbeitstag

- Analysieren Sie Ablaufpläne sowie Daten über Performance und Personal.
- Treffen Sie sich zu Einzelgesprächen mit Ihren Mitarbeitern und stellen Sie ihnen Ihre Fragen. So bringen Sie gemeinsame und unterschiedliche Meinungen in Erfahrung und lernen Ihre Mitarbeiter auch von der menschlichen Seite her kennen.
- Bringen Sie in Erfahrung, wie wichtige Schnittstellen zur Außenwelt aus der Innensicht wahrgenommen werden. Handelsvertreter, Einkäufer, Kundendienstmitarbeiter und andere sehen die Beziehung Ihres Unternehmens mit der Außenwelt und erkennen Probleme, die anderen verborgen bleiben.
- Überprüfen Sie die strategische Abstimmung von oben nach unten. Fragen Sie Topmanager nach der Vision und Strategie des Unternehmens. Prüfen Sie dann, inwieweit diese Ziele in der Unternehmenshierarchie nach unten durchgesickert sind. Sie erfahren auf diese Weise, wie gut frühere Manager die Vision und Strategie des Unternehmens vermittelt haben.
- Überprüfen Sie das Bewusstsein für Chancen und Gefahren von unten nach oben. Befragen Sie zuerst die Mitarbeiter an der Front, wie Sie die Chancen und Probleme einschätzen. Dann fragen Sie sich nach oben durch. Sie erfahren auf

diese Weise, inwieweit die Vertreter des Topmanagements ihren Finger am Puls des Unternehmens haben.

- Überarbeiten Sie Ihre Fragen und Hypothesen.
- Sprechen Sie mit Ihrem Chef über Ihre Hypothesen und Erkenntnisse.

Am Ende des ersten Monats

- Laden Sie Ihr Team zu einem Meeting ein und geben Sie ihm ein erstes Feedback. Ihre Hypothesen werden auf Zustimmung und/oder Ablehnung stoßen, und aus dem Gespräch lernen Sie mehr über die Gruppe und ihre Dynamik.
- Analysieren Sie nun die Schnittstellen zur Außenwelt aus der Außensicht. Sie werden erfahren, wie Außenstehende (Lieferanten, Kunden, Zwischenhändler und andere) Ihr Unternehmen und seine Stärken und Schwächen wahrnehmen.
- Analysieren Sie einige zentrale Abläufe. Bitten Sie Vertreter der beteiligten Gruppen, die ausgewählten Prozesse darzustellen und zu bewerten. Auf diese Weise lernen Sie viel über Produktivität, Qualität und Verlässlichkeit.
- Treffen Sie sich mit wichtigen Integratoren. Sie werden erfahren, wie Abläufe an den Schnittstellen zwischen verschiedenen Bereichen des Unternehmens funktionieren. Welche Probleme erkennen sie, die andere nicht sehen? Unterhalten Sie sich mit langjährigen Mitarbeitern. Diese können Ihnen die Geschichte, Kultur und Politik des Unternehmens erklären und sind potenzielle Verbündete, da sie oft über großen Einfluss verfügen.
- Überarbeiten Sie Ihre Fragen und Hypothesen.
- Sprechen Sie erneut mit Ihrem Chef über Ihre Hypothesen und Erkenntnisse.

Suchen Sie sich Hilfe

Die Hauptverantwortung für effektives Lernen liegt bei Ihnen. Doch es gibt viele andere Mitspieler – Vorgesetzte, Kollegen und Mitarbeiter –, deren Unterstützung den Lernprozess deutlich erleichtern kann. Um sich ihrer Hilfe zu versichern, müssen Sie deutlich kommunizieren, was Sie zu tun versuchen und wie sie Ihnen helfen können. Von entscheidender Bedeutung dabei ist Ihre Grundhaltung: Sie müssen von vornherein bereit sein, die anderen zu fragen, und nicht das Gefühl haben, dass Sie von der ersten Arbeitsstunde an alles wissen und alles unter Kontrolle haben sollten.

Lernen im Zyklus

Ihre Prioritäten und Strategien werden sich natürlich ändern, je tiefer Sie vordringen. Wenn Sie die Zusammenarbeit mit Ihrem neuen Chef beginnen, Chancen für frühe Erfolge erkennen oder erste Verbündete finden, wird es notwendig, neues Wissen zu erwerben. Nehmen Sie sich daher vor, dieses Kapitel in regelmäßigen Abständen neu zu lesen, um Ihr Lernprogramm zu überarbeiten oder ganz neu zu erstellen.

Checkliste für Ihr erfolgreiches Lernprogramm

1. Wie effektiv sind Ihre Lernstrategien? Werden Sie manchmal Opfer des Handlungszwangs? Glauben Sie manchmal, die Antwort parat haben zu müssen? Wenn ja, wie können Sie dies vermeiden?
2. Was ist der Inhalt Ihres Lernzeitplans? Erstellen Sie basierend auf Ihrem Vorwissen eine Liste von Fragen, um Ihre ersten Lernschritte einzuleiten. Wenn Sie bereits begonnen haben, Hypothesen über Ihre neue Stelle zu formulieren, wie lauten diese und wie wollen Sie sie überprüfen?
3. In Bezug auf die Fragen, die Sie beantwortet haben wollen, welche Personen sind am ehesten in der Lage, Ihnen handlungstaugliche Erkenntnisse zu liefern?
4. Wie können Sie Ihren Lernprozess effizienter gestalten? Wie können Sie für Ihren Einsatz an Zeit und Energie rascher handlungstaugliche Erkenntnisse gewinnen?
5. Welche Hilfe können Sie sich suchen, um den Lernprozess effektiver zu gestalten, und wie können Sie diese Hilfe am besten nutzbar machen?
6. Erstellen Sie auf der Basis Ihrer Antworten auf diese Fragen Ihr persönliches Lernprogramm.

Kapitel 3
Entwickeln Sie die optimale Strategie für Ihre Situation

Wenn Karl Lewin eines wusste, dann, wie man Krisensituationen managte. Schließlich hatte er kürzlich einen schnellen und erfolgreichen Turnaround der europäischen Herstellungsbetriebe bei Global Foods, einem multinationalen Konzern für Verbrauchsgüter, durchgeführt. Allerdings war er sich nicht ganz so sicher, ob sein Ansatz in seiner neuen Rolle im Unternehmen ebenfalls von Erfolg gekrönt sein würde.

Als knallharter Manager deutscher Abstammung hatte Karl in Europa mit ganzer Entschlossenheit die Restrukturierung des Unternehmens durchgesetzt. Die Firma war in einem desolaten Zustand, weil man sich zu stark aufs Wachstum durch Akquise konzentriert und ausschließlich auf nationaler Ebene operiert hatte, sodass man andere Gelegenheiten nicht hatte nutzen können. Innerhalb eines Jahres hatte Karl die wichtigsten fertigungstechnischen Unterstützungsfunktionen zentralisiert, hatte vier der ineffizientesten Betriebe geschlossen und einen Großteil der Produktion nach Osteuropa verlagert. Diese Veränderungen waren zwar schmerzhaft, trugen aber schon nach den ersten anderthalb Jahren erste Früchte, und die operationale Effizienz verbesserte sich zusehends.

Aber keine gute Tat bleibt ungestraft. Karls Erfolg in Europa führte zu seiner Ernennung zum stellvertretenden Vizepräsidenten des Supply-Chain-Managements für die Kernbetriebe des Unternehmens in Nordamerika mit Hauptsitz in New Jersey. Diese Tätigkeit war erheblich komplexer als die vorherige, da sie Herstellung mit strategischer Beschaffung, mit Lieferlogistik und Kundendienst kombinierte.

Im Gegensatz zu den europäischen Dependancen waren die nordamerikanischen Filialen nicht von Krisen bedroht – und Karl erkannte, dass hier das Hauptproblem lag. Der langfristige Erfolg des Unternehmens hatte lediglich kleinere Einbrüche erlebt. Im Jahr zuvor hatten Branchen-Benchmarks die Gesamteffizienz der Produktionsleistung des Unternehmens als durchschnittlich eingestuft, und der wichtige Bereich der Kundenzufriedenheit bei Einmallieferung lag im unteren Drittel. Das waren sicherlich mittelmäßige Bewertungen, die aber keineswegs nach einem »Turnaround« schrien.

Karls eigener Einschätzung nach wies jedoch alles darauf hin, dass ernste Probleme auf das Unternehmen zukamen. Man war geradezu süchtig danach, Feuer zu bekämpfen; mit wahrer Hingabe schwelgten Manager in ihrer Fähigkeit zur Krisenbewältigung, statt sie schon zu Beginn zu unterbinden. Karl hielt es nur für eine Frage der Zeit, bis größere Fehler auftreten würden. Außerdem verließen sich die Verantwortlichen bei wichtigen Entscheidungen zu sehr auf ihr Bauchgefühl, und Informationssysteme lieferten zu wenig objektive Daten. Karl war der Auffassung, dass diese Defizite zu weitverbreitetem, grundlosem Optimismus über die Zukunft des Unternehmens führten.

Um erfolgreich die Leitung in die Hand zu nehmen, muss man die Situation eindeutig durchschauen und wissen, was wie zu tun ist. Führungskräfte wie Karl müssen sich von Anfang an zwei entscheidende Fragen stellen. Die erste lautet: Welche Art von Veränderung erwartet man von mir? Nur durch die Antwort auf diese Frage können Sie Ihre Strategie auf die Situation abstimmen. Die zweite Frage lautet: Was für eine Art von Führungskraft bin ich, wenn es um Veränderungen geht? Die Antwort darauf gibt Ihnen Anhaltspunkte, wie Sie Ihren Führungsstil auf die Situation abstimmen können. Eine sorgfältige Diagnose der Business-Situation gibt Aufschluss über die Herausforderungen, Gelegenheiten und die Ressourcen, die Ihnen zur Verfügung stehen.

Das STARS-Modell verwenden

STARS ist ein Akronym für die fünf grundlegenden Situationen, mit denen Führungskräfte in der Regel konfrontiert werden: *Start-up, Turnaround, Ausgedehnte Wachstumsbeschleunigung, Restrukturierung* und *Stabilisierung des Erfolgs*. Das STARS-Modell skizziert die Charakteristika und Herausforderungen im Hinblick auf folgende Szenarien: die Neugründung von Unternehmen; ein Unternehmen wieder auf Kurs bringen; schnelle Expansion meistern; einen ehemaligen Marktführer, der mittlerweile ernsthafte Probleme hat, wieder zu

Tabelle 3.1 Das STARS-Modell

Start-up	Turnaround	Wachstumsbeschleunigung	Restrukturierung	Stabilisierung des Erfolgs
Sie stellen die Kapazitäten (Menschen, Finanzierung und Technologie) zusammen, um ein neues Unternehmen oder eine Initiative zu gründen.	Sie retten ein Unternehmen oder eine Organisation, die offiziell in ernsthaften Schwierigkeiten ist.	Sie müssen ein schnell wachsendes Unternehmen leiten und managen.	Sie müssen ein ehemals erfolgreiches Unternehmen, das sich jetzt Problemen gegenübersieht, wieder mit Energie erfüllen.	Sie wollen ein erfolgreiches Unternehmen am Leben erhalten und es zur nächsten Ebene führen.
Herausforderungen Sie fangen im Hinblick auf Strategie, Struktur und System bei null an, ohne einen klaren Bezugsrahmen oder Grenzen. Sie müssen ein schlagkräftiges Team anwerben und zusammenschweißen. Ihnen stehen nur begrenzte Ressourcen zur Verfügung.	Demoralisierte Mitarbeiter und andere Interessenten müssen neu motiviert werden. Sie müssen unter Zeitdruck effektive Entscheidungen treffen. Schmerzhafte Einschnitte und schwierige Personalfragen müssen weit genug reichen.	Sie müssen neue Strukturen und Systeme einsetzen, die das Wachstum fördern. Sie müssen viele neue Mitarbeiter integrieren.	Sie müssen Angestellte und Mitarbeiter davon überzeugen, dass Veränderungen notwendig sind. Sie müssen die Führungsmannschaft umstrukturieren und das Unternehmen oder die Abteilung neu ausrichten.	Sie stehen im Schatten ihres Vorgängers und führen das Team, das er oder sie zusammengestellt hat. Sie müssen defensiv reagieren, um Entscheidungen zu vermeiden, die den Erfolg gefährden. Sie müssen Wege finden, den Erfolg auszubauen und das Unternehmen auf die nächste Stufe zu führen.
Chancen Sie können von Anfang an alles richtig machen. Ihre Mitarbeiter sind durch die Möglichkeiten hoch motiviert. Ihr Team ist noch nicht in eingefahrenen Denkstrukturen gefangen.	Es besteht allgemeiner Konsens, dass Veränderungen notwendig sind. Betroffene Geschäftspartner bieten auch von außen ihre Hilfe an. Ein kleiner Erfolg zeigt schon große Wirkung.	Das Wachstumspotenzial trägt zur Motivation der Mitarbeiter bei. Die Mitarbeiter sind eher bereit, sich persönlich einzusetzen und auch die zu motivieren, die wiederum ihnen unterstellt sind.	Die Organisation verfügt nach wie vor über wichtige Stärken. Die Mitarbeiter wollen auch weiterhin erfolgreich sein.	Wahrscheinlich steht Ihnen ein starkes Team zur Verfügung. Ihre Mitarbeiter sind motiviert und wollen an den Erfolg anknüpfen. Die Grundlage für eine Fortsetzung des Erfolgs (zum Beispiel starke Nachfolgeprodukte) ist möglicherweise bereits gegeben.

aktivieren; oder eine leistungsstarke Organisation zur nächsten Wachstumsebene zu führen.

In sämtlichen dieser STARS-Szenarien ist das Endziel das gleiche: ein erfolgreiches, wachsendes Unternehmen. Doch die Herausforderungen und Gelegenheiten, die in Tabelle 3.1 zusammengefasst sind, variieren je nach Situation.

Was definiert die jeweiligen fünf STARS-Situationen? In einem *Start-up* sollen Sie die Kapazitäten (Menschen, Finanzierung und Technologie) aufbauen, um ein neues Unternehmen, Produkt oder Projekt auf den Weg zu bringen. Sie können der Organisation also von Anfang an Ihren Stempel aufdrücken, indem Sie Ihr Team selbst zusammenstellen und eine Hauptrolle bei der Festlegung der Unternehmensziele und der Unternehmensarchitektur spielen.

Beteiligte an einem Start-up sind wahrscheinlich deutlich motivierter und hoffnungsvoller als die Mitglieder eines kränkelnden Unternehmens, das vor dem Konkurs steht. Gleichzeitig sind Mitarbeiter bei einem Start-up allerdings auch deutlich weniger auf die Hauptaufgaben konzentriert als bei einem Turnaround, weil sich die Vision, Strategie, die Strukturen und die Systeme, in denen die Energie eines Unternehmens gebündelt werden, noch im Aufbaustadium befinden.

Bei einem *Turnaround* übernehmen Sie ein Unternehmen oder eine Abteilung, um eine negative Abteilung zum Positiven zu wenden. Ein Turnaround ist die klassische Burning-Platform, die schnelles, entschlossenes Handeln erfordert. Die meisten Menschen verstehen, dass grundlegende Veränderungen erforderlich sind, obwohl sie vielleicht unschlüssig oder gar uneinig über die erforderlichen Maßnahmen sind. Bei Turnarounds ist schnelles Handeln erforderlich, oft vielleicht sogar, ohne das genaue Ziel zu kennen, nach dem Motto: »Auf die Plätze, fertig, los.« Mit spärlichem Hintergrundwissen müssen Sie schwierige Entscheidungen treffen und sich im Laufe des Lernprozesses weiter anpassen. *Restrukturierungsmaßnahnen* und solche, die der *Stabilisierung des Erfolgs* dienen, erfordern hingegen eine genaue Konzentration auf das Ziel, bevor man aktiv wird, also eher im Sinne des klassischen »Auf die Plätze, fertig, los«. Das Ruder in einem kränkelnden Unternehmen herumzureißen verlangt von der neuen Führungskraft, alles schnell auf ein vertretbar geringes Maß zurückzuschrauben und es dann wieder neu aufzubauen. Dieser schmerzhafte Prozess führt bestenfalls zu einer erfolgsstabilisierenden Situation. Wenn ein Turnaround scheitert, ist nicht selten die Schließung oder Zerschlagung des Konzerns die Folge.

In einer *Wachstumssituation* prescht das Unternehmen bereits mit großen Schritten voran und beginnt mit der harten Arbeit der Vergrößerung. Mit anderen Worten, man überdenkt die Strukturen, Prozesse und Systeme, die notwendig sind, um dem Unternehmen (oder dem Projekt, dem Produkt oder der Beziehung) ein schnelles Wachstum zu ermöglichen. Wahrscheinlich müssen Sie auch einige neue Mitarbeiter einstellen und dafür sorgen, dass sie Teil der Unternehmenskultur werden, die die Firma bislang zum Erfolg geführt hat. Das Risiko liegt natürlich darin, dass man unter Umständen versucht, zu sehr und zu schnell zu expandieren.

Start-ups, Turnarounds und Wachstumssituationen sind sehr ressourcenintensive Arbeit. Sie können sich auf nur wenig Infrastruktur stützen. Oft fangen sie bei null an oder – bei Wachstumssituationen – stützen sich auf ein starkes Fundament. Bei Restrukturierungs- und Stabilisierungsmaßnahmen hingegen treten Sie Unternehmen bei, die über beträchtliche Stärken verfügen, aber leider auch deutlichen Restriktionen unterliegen. Glücklicherweise haben Sie in diesen beiden Situationen typischerweise etwas Zeit, bevor Sie größere Entscheidungen treffen müssen. Das hat große Vorteile, denn Sie müssen viel über die Kultur und die Politik lernen und sich erst einmal Verbündete suchen.

Erfolgreiche Unternehmen geraten über kurz oder lang oft in Schwierigkeiten, teilweise, weil die Mitarbeiter zu selbstgefällig geworden sind, weil Personal mit Schlüsselqualifikationen abwandert oder weil sie sich äußeren Herausforderungen gegenübersehen. Bei einer Restrukturierung besteht die Herausforderung darin, die gefährdete Abteilung, das Produkt, den Prozess oder das Projekt wiederzubeleben. Die Wolken sind bereits aufgezogen, doch das Unwetter ist noch nicht losgebrochen – und viele Beteiligte sehen die Wolken noch nicht einmal. Die größte Herausforderung besteht häufig darin, den Menschen ein Gefühl dafür zu vermitteln, dass die Maßnahmen dringend notwendig sind. Viele verleugnen das Problem; die Führungskraft muss den Beteiligten die Augen öffnen und ihnen zeigen, dass es tatsächlich ein Problem gibt. Dieser Situation sah sich Karl in Nordamerika gegenüber. Der Vorteil hier ist, dass die Firma wahrscheinlich durchaus über diverse Stärken verfügt (gute Produkte, Kundenkontakte, Prozesse und die Belegschaft).

Wollen Sie aber für die Erfolgsstabilisierung in einem Unternehmen sorgen, dann übernehmen Sie die Verantwortung für den Erhalt der Vitalität eines erfolgreichen Unternehmens und versuchen, es auf die nächste Ebene zu bringen. Das bedeutet ausdrücklich nicht, dass das Unternehmen sich auf seinen Lorbeeren ausruhen darf. Vielmehr bedeutet es, dass Sie auf einer grundlegenden Ebene verstehen müssen, was das Unternehmen zum Erfolg geführt hat. Anschließend müssen Sie es so positionieren, dass es die unausweichlichen Herausforderungen übersteht und weiterhin wächst und gedeiht. Der Schlüssel beim Erfolgserhalt liegt häufig in immer neuen Start-ups, in Wachstum, Lernen und Restrukturierungsmaßnahmen.

Der Erfolg beim Übergang in eine neue Führungssituation hängt also in weiten Teilen von Ihrer Fähigkeit ab, die bestehende Unternehmenspsychologie auf vorhersagbare Weise zu verändern. Bei Start-ups herrscht häufig eine Grundstimmung aus erregter Verwirrung, und Ihre Aufgabe besteht darin, diese Energie in eine produktive Richtung zu kanalisieren, teilweise auch, indem Sie sich *gegen* bestimmte Maßnahmen entscheiden. Bei Turnarounds müssen Sie sich mit Menschen auseinandersetzen, die der Verzweiflung nahe sind; Ihre Aufgabe besteht darin, ihnen einen konkreten Plan für das weitere Vorgehen zu präsentieren und ihnen Zuversicht zu vermitteln, dass dieser Plan ihre Situation verbessern wird. In Wachstumssituationen müssen Sie dafür sorgen, dass die Belegschaft versteht, dass die Firma disziplinierter sein muss. Sie müssen dafür sorgen, dass man im Rahmen wohldefinierter Geschäftsprozesse und Systeme arbeitet. Bei Restrukturierungsmaßnahmen müssen Sie womöglich den Schleier der Verleugnung zerreißen. Sie müssen die Mitarbeiter von der Notwendigkeit überzeugen, dass sie das Geschäft quasi immer wieder neu erfinden müssen. Und schließlich bleiben noch die Maßnahmen zur Stabilisierung des Erfolgs. Hier müssen Sie Möglichkeiten finden, um ihre Mitarbeiter zu motivieren, ihre Selbstgerechtigkeit zu überwinden und eine neue Richtung zum Wachstum einzuschlagen – und zwar sowohl auf unternehmerischer als auch auf persönlicher Ebene.

Sie können die Ziele für Ihr neues Unternehmen nicht festlegen, wenn Sie nicht verstehen, wo es in der Vergangenheit stand und wie es dorthin gelangt ist. Bei Karls Restrukturierungssituation ist es beispielsweise unabdingbar, dass er versteht, was das Unternehmen in der Vergangenheit zum Erfolg geführt hat und warum es in Schwierigkeiten geriet. Um Ihre Situation zu verstehen, müssen Sie also in die Rolle des Historikers schlüpfen.

Können Sie das STARS-Modell auch auf Ihre Herausforderungen anwenden, wenn Sie keine große Firma leiten? Selbstverständlich. Sie können es auch unabhängig von Ihrer Position in der Firma anwenden. Vielleicht sind

Sie ein frischgebackener CEO, der ein ganzes Unternehmen im Start-up-Modus übernehmen soll. Oder Sie arbeiten in der unteren Führungsebene als Supervisor für eine neue Produktlinie, Sie sind ein Produktgruppenmanager, der ein neues Produkt einführt, Sie sind Leiter der Forschungs- und Entwicklungsabteilung, der für ein neues Produktentwicklungsprojekt zuständig ist, oder ein IT-Manager, der mit der Implementierung einer neuen Unternehmenssoftware betraut ist. All diese Situationen sind einem Start-up ähnlich. Auch Turnaround, Wachstum, Restrukturierung und Erfolgsstabilisierung kommen auf allen Ebenen in großen und kleinen Unternehmen vor.

Analyse Ihres STARS-Portfolio

In der Realität werden Sie wahrscheinlich so schnell kein lupenreines und ordentliches Beispiel für Start-up, Turnaround, Wachstum, Restrukturierung oder Erfolgsstabilisierung finden. Auf einer übergeordneten Ebene passt Ihre Situation vielleicht einigermaßen genau in diese Kategorien. Aber sobald Sie sich die Sache detaillierter ansehen, werden Sie beinahe schon mit Sicherheit entdecken, dass Sie ein Portfolio managen – aus Produkten, Projekten, Prozessen, Filialen oder Menschen –, welches eine Mischung aus STARS-Situationen darstellt. So haben Sie beispielsweise vielleicht ein Unternehmen übernommen, das durch erfolgreiche Produktlinien stetig wächst und in dem eine Projektgruppe eine Produktlinie auf der Basis einer neuen Technologie launcht. Oder Sie wollen ein Turnaround in einer Firma durchführen, die über ein paar sehr leistungsfähige, hochmoderne Fabrikanlagen verfügt.

Der nächste Schritt bei der Anwendung des STARS-Modells besteht also darin, Ihr STARS-Portfolio zu analysieren; Sie müssen herausfinden, welche Teile Ihrer neuen Firma in jede der fünf Kategorien passen. Nehmen Sie sich die Zeit, die Puzzleteile Ihrer neuen Verantwortungsbereiche zusammenzustellen (also Produkte, Prozesse, Projekte, Fabrikanlagen und Menschen), und ordnen Sie sie dann den fünf Kategorien in Tabelle 3.2 zu. Wie werden Sie vor dem Hintergrund dieser Aufteilung die verschiedenen Teile unterschiedlich behandeln? Diese Übung hilft Ihnen dabei, sich systematisch über die Herausforderungen und Chancen in jedem Teilbereich klar zu werden. Außerdem liefert sie Ihnen eine gemeinsame Sprache, in der Sie sich mit Ihren Vorgesetzten, Kollegen und Mitarbeitern darüber austauschen können, was Sie vorhaben und warum.

Veränderungen gestalten

Es gibt keinen allgemeingültigen Ansatz, um erfolgreichen Wandel zu bewirken. Deshalb ist es ja auch so wichtig, sich über die STARS-Mischung klar zu werden. Mithilfe des STARS-Modells konnte Karl die klaren Unterschiede erkennen zwischen der Restrukturierungsmaßnahme, auf die er zusteuerte (wo Probleme immer weiter wuchsen, es aber keine Krise gab, die der Belegschaft einen Handlungsimpuls gegeben hätte), und dem dramatischen Turnaround, den er in Europa erfolgreich über die Bühne gebracht hatte (wo dringende Erfordernisse schnelle, radikale Einschnitte erforderlich machten). Er erkannte, auf welche Weise er Veränderungen gestalten musste und wie er sich selbst managen musste.

Mithilfe der folgenden Tabelle können Sie die Mischung der STARS-Situationen, denen Sie sich gegenübersehen, identifizieren. Zunächst sollten Sie feststellen, welche Elemente (Projekte, Prozesse, Produkte, vielleicht sogar ganze Geschäftszweige) aus Ihrem neuen Verantwortungsbereich den verschiedenen STARS-Situationen in der ersten Spalte zuzuordnen sind. Notieren Sie diese Elemente in der zweiten Spalte. Sie müssen nicht unbedingt in jeder Kategorie einen Eintrag vornehmen. Vielleicht fällt ja wirklich alles unter die Kategorie Turnaround, oder es handelt sich um eine Mischung aus nur zwei oder drei Typen. In der dritten Spalte versuchen Sie, den Einsatz in Prozent einzuschätzen, den Sie in den kommenden 90 Tagen für jede Kategorie aufwenden. Die Gesamtsumme sollte 100 Prozent ergeben. Und schließlich denken Sie darüber nach, welcher dieser Situationen Sie den Vorzug gäben. Wenn Sie dieser Situation auch die höchste Priorität zugewiesen haben, dann achten Sie darauf, dass Ihre Präferenzen Ihre Prioritäten nicht übermäßig beeinflussen.

Tabelle 3.2: Analysieren Sie Ihr STARS-Portfolio

STARS-Situation	Jobelement	Priorität in Prozent
Start-up		
Turnaround		
Wachstumsbeschleunigung		
Restrukturierung		
Stabilisierung des Erfolgs		

Wenn Karl seine neue Situation als Turnaround behandelt und versucht hätte, erhebliche Einschnitte vorzunehmen, hätte er womöglich aktiven und passiven Widerstand hervorgerufen, wodurch er den notwendigen Wandel nicht hätte verwirklichen können. Die Gefahr wäre umso größer gewesen, da er ein Außenseiter war und demzufolge immer Gefahr laufen konnte, isoliert und unterminiert zu werden. Als Karl erkannte, was in den nordamerikanischen Dependancen erforderlich war, entschied er sich für einen moderateren Ansatz.

Mithilfe der Erkenntnisse aus dem STARS-Portfolio und den wichtigsten Herausforderungen und Chancen werden Sie die richtigen Strategien für die Veränderungen anwenden, die Sie einleiten möchten. Das bedeutet jedoch, dass Sie die in diesem Buch dargelegten Tipps, um sich in den kommenden 90 Tagen selbst Schwung und Schlagkraft zu geben, beherzigen: Sie müssen Prioritäten setzen, Ihre strategische Absicht definieren, erkennen, wo Sie für frühe Erfolge sorgen können, das richtige Führungsteam aufbauen und sich Verbündete suchen, die Sie unterstützen. Schauen wir uns doch mal an, was Karl in der Turnaround- und Restrukturierungssituation, mit der er sich jetzt konfrontiert sah, anders machte.

Er begann natürlich mit konzentriertem, effektivem Lernen. Als er in Europa seinen Turnaround bewirkt hatte, hatte er die technischen Dimensionen – Strategie, Konkurrenten, Produkte, Märkte und Technologien – genauso detailgetreu einschätzen müssen wie ein Berater. In seiner neuen Führungsrolle in Nordamerika musste Karl etwas vollkommen anderes lernen. Technisches Verständnis war offensichtlich immer noch wichtig, aber kulturelles und politisches Lernen hatten ungleich mehr Bedeutung. Die Gründe liegen auf der Hand: Interne soziale Dynamiken verursachen oft größere Probleme bei erfolgreichen Unternehmen, und Menschen die Notwendigkeit von Veränderung nahezubringen ist häufig eher eine politische Herausforderung als eine technische. Insbesondere für einen Unternehmensneuling wie Karl ist eine detaillierte Kenntnis der Kultur und Unternehmenspolitik eine wichtige Voraussetzung für seinen Erfolg – und sogar sein Überleben – als Führungskraft.

Bei der Ausarbeitung der Prioritäten musste er die Erfordernisse der Situation abwägen. Der europäische Turnaround erforderte radikale Einschnitte. Die Strategie und die Organisationsstruktur des Unternehmens verhinderten eine effiziente Zielerreichung und mussten schnell verändert werden. Also schloss Karl einzelne Werke, verlagerte die Produktion und reduzierte die Belegschaft dramatisch. Außerdem zentralisierte er die wichtigsten Produktionsstätten, um eine Fragmentierung zu vermeiden und Kosten zu senken. Die nordamerikanische Umstrukturierung jedoch erforderte keine sofortige Strategie- oder Strukturveränderung. Es gab keine größeren Kapazitäts- oder Produktivitätsprobleme, weshalb die Schließung von Werken nicht notwendig war. Die Herstellung war bereits zentralisiert und voll funktionstüchtig. Die wirklichen Probleme lagen in den Bereichen Systeme, Fähigkeiten und Firmenkultur. Deshalb ergab es in Karls Augen einen Sinn, sich auf diese Gebiete zu konzentrieren.

Auch situationsspezifische Faktoren spielten eine wichtige Rolle bei Karls Entscheidung, welche Führungsteams er für die beiden jeweiligen Fälle zusammenstellte. Um zügig die europäische Firma umzukrempeln, machte Karl in den oberen Etagen des Unternehmens klar Schiff und rekrutierte einen Großteil der neuen Führungskräfte von außen. In Nordamerika war das Führungsteam, das ihm anvertraut wurde, bereits ziemlich stark. Dennoch war ihm klar, dass ein paar Köpfe rollen mussten. Ein paar zentrale Produktionsstätten benötigten Führungskräfte mit stärkeren technischen Fähigkeiten, die die Systemveränderungen unterstützten, welche er einführen wollte. Außerdem gab es einen einflussreichen Manager, der trotz Karls Anstrengungen nicht verstand, wie notwendig eine Veränderung war. Seine Passivität drohte Karls Leitung zu unterminieren. Die Entlassung des Betreffenden sandte eine deutliche Botschaft an den Rest des Unternehmens. Unterdessen sprach Karl ein paar interne Beförderungen aus, um diese Rolle und andere zu besetzen, was wiederum dazu beitrug, dass die Firma geschlossen hinter seinen Plänen stand. Die Belegschaft erkannte, dass er sich nicht nur auf die Schwächen des Unternehmens konzentrierte, sondern auch seine Stärken zu schätzen wusste.

Schließlich hatte Karl die Weitsicht, sich auf unterschiedliche Art und Weise frühe Erfolge in den beiden Situationen zu sichern. In einem Turnaround müssen Führungskräfte die Mitarbeiter aus dem Zustand der Verzweiflung hinausführen. In Europa bewirkte Karl das, indem er kränkelnde Produktionsstätten schloss und die Produktion verlagerte, Maßnahmen, die die Organisation auf ihre Kernstärken konzentrierten und dazu beitrugen, unnötige Projekte und Initiativen einzustampfen. Bei der Restrukturierung hingegen bestand Karls größter früher Erfolg darin, das allgemeine Bewusstsein für die notwendige Veränderung zu schärfen. Das gelang ihm, indem er mehr Betonung auf Fakten und Zahlen legte. Er optimierte die Leistungskriterien des Unternehmens bei der Herstellung und im Kundendienst, um die Aufmerksamkeit der Angestellten auf die wichtigsten Schwächen in diesen Bereichen zu lenken. Außerdem führte er externe Benchmarks und knallharte Beurteilungen durch renommierte Berater ein – wobei er auf unparteiische Stimmen von außerhalb des Unternehmens zurückgriff, die ihm eine Argumentationsbasis lieferten. Diese Maßnahmen ermöglichten es ihm, den unbegründeten Optimismus zu durchbrechen und dem Rest des Unternehmens eine wichtige Botschaft zu senden.

Die wichtigsten Unterschiede zwischen der durch einen Turnaround oder durch eine Restrukturierung bewirkten Veränderung sind in Tabelle 3.3 zusammengefasst.

Selbstmanagement

Die STARS-Kategorien haben auch Auswirkung auf die Veränderungen, die Sie beim Selbstmanagement vornehmen müssen. Das gilt insbesondere, wenn es darum geht, Führungsstile zu entwickeln und sich zu überlegen, ob Sie von Natur aus eher »Held« oder »Begleiter« sind.

Bei Turnarounds haben es Führungskräfte häufig mit Menschen zu tun, die unbedingt einen Hoffnungsschimmer benötigen, eine Vision, eine Richtung, was wiederum einen eher heldenhaften Führungsstil erfordert – sich gegen den Feind zu formieren, das Schwert in der Hand. Menschen stellen sich in schwierigen Zeiten hinter dem Helden auf und folgen seinen Befehlen. Die Belohnung winkt bei schneller Diagnose der unternehmerischen Situation (der Märkte, Technologien, Produkte, Strategien) und bei aggressiven Schritten, um die Organisation auf ihren verteidigungsfähigen Kern zu reduzieren. Sie müssen schnell und entschlossen handeln, häufig auf der Basis unvollständiger Information.

Das war offensichtlich für Karl in Europa der Fall. Er übernahm sofort die Verantwortung, analysierte die Situation, legte eine Marschrichtung fest und traf schmerzhafte Entscheidungen. Wegen der düsteren Aussichten waren die Menschen bereit, seinen Anweisungen zu folgen, ohne allzu viel Widerstand zu leisten.

Restrukturierungsmaßnahmen hingegen verlangen von Führungskräften eher so etwas wie dienende Begleitung – einen diplomatischeren und weniger vom Ego getriebenen Ansatz, bei dem es darum geht, sich auf die Notwendigkeit des Wandels zu einigen und einen entsprechenden Konsens herzu-

Tabelle 3.3: Veränderungen bei Turnarounds vs. Restrukturierungsmaßnahmen

	Turnarounds	**Restrukturierungsmaßnahmen**
1. Organisieren Sie Ihr Lernen. Überlegen Sie, was Sie unbedingt lernen müssen, von wem, und wie Sie das am besten hinbekommen.	Konzentrieren Sie sich auf fachliche Lerninhalte (Strategie, Märkte, Technologien usw.). Seien Sie darauf vorbereitet, schnell handeln zu müssen.	Konzentrieren Sie sich auf kulturelle und politische Lerninhalte. Stellen Sie sich darauf ein, dass Sie wohlüberlegt handeln müssen.
2. Definieren Sie Ihre strategische Absicht. Entwickeln und kommunizieren Sie eine faszinierende Vision dessen, was die Firma werden soll. Entwerfen Sie eine klare Strategie, um diese Vision zu erreichen.	Streichen Sie Nebengeschäfte zusammen, konzentrieren Sie sich aufs Kerngeschäft.	Verbessern Sie existierende Kapazitäten und verhelfen Sie ihnen zum Erfolg. Stimulieren Sie Innovation.
3. Setzen Sie Top-Prioritäten fest. Identifizieren Sie ein paar wichtige Ziele und verfolgen Sie sie unermüdlich. Denken Sie darüber nach, was Sie nach dem ersten Jahr in Ihrer neuen Position erreicht haben wollen.	Bewegen Sie sich schnell und kühn. Konzentrieren Sie sich auf Strategie und Struktur.	Bewegen Sie sich langsam und bewusst. Konzentrieren Sie sich auf Systeme, Fähigkeiten und Kultur.
4. Bauen Sie ein Führungsteam auf. Bewerten Sie das bestehende Führungsteam. Sorgen Sie für geschickte Schachzüge, um die notwendigen Veränderungen zu bewirken. Finden Sie das optimale Gleichgewicht zwischen der Integration externer Talente und der Förderung von High Potentials innerhalb des Unternehmens.	Machen Sie in der Führungsriege klar Schiff. Rekrutieren Sie talentierte Kräfte von außen.	Machen Sie ein paar wichtige Veränderungen. Befördern Sie High Potentials aus dem Unternehmen.
5. Sichern Sie sich frühe Erfolge. Überdenken Sie, wie Sie in der neuen Firma »ankommen« wollen. Finden Sie Möglichkeiten, um Ihre Glaubwürdigkeit zu sichern und die Belegschaft mit neuer Energie zu erfüllen.	Verändern Sie die allgemeine Geisteshaltung: An die Stelle von Verzweiflung sollte Hoffnung treten.	Verändern Sie die allgemeine Geisteshaltung: An die Stelle der Verleugnung sollte Bewusstsein treten.
6. Suchen Sie sich Verbündete. Überprüfen Sie, wie die Organisation tatsächlich funktioniert und wer Einfluss hat. Schaffen Sie sich wichtige Verbündete, die Ihre Initiativen unterstützen.	Suchen Sie sich Unterstützung durch Ihre Vorgesetzten und andere Interessenvertreter, damit Sie die erforderlichen Ressourcen freisetzen können.	Suchen Sie sich gleichgestellte und untergebene Verbündete, um eine bessere Umsetzung der Aufgaben zu gewährleisten.

stellen. Hier kommen subtilere Fähigkeiten zur Einflussnahme zum Tragen: Dienende Begleiter verstehen die Kultur und die Politik ihres Unternehmens bis ins Kleinste. Sie sind geduldiger und systematischer als Helden, wenn es darum geht zu entscheiden, welche Menschen, Prozesse und andere Ressourcen man erhalten und welche man verwerfen sollte. Außerdem kultivieren sie gewissenhaft das Bewusstsein, dass Wandel notwendig ist, indem sie die gemeinsame Analyse vorantreiben, Meinungsbildner beeinflussen und Benchmarking ermutigen.

Bei seiner Berufung nach Nordamerika musste Karl lernen, seine heldenhaften Neigungen zu zügeln. Er musste die Situation sorgfältig einschätzen, sich bedächtig in Richtung Wandel bewegen und die Basis für nachhaltigen Erfolg legen. Ob eine Führungskraft im Übergang ihre persönliche Führungsstrategie erfolgreich anpassen kann, hängt in weiten Teilen von ihrer Fähigkeit ab, die folgenden Säulen des Selbstmanagements zu beherzigen: Die Eigenwahrnehmung schärfen, persönliche Disziplin üben und Komplementärteams bilden.

Aufgrund ihrer unterschiedlichen Voraussetzungen passiert es leicht, dass Helden bei Maßnahmen zur Restrukturierung oder zur Stabilisierung des Erfolgs ins Stolpern geraten und Begleiter bei Start-ups und Turnarounds zu kämpfen haben. Der erfahrene Turnaround-Manager, der sich mit einer Restrukturierung konfrontiert sieht, läuft Gefahr, zu schnell voranzupreschen und unnötig Widerstand hervorzurufen. Der erfahrene Restrukturierungsexperte läuft bei einem Turnaround Gefahr, zu langsam zu reagieren und seine Energie und wertvolle Zeit mit dem Versuch zu verschwenden, Konsens herzustellen, wo es unnötig ist.

Damit soll keineswegs gesagt sein, dass Menschen, die von Natur aus Helden sind, nicht mit ihren inneren Begleitern in Berührung kommen könnten oder umgekehrt. Gute Führungskräfte können in allen fünf STARS-Situationen Erfolg haben, obwohl niemand in allen gleichermaßen gut ist. Deshalb ist es wesentlich, eine nüchterne Einschätzung vorzunehmen, welche Ihrer Fähigkeiten und Neigungen Ihnen in einer spezifischen Situation von Nutzen sein und welche Ihnen Probleme bereiten können. Kampfbereitschaft nützt niemandem, wenn Sie eigentlich Verbündete suchen.

Außerdem sollten Sie sich ins Gedächtnis rufen, dass Führungskräfte nur im Team Erfolg haben können. Ihr STARS-Portfolio hat Folgen für die genaue Mischung aus Helden und Begleitern (jedes Unternehmen benötigt beide), aus denen sich Ihr Spitzenteam zusammensetzt. Karl zwang sich in Nordamerika zur Begleiterrolle, aber er wusste, dass er in der Rolle des Helden natürlicher und effektiver aufgehoben war. Dieses kleine Stückchen Selbsterkenntnis hat drei Folgen. Zunächst einmal musste er einige geborene Begleiter ins Team holen, die er um Rat fragen konnte (wenn er nicht vorschnelle Entscheidungen treffen wollte) und an die er einen Teil der notwendigen Öffentlichkeitsarbeit und Kontaktarbeit delegieren konnte. Außerdem musste er herausfinden, wo es sinnvoll war, seine heroischen Energien zu bündeln. Immerhin hat jedes Unternehmen, auch das erfolgreichste, Teile, die in ernsten Schwierigkeiten sind. Solange er nicht begann, bewusst Brandsätze zu legen, um sie zu bekämpfen, und das übergeordnete Restrukturierungsziel nicht gefährdete, war dies der geeignete Weg, um ein Gleichgewicht herzustellen. Zum Dritten musste Karl die STARS-Präferenzen und -Fähigkeiten in Betracht ziehen, wenn er Mitarbeiter einstellte, beförderte und ihnen wichtige Projekte zuwies.

Honorieren Sie Erfolge

Die STARS-Kategorien haben große Auswirkungen darauf, wie Sie Ihre Mitarbeiter bewerten und Erfolge honorieren und welche Art von Unternehmenskultur sie schaffen wollen. Daten aus dem *Harvard Business Review Transition Survey* verdeutlichen diesen wichtigen Punkt. Teilnehmer wurden gefragt, welche der STARS-Situationen sie als besondere Herausforderung empfanden und in welcher Situation sie am liebsten wären. Die Ergebnisse, die in Tabelle 3.4 zusammengefasst sind, sind höchst erhellend. Als problematischste Situation galt Restrukturierung, gefolgt von Erfolgsstabilisierung und Turnaround. Ein Start-up oder Wachstumsförderung hielt man allgemein für erheblich einfacher. Doch wenn es um Präferenzen ging, zeigte sich in der Tat sogar das umgekehrte Muster: Ein Start-up war bei Weitem das beliebteste Ziel, gefolgt vom Turnaround und wachstumsorientierten Entscheidungen.

Diese Erkenntnis ist keineswegs überraschend, und die Gründe sind recht aufschlussreich. Es stimmt keineswegs, dass Menschen einfache Situationen bevorzugen. Sie fühlen sich vielmehr zu Situationen hingezogen, die (1) mehr Spaß machen und ihnen (2) mehr Anerkennung bringen.

Ein erfolgreicher Turnaround ist eine sichtbare und messbare individuelle Leistung, ebenso wie ein erfolgreicher Start-up. Bei einer Restrukturierung geht es dagegen in erster Linie darum, eine Wende zum Schlechteren abzuwenden, was schwer messbar ist. Der Erfolg basiert darauf, in mühevoller Kleinarbeit Bewusstsein für die Notwendigkeit bestimmter Veränderungen zu schaffen, und wird eher der Gruppe zugesprochen als einem Einzelnen. Ähnlich ist es, wenn es gelingt, einen Erfolg fortzusetzen: Menschen rufen selten bei ihrem Energieversorgungsunternehmen an und bedanken sich, dass der Strom auch heute wieder aus der Steckdose kommt – aber wenn die Lichter ausgehen, stehen die Telefone nicht mehr still.

Es ist ein wenig paradox, dass Führungskräfte am großzügigsten honoriert werden, wenn sie einen Turnaround schaffen. Wenige hochkarätige Manager zeigen Interesse an Umstrukturierungen, sie bevorzugen vielmehr die Spielräume und die Anerkennung, die mit einem erfolgreichen Turnaround oder Start-up verbunden sind. Wer ist aber dafür verantwortlich, zu verhindern, dass ein Unternehmen überhaupt zum Sanierungsfall wird? Trägt die Tatsache, dass Unternehmen den Turnaround honorieren (und nicht wissen, wie man eine Umstrukturierung belohnt), dazu bei, dass es überhaupt erst zur Krise kommt? Man könnte fast den Eindruck bekommen, gute Führungskräfte können sich immer darauf verlassen, dass weniger erfahrene Kollegen den Karren in den Dreck fahren, um dann in die Rolle des Retters zu schlüpfen und ihn wieder herauszuziehen. Der Nachfolger von Claire Weeks hatte jedenfalls schnell den Ruf eines Genies weg.

Worauf ich hinauswill, ist, dass eine Leistung je nach Ausgangssituation anders beurteilt werden sollte. Die Leistung einer Führungskraft, die einen Start-up oder einen Turnaround durchführt, ist besser zu beurteilen, da das Ergebnis im Vergleich zum Ausgangspunkt leicht messbar ist. Einen Erfolg im Falle einer Umstrukturierung oder der Fortführung einer Erfolgsstrategie zu bewerten ist schon bedeutend schwerer. Die Leistung nach einer Umstrukturierung mag die Erwartungen übertreffen, aber trotzdem noch im Minus sein. Oder es hat den Anschein, als wäre gar nichts passiert, obwohl eine Krise abgewendet wurde.

Ähnlich schwierig ist es bei der gelungenen Fortführung eines Erfolgs. Im Ergebnis ist es vielleicht geglückt, die Offensive der Konkurrenz abzuwehren und nur einen geringen Marktanteil zu verlieren oder in einem an sich gesättigten Markt noch ein paar Prozentpünktchen zu gewinnen. Die große Unbekannte ist in beiden Fällen, was passiert wäre, wenn eine andere Führungskraft die Position übernommen hätte – es gibt keinerlei Vergleichsmöglichkeit. Den Erfolg in einer solchen Situation zu messen ist schwer, da man zur Beurteilung sehr genau wissen muss, vor welchen Herausforderungen eine neue Führungskraft stand und welche Maßnahmen sie ergriffen hat.

Die Befragten einer Studie sollten Angaben darüber machen, welche STARS-Situation die größte Herausforderung für sie darstellte und welche sie am ehesten bevorzugten (das heißt wählen würden, wenn sie könnten). Die Unterschiede in der Einschätzung sind verblüffend, insbesondere wenn man die Gesamtzahlen für handlungsorientierte, autoritätsgesteuerte STARS-Situationen (Start-up, Turnaround und ausgedehntes Wachstum) mit jenen vergleicht, die mehr Konzentration auf das Lernen, auf Reflektion und Einfluss erfordern (Restrukturierung und Erfolgsstabilisierung). Die Ergebnisse können Sie in der folgenden Tabelle 3.4 ablesen.

Tabelle 3.4: STARS – Herausforderungen und Präferenzen

STARS-Situation	Größte Herausforderung	bevorzugt
Start-up	13,5 %	47,1 %
Turnaround	21,9 %	16,7 %
Wachstumsbeschleunigung	11,6 %	16,1 %
Restrukturierung	30,3 %	12,7 %
Erfolgsstabilisierung	22,6 %	7,4 %
Gesamt	100 %	100 %
Start-up, Turnaround oder Wachstumsbeschleunigung	47,1 %	79,0 %
Restrukturierung oder Erfolgsstabilisierung	52,9 %	20,1 %

Zum Abschluss

Sie werden die verschiedenen STARS-Situationen mit der Zeit immer besser verstehen, je mehr Sie über Ihr neues Umfeld lernen. Nehmen Sie sich vor, sich dieses Kapitel immer mal wieder durchzulesen, um Ihre Diagnose des Unternehmens zu überdenken und zu überlegen, welche Folgen sich daraus ergeben: Was muss getan werden, und wer sollte es tun?

Checkliste für die erfolgreiche Analyse Ihrer Situation

1. Vor welcher der fünf STARS-Situationen stehen Sie – Start-up, Turnaround, Restrukturierung, Wachstumsbeschleunigung oder Stabilisierung einer Erfolgsstrategie?
2. Was bedeutet das für die Herausforderungen und Chancen, denen Sie gegenüberstehen, und für die Strategie, mit der Sie Ihren Wechsel gestalten?
3. Was bedeutet dies für Ihr Lernprogramm? Reicht es aus, wenn Sie sich mit der technischen Seite des Unternehmens beschäftigen, oder sollten Sie auch seine Kultur und Politik kennenlernen?
4. Welche Ihrer Fähigkeiten und Stärken sind in Ihrer Situation besonders hilfreich, und welche können Sie in Schwierigkeiten bringen?
5. Wie ist die vorherrschende Stimmung? Inwieweit sollten Sie die Psychologie verändern, und wie erreichen Sie diese Veränderungen?
6. Sollten Sie eher defensiv oder eher offensiv vorgehen?
7. Wie sehen die Folgen für das Team aus, das Sie zusammenstellen müssen?

Kapitel 4
Handeln Sie Ihren Erfolg aus

Als Michael Chen zum Leiter der Abteilung für Informationstechnologie in der Zentrale eines führenden Ölkonzerns aufstieg, war er glücklich – bis er Anrufe von zwei befreundeten Kollegen bekam. Beide sagten ihm dasselbe: »Aktualisiere schon mal deinen Lebenslauf. Die Cates wird dich verheizen.«

Seine neue Chefin, Vaughan Cates, war eine ehrgeizige Managerin. Sie galt als extrem erfolgreich – und als hart gegenüber Mitarbeitern. Cates hatte die Abteilung kürzlich übernommen, und einige der Leute ihres Vorgängers hatten bereits gekündigt.

Michaels Freunde sahen ein Problem vorher. »Du hast eine Menge Erfolge gehabt«, sagte einer. »Aber für Cates bist du nicht aggressiv genug. Du bist ein Planer und Teambuilder. Sie wird meinen, du bist zu langsam und hast Angst vor unangenehmen Entscheidungen.«

Mit diesen Warnungen im Ohr setzte Michael sich mit Cates zusammen, um Zeit für die Analyse und Planung herauszuhandeln. »Ich möchte einen 90-Tage-Plan aufstellen und die ersten 30 Tage darauf verwenden, mich umfassend zu orientieren«, erklärte er ihr. »Dann stelle ich Ihnen eine detaillierte Einschätzung und einen Plan mit Zielvorgaben und Maßnahmen für die nächsten 60 Tage vor.« Michael informierte Cates regelmäßig über seine Fortschritte. Als sie ihn nach drei Wochen drängte, eine Entscheidung über eine große Hardware-Anschaffung zu treffen, bestand Michael auf seinem Zeitplan. Nach 30 Tagen stellte er seiner Chefin einen umfassenden Plan vor, der ihr gut gefiel.

Einen Monat später konnte Michael einige frühe Erfolge präsentieren und bat Cates um eine Personalaufstockung, um ein wichtiges Projekt voranzubringen. Cates unterzog ihn einer gnadenlosen Befragung, doch er hatte auf alles eine Antwort parat. Sie willigte schließlich ein, setzte ihm jedoch einige harte Deadlines, bis zu denen er Erfolge vorweisen musste. Nachdem er hatte, was er brauchte, konnte Michael schon bald einige Zwischenergebnisse vorlegen.

Nachdem Michael in seiner neuen Stelle Dynamik entwickelt hatte, brachte er bei einem der nächsten Treffen das Thema Arbeitsstil zur Sprache: »Wir arbeiten unterschiedlich, aber ich bin mir sicher, dass ich Ihnen die Ergebnisse bringe, die Sie wollen. Ich möchte, dass Sie mich an meinen Ergebnissen beurteilen, nicht an der Art und Weise, wie ich sie erziele.« Sie brauchten beinahe ein Jahr, doch dann hatte Michael eine solide Arbeitsbeziehung zu Cates entwickelt.

Um wie Michael Chen bei einem neuen Chef erfolgreich zu sein, empfiehlt es sich, rechtzeitig über die Voraussetzungen für Ihren Erfolg zu verhandeln, um nicht auf die Verliererstraße zu geraten. Es rentiert sich, zu Beginn Zeit und Energie in diese wichtige Beziehung zu investieren, denn Ihr neuer Chef gibt Ihnen Benchmarks vor, interpretiert Ihre Maßnahmen für weitere wichtige Mitspieler im Unternehmen und kontrolliert Ihre Ressourcen. Er oder sie hat mehr Einfluss als jeder andere darauf, wie schnell Sie Ihren Break-even erreichen und ob Sie schließlich erfolgreich sind oder nicht.

Die Voraussetzungen für Ihren Erfolg auszuhandeln bedeutet, aktiv das Gespräch mit Ihrem Chef zu suchen, das Heft in die Hand zu nehmen und eine Chance zu bekommen, die erwünschten Ziele zu erreichen. Zu viele Führungskräfte reagieren einfach auf eine gegebene Situation und scheitern deshalb. Die bessere Alternative ist es, selbst aktiv zu werden und mit dem Chef über realistische Erwartungen zu verhandeln, eine gemeinsame Sicht der Dinge zu erreichen und ausreichend Ressourcen zu bekommen. Die effektiven Verhandlungen mit seiner Chefin waren der Grundstein zu Michaels Erfolg.

Denken Sie daran, dass Ihre Beziehung zu Ihrem Chef stark davon abhängt, auf welcher Führungsebene Sie sich befinden und vor welcher Geschäftssituation Sie stehen. Je weiter Sie aufsteigen, desto autonomer können Sie agieren – insbesondere dann, wenn Ihr Chef an einem anderen Ort sitzt als Sie. Diese Autonomie kann ein Segen sein, wenn Sie alles haben, was Sie zum Erfolg benötigen, es kann sich aber auch als Fluch herausstellen, wenn sich niemand um Sie kümmert.

Was Sie von Ihrem Chef benötigen, unterscheidet sich auch je nach STARS-Situation. Wenn Sie vor einer Restrukturierung stehen, spielt Ihr Chef eine wichtige Rolle, wenn es darum geht, den Veränderungen den Weg zu bereiten. Wenn Sie einen Erfolg stabilisieren sollen, brauchen Sie Unterstützung, um das Geschäft kennen zu lernen und frühe Fehler zu vermeiden, die wichtige Aktivposten gefährden. In einem Start-up benötigen Sie Ressourcen und jemanden, der Ihnen gegenüber höheren Führungsebenen den Rücken freihält. Und in Turnarounds brauchen Sie möglicherweise jemanden, der Sie ermuntert, auch unangenehme Entscheidungen zu treffen.

Sie können eine Menge tun, um eine produktive Arbeitsbeziehung zu Ihrem Chef zu entwickeln. Dieses Kapitel soll Ihnen zeigen, wie Sie effektiv mit Ihrem Chef ins Gespräch kommen und wie Sie einen 90-Tage-Plan aufstellen. Lesen Sie dieses Kapitel auch dann, wenn Sie auf Ihrer neuen Position denselben Vorgesetzten haben wie zuvor. Ihr Verhältnis ändert sich möglicherweise, die Erwartungen Ihres Chefs sind andere, und Sie benötigen vermutlich mehr Ressourcen. Viele Führungskräfte nehmen fälschlicherweise an, sie würden in der neuen Rolle auf dieselbe Art und Weise mit ihrem Chef zusammenarbeiten wie zuvor. Machen Sie diesen Fehler nicht.

Betrachten Sie dieses Kapitel auch als eine Anregung für eine effektive Gestaltung Ihrer Beziehung zu Ihren Mitarbeitern.

Konzentrieren Sie sich auf das Wichtigste

Wenn erfahrene Manager befragt werden, wie sie ein produktives Arbeitsverhältnis zu einem neuen Chef aufbauen, antworten sie oft spontan in einer Reihe von »Dos« und Don'ts«. Beginnen wir mit den »Don'ts«:

Bleiben Sie nicht auf Distanz. Wenn Ihr Chef sich nicht um Sie kümmert oder wenn die Kommunikation zwischen Ihnen beiden schwierig ist, sollten Sie selbst auf Ihren Chef zugehen. Sonst riskieren Sie gefährliche Kommunikationslücken und Erwartungsunterschiede. Vielleicht fühlt es sich gut an, an der langen Leine zu sein, aber widerstehen Sie der Versuchung, sie auszunutzen. Treffen Sie sich regelmäßig mit Ihrem Chef. Stellen Sie sicher, dass Ihr Chef weiß, mit welchen Problemen Sie zu tun haben, und dass Sie wissen, was Ihr Chef von Ihnen erwartet und inwieweit sich seine Erwartungen verändern.

Überraschen Sie Ihren Chef nicht. Es ist kein Spaß, Ihrem Chef eine schlechte Nachricht zu überbringen. Die Gefahr, dass er Ihnen als Überbringer schlechter Nachrichten den Kopf abreißt, ist ziemlich real. Doch die meisten Chefs finden es viel schlimmer, wenn sie nicht frühzeitig über aufziehendes Unheil informiert werden. Am Schlimmsten ist es jedoch, wenn Ihr Chef die schlechte Nachricht von jemand anderem erfährt. Sie sollten Ihrem Chef zumindest einen kurzen Besuch abstatten, sobald Sie von einem Problem erfahren.

Kommen Sie Ihrem Chef nicht nur mit Problemen. Sie wollen nicht den Eindruck erwecken, als würden Sie Ihrem Chef nichts als Probleme auf den Tisch legen. Sie brauchen auch Ideen, wie sie sich lösen lassen. Das soll auf gar keinen Fall heißen, dass Sie direkt eine fertig ausgearbeitete Lösung parat haben müssen: Die Zeit und Energie, die Sie benötigen, Lösungen auszuarbeiten, kann leicht dazu führen, dass Sie Ihren Chef schließlich doch überraschen. Nehmen Sie sich stattdessen einfach ein paar Minuten, um Ihrem Chef eine grobe Vorstellung zu geben, wie Sie ein Problem angehen wollen und welche Unterstützung Sie benötigen werden.

Lesen Sie Ihrem Chef nicht Ihren Kalender vor. Selbst Manager der oberen Führungsebene neigen dazu, bei einem Treffen mit dem Chef alles auszubreiten, was sie seit der letzten Unterredung unternommen haben. Das kann gelegentlich sinnvoll sein, doch es ist selten das, was der Chef hören will und muss. Wie ein Vorstandschef es ausdrückte: »Ich sage meinen Mitarbeitern immer, ich nehme es Ihnen ab, dass Sie sehr beschäftigt sind. Sie sollten deshalb lieber mit mir besprechen, was Sie vorhaben und wie ich Ihnen dabei helfen kann.«

Versuchen Sie nicht, Ihren Chef zu ändern. Ein erfahrener Manager erzählte, er habe am frühen Nachmittag ein Meeting mit seinem neuen Chef verabredet, um ihm einen Bericht zu einem wichtigen Thema vorzulegen, nur um festzustellen, dass sein Chef die Augen nicht offen halten konnte. Der Manager war schon überrascht gewesen, dass der Nachmittagstermin überhaupt noch offen war, nicht nur an diesem Tag, sondern fast jeden Tag. Seine Kollegen wussten längst, dass der Chef dann und wann ein Mittagsschläfchen brauchte, und hatten ihre Treffen entsprechend auf den Vormittag oder den späteren Nachmittag gelegt. Gehen Sie also davon aus, dass Sie Ihren Chef nicht ändern werden, und passen Sie sich stattdessen an seinen Stil und seine Eigenheiten an.

Natürlich gibt es auch einige grundlegende »Dos«. Wenn Sie denen folgen, wird es Ihnen das Leben mit Ihrem Chef sehr erleichtern:

Übernehmen Sie die 100-prozentige Verantwortung dafür, dass die Beziehung zu Ihrem Chef funktioniert. Dies ist die andere Seite von »Bleiben Sie nicht auf Distanz«. Erwarten Sie nicht, dass Ihr Chef auf Sie zukommt und Ihnen die Zeit und die Unterstützung anbietet, die Sie benötigen. Gehen Sie am besten davon aus, dass Sie die gesamte Beziehungsarbeit schultern müssen. Wenn Ihr Chef Ihnen ein Stück entgegenkommt, ist das eine angenehme Überraschung.

Klären Sie früh und in regelmäßigen Abständen gegenseitige Erwartungen. Fangen Sie frühzeitig mit dem Erwartungsmanagement an. Wenn Ihr Chef beispielsweise von Ihnen erwartet, Probleme schnell zu lösen, Sie dafür aber tief greifende strukturelle Ursachen sehen, dann sollten Sie ganz dringend mit ihm sprechen. Legen Sie ihm die schlechte Nachricht lieber schnell auf den Tisch und senken Sie unrealistische Erwartungen. Überprüfen Sie dann regelmäßig, dass die Erwartungen Ihres Chefs sich nicht verändert haben.

Verhandeln Sie über einen Zeitplan für Analyse und Planung. Lassen Sie sich nicht sofort für Feuerwehraktionen einspannen oder dazu drängen, Entscheidungen zu treffen, ehe Sie das notwendige Wissen haben. Bestehen Sie darauf, Zeit zu bekommen, um die neue Organisation zu analysieren und sich einen Handlungsplan zurechtzulegen. Was für Michael Chen funktioniert hat, kann auch für Sie funktionieren. Der 90-Tage-Plan, den ich am Kapitelende vorstelle, ist ein hervorragendes Instrument, um diesen Spielraum zu bekommen.

Suchen Sie frühe Erfolge in Bereichen, auf die es Ihrem Chef ankommt. Was immer Ihre eigenen Prioritäten sein mögen, finden Sie heraus, was Ihrem Chef wichtig ist. Was sind seine oder ihre Ziele und Interessen, und wie passen Sie in dieses Bild? Wenn Sie dies herausgefunden haben, versuchen Sie, in diesen Bereichen frühe Erfolge zu erzielen. Eine gute Möglichkeit ist, sich auf etwa drei Dinge zu konzentrieren, die Ihrem Chef am Herzen liegen, und ihm bei jedem Meeting einen kurzen Bericht über den Stand der Dinge in diesen Bereichen zu geben. Auf diese Weise beziehen Sie Ihren Chef in Ihren Erfolg mit ein. Aber machen Sie nicht den Fehler, Maßnahmen zu ergreifen, die Sie für falsch halten. Ihre Aufgabe ist es unter anderem, Ihrem Chef klarzumachen, was erreicht werden kann und sollte.

Punkten Sie bei Menschen, deren Meinung Ihr Chef respektiert. Ihr Chef bildet sich seine Meinung über Sie aufgrund der direkten Interaktionen mit Ihnen, aber auch aufgrund dessen, was er von Vertrauten hört. Ihr Chef hat vermutlich Verbindungen zu einigen Ihrer neuen Mitarbeiter. Es ist nicht nötig, dass Sie diesen Leuten den Bauch pinseln. Seien Sie sich nur der Kanäle bewusst, durch die Ihr Chef Informationen über Sie und Ihre Leistung einholt.

Wenn Sie sich an diese Grundregeln halten, können Sie sich einen Plan zurechtlegen, wie Sie mit Ihrem neuen Chef kommunizieren.

Planung

Planen Sie fünf Gespräche

Ihre Beziehung zu Ihrem neuen Chef wächst im kontinuierlichen Dialog. Der Dialog beginnt, noch ehe Sie die neue Stelle angenommen haben, und geht weiter in Ihrer Übergangsphase bis zum Ende Ihrer Ära. Zu diesem Dialog gehört eine Palette von unterschiedlichen Themen. Daher ist es nützlich, Pläne für fünf »Gespräche« in Ihren 90-Tage-Plan aufzunehmen, die sich mit verschiedenen Aspekten Ihres Neueinstiegs befassen. Es handelt sich dabei allerdings nicht um Aspekte für fünf Einzeltermine, sondern um fünf miteinander verwobene Gesprächsfäden.

1. Das Gespräch über die Analyse der unternehmerischen Situation: In diesem Gespräch versuchen Sie herauszufinden, wie Ihr neuer Chef die unternehmerische Lage beurteilt. Handelt es sich aus seiner Sicht um einen Turnaround, einen Start-up, eine Restrukturierung oder soll eine bestehende Erfolgsstrategie stabilisiert werden? Wie kam die Organisation dahin, wo sie jetzt steht? Welche weichen und harten Faktoren stellen in dieser Situation besondere Herausforderungen dar? Welche Ressourcen stehen Ihnen zur Verfügung? Ihre Sicht der Dinge kann von der Ihres Chefs abweichen, aber es ist essenziell zu verstehen, wie er oder sie die Lage einschätzt.

2. Das Gespräch über Erwartungen: In diesem Gespräch informieren Sie sich über die Erwartungen Ihres Chefs und verhandeln gegebenenfalls darüber. Was erwartet Ihr Chef kurzfristig und mittelfristig von Ihnen? Was betrachtet er als Erfolg? Wie wird Ihre Leistung gemessen? Wann wird sie gemessen? Sie können zu dem Schluss kommen, dass die Erwartungen Ihres Chefs unrealistisch sind und dass Sie mit ihm über einzelne Punkte verhandeln wollen. Sie sollten immer daran denken, dass es besser ist, wenig zu versprechen und mehr zu halten.

3. Das Gespräch über Arbeitsstile: In diesem Gespräch geht es darum, wie Sie und Ihr Chef am besten miteinander umgehen. Welche Kommunikationsform bevorzugt er? Das persönliche Gespräch? Schriftliche Kommunikation? Voicemail oder E-Mail? Wie häufig? Bei welchen Entscheidungen will er ein Wörtchen mitreden, wann können Sie allein entscheiden? Wie unterscheiden sich Ihre Arbeitsweisen und was ergibt sich aus diesen Unterschieden für Ihren Umgang miteinander?

4. Das Gespräch über Ressourcen: In diesem Gespräch verhandeln Sie über wichtige Ressourcen. Was benötigen Sie, um erfolgreich arbeiten zu können? Was brauchen Sie von Ihrem Chef? Dabei geht es nicht nur um Geld- oder Personalfragen. In einer Restrukturierung benötigen Sie möglicherweise die Unterstützung Ihres Chefs, um im Unternehmen die nötige Überzeugungsarbeit zu leisten.

5. Das Gespräch über Ihre berufliche Entwicklung: Schließlich sollten Sie darüber sprechen, inwieweit Ihre neue Stelle zu Ihrer beruflichen Entwicklung beitragen kann. Wo wollen oder müssen Sie sich verbessern? Gibt es Projekte oder Sonderaufgaben, die Sie übernehmen sollten (ohne dabei Ihren Fokus zu verlieren)? Gibt es Weiterbildungskurse oder Programme, in denen Sie bestimmte Fähigkeiten ausbauen können?

In der Praxis sind diese fünf Gespräche miteinander verwoben und entwickeln sich im Laufe der Zeit. Sie können mehrere dieser Themen in einem Meeting ansprechen oder eines der Themen über einen längeren Zeitraum in einer Reihe von kurzen Mitteilungen austauschen. Michael Chen sprach die Themen Arbeitsstil und Erwartungen in einem Meeting an und etablierte einen Zeitplan, um sich über die unternehmerische Situation zu verständigen und das Thema Erwartungen zu vertiefen.

Die eben beschriebene Abfolge hat jedoch eine gewisse Logik. In Ihren ersten Meetings sollten Sie sich mit der geschäftlichen Situation vertraut machen und über Erwartungen und Arbeitsstile sprechen. Wenn Sie mehr über Ihre neue Position gelernt haben, werden Sie sich über Ressourcen verständigen wollen, die Analyse überdenken und wenn nötig Erwartungen korrigieren. Wenn Sie eine gemeinsame Beziehungsgrundlage geschaffen haben, können Sie auch Ihre berufliche Entwicklung ansprechen. Nehmen Sie sich Zeit, jedes Gespräch sorgfältig zu planen, und erklären Sie Ihrem Chef zu Beginn eines Meetings, was Sie erreichen wollen.

Nutzen Sie Tabelle 4.1, um zu ermitteln, wo Sie in jedem dieser Gespräche stehen und welche Prioritäten Sie für die nächsten 30 Tage haben. Wenn Sie sich gerade auf eine neue Position bewerben, nutzen Sie die Tabelle, um zu erfassen, was Sie gelernt haben, und identifizieren Sie Schwerpunkte für die nächsten Gespräche.

Tabelle 4.1: Die fünf Gespräche

Gespräch	Momentaner Status	Prioritäten für die kommenden 30 Tage
Situation: Wie analysiert Ihr Vorgesetzter die unternehmerische Situation (STARS-Portfolio)?		
Erwartungen: Was erwartet er von Ihnen?		
Arbeitsstile: Wie können Sie am besten zusammenarbeiten?		
Ressourcen: Welche Ressourcen stehen Ihnen zur Verfügung?		
Ihre berufliche Entwicklung: Was läuft gut? Was sollten Sie verändern?		

Die folgenden detaillierten Richtlinien sollen Ihnen dabei helfen, die nächsten Schritte für jedes der fünf Gespräche mit Ihrem neuen Vorgesetzten zu planen.

Planen Sie das Gespräch über die unternehmerische Situation

Das Ziel Ihres Gesprächs über die unternehmerische Situation ist ein gemeinsames Verständnis der aktuellen Lage, ihrer Herausforderungen und Chancen. Dieses gemeinsame Verständnis ist die Grundlage für alles, was Sie tun. Wenn Sie und Ihr Chef die Situation unterschiedlich einschätzen, bekommen Sie nicht die Unterstützung, die Sie benötigen, um Ihre Ziele zu erreichen. Deshalb sollte es in Ihrem ersten Gespräch mit Ihrem Chef um die Definition der Situation gehen. Die STARS-Kategorien können Ihnen dabei eine hilfreiche Grundlage sein.

Finden Sie die richtige Unterstützung für Ihre Situation

Die Unterstützung, die Sie von Ihrem Chef brauchen, ist je nach Situation – Start-up, Turnaround, Wachstumsbeschleunigung, Restrukturierung oder Stabilisierung eines Erfolgs – eine andere. Sobald Sie ein gemeinsames Verständnis der Situation erzielt haben, denken Sie darüber nach, welche Rolle Ihr Chef spielen soll und welche Unterstützung Sie von ihm benötigen. In allen fünf Situationen muss Ihnen Ihr Chef Richtung, Unterstützung und Spielraum geben, damit Sie Ihre Aufgaben erledigen können. In Tabelle 4.2 sind die unterschiedlichen Rollen aufgeführt, die ein Chef in jeder der fünf STARS-Situationen spielen kann.

Planen Sie das Gespräch über Erwartungen

In diesem Gespräch sollten Sie und Ihr Chef die jeweiligen Erwartungen an die Zukunft klären und in Einklang bringen. Sie sollten sich über kurz- und mittelfristige Ziele verständigen, einen Zeitplan aufstellen und klären, wie Ihr Chef Ihren Fortschritt misst. Was stellt für Sie einen Erfolg dar, was für ihn? Wann erwartet er Ergebnisse? Wie messen Sie Ihren Erfolg? In welchem Zeitrahmen? Was passiert als Nächstes, wenn Sie erfolgreich sind? Wenn Sie die Erwartungen nicht managen, dann managen die Erwartungen Sie.

Passen Sie die Erwartungen an die Situation an

Stellen Sie eine enge Übereinstimmung zwischen den Erwartungen und der gemeinsamen Einschätzung der Lage her. In einem Turnaround sind Sie und Ihr Chef sich vermutlich einig, dass schnell und entschieden gehandelt wer-

Tabelle 4.2: Finden Sie die richtige Unterstützung für Ihre Situation

Situation	Typische Rolle des Chefs
Start-up	• Unterstützung bei der raschen Beschaffung der benötigten Ressourcen; • klare, messbare Zielvorgaben; • Führung an strategischen Knackpunkten; • Hilfe bei der Fokussierung.
Turnaround	Wie bei Start-ups, plus: • Unterstützung bei der Ausarbeitung und Umsetzung von unangenehmen Personalentscheidungen; • Unterstützung bei der Korrektur oder Veränderung des Außenbildes der Organisation und ihrer Mitarbeiter; • Unterstützung, um früh und einschneidend genug zu kürzen.
Wachstumsbeschleunigung	• Unterstützung bei der Akquise von Investoren, um Wachstum mit der richtigen Geschwindigkeit zum richtigen Zeitpunkt zu beschleunigen; • Unterstützung bei der Einführung neuer Systeme und Strukturen.
Restrukturierung	Wie bei Start-ups, plus: • Unterstützung bei der Diskussion über die nötigen Veränderun-gen, insbesondere wenn Sie von außen ins Unternehmen kommen.
Stabilisierung des Erfolgs	• Konstanter Realitäts-Check: Geht es noch darum, einen Erfolg fortzusetzen, oder schon um eine Restrukturierung? • Unterstützung beim Aufbau einer guten Defensivstrategie und beim Vermeiden von Fehlern, die dem Unternehmen schaden könnten. • Gemeinsame Suche nach Möglichkeiten, um den nächsten Schritt mit dem Unternehmen zu machen.

den muss. In diesem Fall haben beide klare Erwartungen an die nahe Zukunft: Es stehen schwere Entscheidungen über die Kostenreduzierung in nicht essenziellen Unternehmensbereichen oder eine Konzentration auf die wirtschaftlichsten Produkte an. In diesem Fall würden Sie Ihre Ergebnisse vermutlich an der allgemeinen Finanzlage des Unternehmens messen.

Suchen Sie nach frühen Erfolgen, die Ihrem Chef wichtig sind

Was immer Ihre eigenen Prioritäten sein mögen, finden Sie heraus, worauf es Ihrem Chef ankommt, und versuchen Sie, in diesen Bereichen einige frühe Erfolge zu erzielen. Wenn Sie erfolgreich arbeiten wollen, benötigen Sie die Unterstützung Ihres Chefs – daher sollten Sie umgekehrt Ihrem Chef helfen, erfolgreich zu arbeiten. Wenn Sie die Prioritäten Ihres Chefs mit einbeziehen, wird er das Gefühl haben, einen Anteil an Ihrem Erfolg zu haben. Am effektivsten arbeiten Sie, wenn Sie bei Ihren Bemühungen um frühe Erfolge die Ziele Ihres Chefs mit Ihren eigenen Zielen in Einklang bringen. Sollte dies nicht möglich sein, suchen Sie nach frühen Erfolgen, die nur den Prioritäten Ihres Chefs entsprechen.

Erkennen Sie die »Unberührbaren«

Wenn es Teile des Unternehmens gibt – Produkte, Einrichtungen oder Leute –, die unter dem besonderen Schutz Ihres Chefs stehen, dann sollten Sie so schnell wie möglich herausfinden, um wen oder was es sich handelt. Es wäre äußerst ungeschickt, Ihren Chef zu drängen, eine Produktlinie einzustellen, die dieser auf die Schiene gesetzt hat, oder einen loyalen Verbündeten Ihres Chefs zu entlassen. Versuchen Sie herauszufinden, wo Ihr neuer Chef besonders sensibel ist. Interessieren Sie sich für die Geschichte Ihres Chefs, fragen Sie Kollegen oder achten Sie verstärkt auf Gesichtsausdruck, Stimme und Körpersprache. Wenn Sie sich nicht sicher sind, starten Sie vorsichtig einen Versuchsballon und beobachten Sie die Reaktionen Ihres Chefs.

Erziehen Sie Ihren Chef

Eine Ihrer wichtigsten Aufgaben besteht darin, die Erwartungen Ihres Chefs an Sie und Ihre Erfolge zu formen. Möglicherweise sind diese Erwartungen unrealistisch oder stehen im Widerspruch zu dem, was Sie selbst für richtig halten. In diesem Fall müssen Sie schwierige Kommunikationsarbeit leisten, um die unterschiedlichen Positionen in Einklang zu bringen. In einer Restrukturierung könnte Ihr Chef beispielsweise einen anderen Geschäftsbereich für die Probleme verantwortlich machen als Sie. In diesem Fall sollten Sie Ihren Chef dahingehend erziehen, die strukturellen Probleme zu erkennen und seine Erwartungen zu revidieren. Gehen Sie vorsichtig vor, besonders wenn Ihr Chef ein Verfechter des Status quo ist oder wenn er die Probleme gar teilweise zu verantworten hat.

Versprechen Sie wenig, halten Sie mehr

Egal, ob Sie und Ihr Chef sich über die Erwartungen einig sind oder nicht – halten Sie Maß und versprechen Sie lieber wenig und halten Sie dafür lieber mehr. Mit dieser Strategie stärken Sie Ihre Glaubwürdigkeit. Bedenken Sie, dass die Flexibilität Ihres Unternehmens großen Einfluss darauf haben könnte, inwieweit Sie Ihre Zusagen einhalten können oder nicht. Halten Sie sich lieber mit Versprechen zurück. Wenn Sie Ihre Zusagen später übertreffen, freut sich Ihr Chef. Wenn Sie jedoch mehr versprochen haben, als Sie halten können, setzen Sie Ihre Glaubwürdigkeit aufs Spiel. Selbst wenn Sie dennoch viel erreichen, haben Sie in den Augen Ihres Chefs versagt.

Sorgen Sie für Klarheit

Selbst wenn Sie genau zu wissen glauben, was Ihr Chef von Ihnen erwartet, sollten Sie sich regelmäßig rückversichern. Viele Chefs wissen zwar sehr genau, was Sie wollen, können es aber nicht ausdrücken. Wenn Sie sich nicht rückversichern, verschaffen Sie sich möglicherweise nur dadurch Klarheit, dass Sie einen Fehler machen. Fragen Sie also immer wieder nach, bis Sie ganz sicher sind, dass Sie verstanden haben. Stellen Sie beispielsweise dieselbe Frage auf unterschiedliche Art und Weise, um mehr herauszufinden. Lernen Sie, die Zwischentöne herauszuhören und Hypothesen über die Wünsche Ihres Chefs aufzustellen. Versuchen Sie, sich in ihn hineinzuversetzen und zu verstehen, wie er von seinem Chef beurteilt wird. Finden Sie heraus, wie Sie ins große Ganze passen. Lassen Sie vor allem keine Schlüsselfragen im Unklaren. Unklarheit über Ziele und Erwartungen ist äußerst gefährlich. Ein Jungmanager formulierte es einmal so: »Bei einem Unentschieden [in einem Streit über das, was in einem früheren Gespräch vereinbart wurde] gewinnen nicht Sie, sondern Ihr Chef.«

Planen Sie das Gespräch über Ressourcen

Das Gespräch über Ressourcen ist eine kontinuierliche Verhandlung mit Ihrem Chef über wichtige Mittel und Unterstützung, die Sie benötigen. Ehe Sie dieses Gespräch beginnen, sollten Sie mit Ihrem Chef Einigkeit über die unternehmerische Situation, die Ziele und Erwartungen und eine gemeinsame Arbeitsweise erzielt haben. Nun geht es um die Ressourcen, die Sie benötigen, um die Erwartungen zu erfüllen.

Welche Ressourcen Sie benötigen, hängt von der jeweiligen Situation und vom Zeitpunkt ab:

- Im Falle eines *Start-ups* brauchen Sie vermutlich am dringendsten finanzielle Mittel, technische Unterstützung und Leute mit dem nötigen Fachwissen.
- Bei einem *Turnaround* benötigen Sie Autorität und politische Unterstützung, um harte Entscheidungen zu treffen und die knappen finanziellen und menschlichen Ressourcen zu sichern.
- Wollen Sie für eine *Beschleunigung des Wachstums* sorgen, brauchen Sie die notwendigen Investitionsmittel, um dieses Wachstum zu finanzieren. Außerdem benötigen Sie Unterstützung bei der Implementierung der notwendigen Systeme und Strukturen.
- Im Falle einer *Restrukturierung* ist eine beständige öffentliche Rückendeckung am wichtigsten, um die Organisation dazu zu bringen, die Notwendigkeit der Veränderungen einzusehen. Idealerweise steht Ihr Chef an Ihrer Seite und hilft Ihnen, das Unternehmen wachzurütteln.
- Wenn Sie einen *Erfolg stabilisieren* sollen, benötigen Sie finanzielle und technische Ressourcen, um das Kerngeschäft zu sichern und neue Möglichkeiten auszuschöpfen. Sie benötigen außerdem regelmäßige Impulse, um die Ziele weiter zu stecken und zu verhindern, dass Sie in Selbstzufriedenheit abgleiten.

Zunächst sollten Sie festhalten, welche materiellen und immateriellen Ressourcen Sie benötigen, um die vereinbarten Ziele zu erreichen. Stellen Sie fest, welche Ressourcen Ihnen bereits zur Verfügung stehen, zum Beispiel erfahrene Mitarbeiter oder Produkte, die kurz vor der Markteinführung stehen. Benennen Sie dann die Ressourcen, die Ihnen noch fehlen. Fragen Sie sich: »Was genau brauche ich von meinem Chef?« Je früher Sie benennen können, welche Ressourcen Sie noch benötigen, umso eher können Sie Ihrem Chef diese Wünsche vortragen.

Bringen Sie so früh wie möglich so viel wie möglich auf den Tisch. Legen Sie Ihrem Chef eine Kalkulation vor, in der Sie Kosten und Nutzen eines bestimmten Ressourceneinsatzes vorrechnen: »Wenn mein Umsatz im kommenden Jahr um 7 Prozent steigen soll, dann benötige ich eine Investition in Höhe von x Euro. Wenn er um 10 Prozent steigen soll, benötige ich y Euro.«

Wenn Sie zu oft mit Nachforderungen kommen, verlieren Sie rasch an Glaubwürdigkeit. Wenn Sie mehr Zeit benötigen, um herauszufinden, welche Ressourcen Sie brauchen, dann ist das eben so. Michael Chen handelte den nötigen Zeitrahmen aus (auch eine kritische Ressource), um zu vermeiden, dass es deshalb zum Konflikt kommt.

Sollen Sie mitspielen oder die Regeln verändern?

Sie können Ihre Ziele wahrscheinlich erreichen, indem Sie sich an die vorgegebenen Spielregeln halten. Wenn Sie innerhalb der akzeptierten kulturellen und politischen Normen bleiben, dann werden Ihre Anfragen nach Ressourcen erwartet und es wird Ihnen leichter fallen, das zu bekommen, was Sie benötigen.

In anderen Situationen, vor allem bei Restrukturierungen oder Turnarounds, müssen Sie möglicherweise die Spielregeln ändern oder gar komplett über den Haufen werfen. Sie werden vermutlich sehr viel umfassendere Ressourcen benötigen, und wenn Sie diese nicht bekommen, wird das Resultat umso fataler sein. Sie werden härter verhandeln müssen, um das zu bekommen, was Sie wollen. Unter diesen Umständen sollten Sie sich darüber im Klaren sein, dass die unternehmerische Situation, die Erwartungen und die Ressourcen zusammenpassen müssen, damit Sie überhaupt eine Aussicht auf Erfolg haben. Klären Sie zunächst für sich selbst, was Sie benötigen, ehe Sie in Verhandlungen gehen, stützen Sie Ihre Forderungen mit harten Daten und erklären Sie, warum Sie bestimmte Ressourcen unbedingt benötigen. Rücken Sie nicht ohne Not von Ihren Forderungen ab und bleiben Sie hartnäckig. Suchen Sie Verbündete innerhalb und außerhalb der Organisation. Es ist besser, zu hartnäckig zu sein, als zu verhungern.

Verhandeln Sie über Ihre Ressourcen

Denken Sie bei Ihrer Diskussion um die nötigen Ressourcen an folgende Prinzipien des erfolgreichen Verhandelns:

Achten Sie auf die verborgenen Interessen. Bohren Sie so tief wie möglich, um die Interessen Ihres Chefs und anderer zu verstehen, von denen Sie Ressourcen benötigen. Was haben sie davon?

Suchen Sie nach gemeinsamem Nutzen. Bemühen Sie sich um Ressourcen, mit denen Sie die Pläne Ihres Chefs genauso voranbringen wie Ihre eigenen. Suchen Sie nach Möglichkeiten, wie Sie auch Kollegen helfen können, Ihre Pläne umzusetzen, damit diese auch Ihnen helfen.

Verknüpfen Sie Ressourcen mit Resultaten. Betonen Sie die positiven Auswirkungen auf die Leistung, wenn Ihrer Einheit mehr Ressourcen zur Verfügung stehen. Legen Sie Ihrem Chef eine Rechnung vor, aus der hervorgeht, was Sie mit den bestehenden Ressourcen leisten (und was nicht) und was Sie mit verschiedenen Zuwächsen erreichen können.

Planen Sie das Gespräch über Arbeitsstile

Ihr Arbeitsstil hat einen großen Einfluss darauf, wie Sie lernen, kommunizieren, andere beeinflussen und Entscheidungen treffen. In Ihrem Gespräch über Arbeitsstile geht es darum, herauszufinden, wie Sie und Ihr Chef dauerhaft am besten zusammenarbeiten können. Das war Michael Chens größte Herausforderung, als es darum ging, sein Arbeitsverhältnis zu seiner Chefin zu klären. Selbst wenn Ihr Chef nie Ihr Freund oder Ihr Mentor wird, ist es essenziell, dass er oder sie Ihre beruflichen Fähigkeiten anerkennt.

Analysieren Sie die Arbeitsweise Ihres Chefs

Als Erstes sollten Sie sich über die Arbeitsweise Ihres Chefs informieren und herausfinden, wo es zu Reibungen kommen könnte. Wenn Sie ihm eine Voicemail-Nachricht zu einem wichtigen Problem aufsprechen und er nicht schnell reagiert, sondern Sie später fragt, warum Sie ihn nicht informiert haben, dann haben Sie eines gelernt: Ihr Chef verwendet keine Voicemail.

Wie kommuniziert Ihr Chef am liebsten? Wie häufig? An welchen Entscheidungen will er beteiligt werden, welche Entscheidungen können Sie selbst treffen? Kommt Ihr Chef früh ins Büro, geht er spät nach Hause? Erwartet er von seinen Mitarbeitern, dass sie sich an seine Arbeitszeiten anpassen?

Finden Sie heraus, inwieweit sich Ihre Arbeitsstile unterscheiden und was diese Unterschiede für Ihre Zusammenarbeit bedeuten. Nehmen wir an, Sie lernen am liebsten, indem Sie sich mit Experten unterhalten, während Ihr

Chef sich lieber auf Berichte und harte Fakten verlässt. Zu welchen Missverständnissen könnten diese unterschiedlichen Herangehensweisen führen, und wie lassen sie sich vermeiden? Oder nehmen wir an, Ihr Chef neigt zum Mikromanagement, während Sie gern viel Spielraum haben. Was können Sie tun, um Spannungen zu vermeiden?

Es könnte hilfreich sein, mit früheren Mitarbeitern Ihres Chefs zu sprechen. Dabei sollten Sie vorsichtig vorgehen: Es sollte nicht so aussehen, als suchten Sie Klatsch oder Kritik. Halten Sie sich an harmlose Themen und fragen Sie etwa, wie Ihr Chef am liebsten kommuniziert. Hören Sie sich die Meinungen anderer an, aber entwickeln Sie Ihre Strategie auf Grundlage Ihrer eigenen Erfahrungen.

Beobachten Sie auch, wie Ihr Chef mit anderen umgeht. Stimmt das mit Ihrer Erfahrung überein? Wenn nicht: warum nicht? Hat Ihr Chef Lieblinge? Neigt er bei bestimmten Fragen zum Mikromanagement? Hat er Mitarbeiter wegen inakzeptabler Leistungen bestraft?

Messen Sie die Länge Ihrer Leine

Ihr Chef hat eine Komfortzone, was die Einmischung in Entscheidungen betrifft. Diese Zone definiert die Länge der Leine, an der Sie selbst operieren. Welche Entscheidungen sollen Sie selbst treffen, über welche will er informiert werden? Inwieweit können Sie beispielsweise wichtige Personalfragen klären? Bei welchen Entscheidungen will er zunächst konsultiert werden? Wenn Ihre Entscheidungen allgemeine politische Fragen berühren, etwa ob ein Mitarbeiter Sonderurlaub bekommt? Oder bei heißen politischen Eisen, die mit einem Ihrer Projekte zu tun haben? Und wann will er die Entscheidung selbst treffen?

Zu Beginn werden Sie vermutlich eine relativ kurze Leine haben. Doch je mehr Vertrauen Ihr Chef zu Ihnen fasst, desto mehr Spielraum bekommen Sie. Sollte dies nicht der Fall sein oder sollte Ihr Spielraum zu klein sein, um effektive Arbeit zu leisten, sollten Sie das Thema direkt ansprechen.

Passen Sie sich an die Arbeitsweise Ihres Chefs an

Gehen Sie davon aus, dass die Arbeit an der Beziehung zu Ihrem Chef zu 100 Prozent Ihre Aufgabe ist. Das bedeutet auch, dass Sie sich an den Arbeitsstil

Ihres Chefs anpassen sollten. Wenn Ihr Chef Voicemail hasst, dann benutzen Sie sie nicht. Wenn er über jedes Detail informiert sein will, kommunizieren Sie jede Kleinigkeit. Tun Sie nichts, was Ihre eigenen Ergebnisse beeinträchtigt, aber versuchen Sie, die Arbeitsbeziehung so reibungslos wie möglich zu gestalten. Frühere Mitarbeiter Ihres Chefs können Ihnen sagen, was in ihrem Fall wirkungsvoll war. Experimentieren Sie dann mit den Strategien, die Ihnen erfolgversprechend erscheinen. Im Zweifel können Sie Ihren Chef auch selbst fragen, wie Sie am besten vorgehen sollen.

Sprechen Sie schwierige Themen an

Wenn es wegen der Arbeitsstile zu Konflikten kommt, sprechen Sie diese am besten direkt an. Sonst laufen Sie Gefahr, dass Ihr Chef Ihnen Ihren Arbeitsstil als Respektlosigkeit oder gar als Inkompetenz auslegt. Thematisieren Sie den Arbeitsstil, ehe es zu Irritationen kommt, und sprechen Sie mit Ihrem Chef darüber, wie Sie die beiden Arbeitsweisen in Einklang bringen können. Mit einem solchen Gespräch kommen Sie beide Ihren Zielen einen großen Schritt näher. Genau das tat Michael, obwohl er klugerweise zunächst dafür sorgte, dass er glaubwürdig erschien, bevor er das Thema zur Sprache brachte.

Es hat sich erwiesen, dass Sie in ersten Gesprächen besser über Ziele und Ergebnisse sprechen und nicht darüber, wie Sie diese erreichen werden. Es reicht zu sagen, dass Sie Unterschiede in der Art und Weise erwarten, wie Sie bestimmte Fragen oder Entscheidungen angehen, dass Sie sich aber verpflichten, die vereinbarten Ziele zu erreichen. Mit einer solchen Aussage bereiten Sie Ihren Chef darauf vor, unterschiedliche Herangehensweisen zu erwarten. Sie sollten Ihren Chef zudem gelegentlich daran erinnern, sich Ihre Ergebnisse anzusehen und nicht die Art und Weise, wie Sie sie erreichen.

Es kann hilfreich sein, sich mit einem Vertrauten Ihres Chefs über Arbeitsstile zu unterhalten. Auf diese Weise lassen sich bestimmte Reibungspunkte klären, ohne dass Sie diese direkt gegenüber Ihrem Chef ansprechen müssen. Der richtige Berater kann Ihnen auch dabei helfen, ein schwieriges Thema anzuschneiden, ohne dass es bedrohlich wirkt.

Machen Sie nicht den Fehler, alles, was mit dem Thema Arbeitsstil zusammenhängt, in einem einzigen Meeting ansprechen zu wollen. Dennoch ist ein Meeting, das sich nur mit dem Thema Stil beschäftigt, ein ausgezeichneter

Anfang. Beobachten Sie dann weiterhin den Arbeitsstil Ihres Chefs und passen Sie sich diesem im Laufe Ihrer Arbeitsbeziehung immer weiter an.

Planen Sie das Gespräch über Ihre berufliche Entwicklung

Wenn Ihre Arbeitsbeziehung zu Ihrem neuen Chef sich ein wenig gefestigt hat (über den Daumen empfiehlt sich immer die 90-Tage-Marge), sollten Sie schließlich darüber sprechen, inwieweit Ihre neue Stellung Sie in Ihrer beruflichen Entwicklung voranbringen kann. Welche Fähigkeiten benötigen Sie, um Ihre Aufgaben besser erledigen zu können? Haben Sie Schwachpunkte, an denen Sie arbeiten sollten? Gibt es Projekte oder Sonderaufgaben, in die Sie sich einbringen könnten (ohne dabei Ihren Fokus zu verlieren), um bestimmte Fähigkeiten zu stärken? Gibt es Kurse oder Seminare, mit denen Sie sich weiterbilden können?

Dieses Gespräch ist besonders wichtig, wenn Sie einen Karrieresprung machen. Wenn Sie Jungmanager sind, sollten Sie es sich früh angewöhnen, Ihren Chef um Feedback zu fragen und ihn zu bitten, Ihnen bei der Entwicklung Ihrer Führungsfähigkeiten zu helfen. Ihre Bereitschaft, sich mit offenem Feedback zu Ihren Stärken und Schwächen auseinanderzusetzen, und Ihre Fähigkeit, diese Anregungen auch umzusetzen, setzen ein starkes Zeichen.

Das trifft auch zu, wenn Sie zum ersten Mal andere Führungskräfte führen, eine Bereichs- oder Geschäftsführung übernehmen oder zum Vorstandschef aufsteigen. Wann immer Sie einen Schritt machen, in dem Sie neue Fähigkeiten und Einstellungen benötigen, sollten Sie offen und bereit sein, von anderen zu lernen, die vor Ihnen diesen Schritt gemacht haben.

Beschränken Sie sich nicht auf die »Hard Skills«. Je weiter Sie im Management aufsteigen, umso wichtiger werden Ihre »Soft Skills« zu den Bereichen kulturelles und politisches Verständnis, Verhandlung, Koalitionsbildung und Konfliktmanagement. Kurse können Ihnen weiterhelfen, doch Entwicklungsaufgaben – in Projektteams, neuen Unternehmensteilen, unterschiedlichen Bereichen oder Niederlassungen – sind ebenso unerlässlich, um diese Management-Skills zu entwickeln.

Wenn Sie mit mehreren Chefs arbeiten

Wenn Sie mit mehreren Chefs arbeiten, wird es ungleich schwieriger, die Erwartungen zu managen. Die Grundprinzipien sind dieselben, doch die Gewichtung verschiebt sich. Wenn Sie mehrere Chefs haben, sollten Sie die Gewinne und Verluste möglichst gleichmäßig verteilen. Wenn einer Ihrer Vorgesetzten erheblich mehr zu sagen hat als der oder die anderen, dann sollten Sie sich sinnvollerweise zu Beginn stärker an ihm orientieren – solange Sie später möglichst wieder ein Gleichgewicht herstellen. Wenn Sie in Einzelgesprächen keine Einigung erzielen können, sollten Sie Ihre Chefs dazu bringen, sich an einen Tisch zu setzen und sich zusammenzuraufen, sonst laufen Sie Gefahr, in Stücke gerissen zu werden.

Für jeden Ihrer Chefs sollten Sie eine Version von Tabelle 4.1 (auf S. 96) fertigstellen und sich genau anschauen, wo ihre Ansichten über Situation, Erwartungen und Ressourcen zusammenlaufen und wo sie voneinander abweichen. Achten Sie auch auf ihre unterschiedlichen Arbeitsstile und passen Sie sich entsprechend an.

Wenn Sie von Ihrem Chef räumlich getrennt sind

Wenn Sie an einem anderen Ort arbeiten als Ihr Chef, ist das eine zusätzliche Herausforderung. Die Gefahr ist dann groß, dass Sie nicht an einem Strang ziehen. Umso größer ist Ihre Verantwortung, diszipliniert die Kommunikation aufrechtzuerhalten und Telefonkonferenzen und Meetings zu verabreden, um sicherzustellen, dass Sie beide im Einklang stehen. Noch wichtiger ist es, dass Sie klare und umfassende Etappenziele und Erfolgskriterien vereinbaren, damit Ihr Chef auf dem Laufenden bleibt und Sie effektiv arbeiten können.

Wenn irgend möglich sollten Sie versuchen, sich frühzeitig ein oder mehrmals mit Ihrem Chef zu treffen. Gerade am Anfang sind persönliche Gespräche sehr wichtig, um eine Basis des Vertrauens zu schaffen (das Gleiche gilt übrigens auch für ein virtuelles Team). Auch wenn Sie um die finanziellen Mittel für so ein Treffen kämpfen müssen und um die halbe Welt fliegen müssen, lohnt es sich.

Denken Sie auch darüber nach, wie Sie Ihren Chef dazu bringen können, Zeit mit Ihnen zu verbringen. Immerhin ist er wahrscheinlich sehr beschäftigt und ziemlich gebeutelt von den Anfragen der Mitarbeiter, die physisch deutlich präsenter sind als Sie selbst. Suchen Sie nach Zeitfenstern, in denen Ihr Chef wahrscheinlich nicht voll und ganz von anderen Aufgaben in Anspruch genommen ist. Das kann zum Beispiel der Weg zur Arbeit oder der abendliche Heimweg sein.

Fügen Sie alles zusammen: Ihr 90-Tage-Plan

Egal, in welche unternehmerische Situation Sie kommen, es ist auf jeden Fall sinnvoll, einen 90-Tage-Plan aufzustellen und die Zustimmung Ihres Chefs dazu zu bekommen. Üblicherweise sind Sie in der Lage, einen solchen Plan nach zwei Wochen zu entwickeln, wenn Sie das Unternehmen oder Ihren Bereich ein wenig kennengelernt haben.

Halten Sie Ihren 90-Tage-Plan schriftlich fest, und wenn Sie nur ein paar Stichpunkte notieren. Dabei sollten Sie Ihre Prioritäten und Ziele genauso festhalten wie einzelne Etappenziele. Sie sollten Ihrem Chef diesen Plan vorstellen und seine Zustimmung dafür suchen. Er dient als eine Art »Vertrag« zwischen Ihnen beiden, in dem Sie vereinbaren, wie Sie Ihre Zeit nutzen werden, und klären, was Sie tun und was nicht.

Um Ihren Plan zu entwickeln, unterteilen Sie die 90 Tage in drei Blöcke von je 30 Tagen. Am Ende jedes dieser Blöcke sollten Sie sich mit Ihrem Chef zusammensetzen (obwohl Sie vermutlich zwischendurch noch öfter mit ihm zu tun haben werden). Die ersten 30 Tage sollten Sie vor allem dem Lernprozess und der Stärkung Ihrer persönlichen Glaubwürdigkeit widmen. Wie Michael Chen sollten Sie diese Lernphase mit Ihrem Chef aushandeln und dann versuchen, ihn darauf festzulegen. Dann können Sie Ihr eigenes Lernprogramm mit einem Zeitplan entwickeln. Setzen Sie sich wöchentliche Etappenziele und gewöhnen Sie sich an, jede Woche zu planen und am Ende zu evaluieren.

Ihr wichtigster Output am Ende der ersten 30 Tage ist eine Analyse der Situation, eine Liste der A-Prioritäten und ein Plan für die folgenden 30 Tage. In diesem Plan sollte es darum gehen, wie und wo Sie Ihre ersten Erfolge erzielen können. In dem Gespräch mit Ihrem Chef sollte es um die Geschäftssituation und die Erwartungen gehen. Sie sollten versuchen, eine Verständigung über die Situation und eine Einigung über die Erwartungen zu erzielen sowie seine

Zustimmung für Ihren zweiten 30-Tage-Plan zu bekommen. Setzen Sie Ihre Planung und Evaluation auf einer wöchentlichen Basis fort.

Nach 60 Tagen sollten Sie mit Ihrem Chef besprechen, inwieweit Sie die Ziele der zweiten 30 Tage erreicht haben. Außerdem sollten Sie die letzten 30 Tage Ihres Übergangsplans vereinbaren. Je nach unternehmerischer Situation und Ihrer Position im Unternehmen könnten Sie an dieser Stelle über die Ressourcen sprechen, die Sie für wichtige Projekte benötigen, Ihre ersten Einschätzungen zu Strategie und Struktur vertiefen und erste Beurteilungen Ihres Teams präsentieren.

Entwickeln Sie sich als Chef weiter

Vermutlich *haben* Sie nicht nur einen Chef, sondern Sie *sind* selbst einer. Mit großer Wahrscheinlichkeit haben Sie selbst neue Mitarbeiter. So, wie Sie mit Ihrem neuen Chef eine produktive Arbeitsbasis herstellen müssen, sollten auch diese effektiv mit Ihnen zusammenarbeiten. Ist es Ihnen in der Vergangenheit immer geglückt, Ihre neuen Mitarbeiter in der Übergangsphase mitzunehmen? Was könnten Sie diesmal genauso, was anders machen?

Denken Sie darüber nach, wie Sie die Hinweise in diesem Kapitel verwenden können, um Ihre Arbeitsbeziehung zu Ihren Mitarbeitern zu gestalten. Die goldene Regel ist, andere in ihrer Übergangszeit so zu unterstützen, wie Sie selbst unterstützt werden wollen (siehe Kasten »Die goldene Regel für die Übergangsphase«). Die oben beschriebenen fünf Gespräche können Ihnen auch helfen, produktive Arbeitsbeziehungen zu Ihren Mitarbeitern zu entwickeln. Stellen Sie ihnen dieses Programm gleich zu Beginn vor und vereinbaren Sie erste Gespräche über die unternehmerische Situation und Ihre Erwartungen. Bereiten Sie sie auf die Gespräche vor, indem Sie ihnen zum Beispiel Kapitel 3 dieses Buches zu lesen geben.

Die goldene Regel für die Übergangsphase

Überlegen Sie, was Sie sich von Ihrem neuen Chef wünschen würden, um die Übergangsphase möglichst produktiv zu gestalten. Welche Anleitung und Unterstützung sollte er Ihnen idealerweise geben? Und nun denken Sie an Ihre Mitarbeiter. Welche Anleitung und Unterstützung geben Sie ihnen? Nun vergleichen Sie Ihre beiden Listen. Unterstützen Sie andere so, wie Sie selbst unterstützt werden wollen? Wenn sich die Art und Weise, wie Sie als Mitarbeiter behandelt werden wollen, sehr unterscheidet von der Art und Weise, wie Sie Ihre eigenen Mitarbeiter behandeln, dann sind Sie ein Teil des Problems.

Mitarbeitern bei einem Führungswechsel zu einer produktiven Übergangsphase zu verhelfen hat nicht nur damit zu tun, ein guter Manager zu sein und die Entwicklung der anderen zu befördern. Je besser Sie Ihre Mitarbeiter in der Übergangsphase unterstützen, desto effektiver erreichen Sie auch Ihre eigenen Ziele.

Nutzen Sie Tabelle 4.3, um zu ermitteln, wo sie bei diesen Schlüsselgesprächen mit Ihren jeweiligen Mitarbeitern stehen. Listen Sie in der ersten Spalte Ihre Teammitglieder auf. Dann denken Sie darüber nach, wo Sie bei den fünf Kerngesprächen mit jedem einzelnen stehen. Umkreisen Sie diejenigen, die Ihnen am wichtigsten sind.

Tabelle 4.3: Die fünf Gespräche und Ihr Team

Teammitarbeiter	Situation	Erwartungen	Ressourcen	Arbeitsstil	persönliche Entwicklung

Checkliste für Ihre erfolgreichen Arbeitsbeziehungen

1. Wie gut ist es Ihnen in der Vergangenheit gelungen, eine produktive Arbeitsbeziehung mit Ihrem neuen Chef aufzubauen? Was haben Sie gut gemacht? Was können Sie besser machen?
2. Planen Sie ein Gespräch über die unternehmerische Situation. Welche Themen möchten Sie mit Ihrem Chef besprechen? Womit wollen Sie einsteigen? In welcher Reihenfolge wollen Sie bestimmte Themen ansprechen?
3. Planen Sie ein Gespräch über die Erwartungen. Wie können Sie herausfinden, was Ihr Chef von Ihnen erwartet?
4. Planen Sie ein Gespräch über die Arbeitsstile. Wie können Sie herausfinden, wie Ihr neuer Chef mit Ihnen kommunizieren will? Welches Medium (E-Mail, Voicemail, persönliches Gespräch) bevorzugt er? Wie oft sollten Sie sich treffen? Wie viel Information wünscht Ihr Chef? Welche Entscheidungen sollten Sie vorab mit ihm besprechen?
5. Planen Sie ein Gespräch über Ihre Ressourcen. Welche Ressourcen brauchen Sie unbedingt für die Erfüllung Ihrer Ziele? Wenn Sie weniger Ressourcen zur Verfügung haben, worauf müssen Sie dann verzichten? Wenn Sie mehr Ressourcen zur Verfügung haben, was wäre der Nutzen? Argumentieren Sie mit Zahlen!
6. Planen Sie ein Gespräch über Ihre berufliche Entwicklung. Was sind Ihre Stärken, und wo können Sie noch dazulernen? Welche Sonderaufgaben und Projekte könnten Ihnen helfen, die nötigen Fähigkeiten zu erwerben?
7. Fragen Sie sich, wie Sie diesen fünfteiligen Gesprächsrahmen nutzen können, um die Entwicklung Ihres Teams voranzutreiben. Wo stehen Sie im Hinblick auf die Schlüsselgespräche mit jedem einzelnen Ihrer direkten Mitarbeiter?

Kapitel 5
Sichern Sie sich frühe Erfolge

Als Elena Lee zur Leiterin des Kundendienstes eines führenden Versandhändlers ernannt wurde, wurde sie mit der Verbesserung der nachlassenden Kundenzufriedenheit betraut. Außerdem war sie entschlossen, die durch den autoritären Führungsstil ihres Vorgängers geprägte Abteilungskultur zu ändern. Vor ihrer Beförderung hatte Elena das leistungsstärkste Callcenter im gleichen Unternehmen geleitet und wusste deshalb, welche Schwierigkeiten die anderen Abteilungen durch die mangelnde Servicequalität gehabt hatten. Sie war überzeugt, durch mehr Mitarbeiterbeteiligung die Leistung erheblich zu verbessern. Die Veränderung der Unternehmenskultur war also für sie die A-Priorität.

Elena begann, ihren früheren Kollegen, die nun ihre direkten Mitarbeiter waren, ihre Ziele zu erläutern. Es handelte sich um die Leiter der jeweiligen weltweiten Callcenter. Im Rahmen von Telefonkonferenzen und persönlichen Gesprächen stellte sie ihre Ziele zur Qualitätsverbesserung und ihre Visionen im Hinblick auf eine demokratische, problemlösungsorientierte Unternehmenskultur vor. Doch ihre Initiative zeigte kaum Wirkung.

In einem zweiten Schritt führte Elena wöchentliche Treffen mit den Gruppenleitern ein, um die Leistung des Kundendienstes zu überprüfen und Verbesserungsvorschläge einzuholen. Elena betonte, dass die »Kultur der Bestrafung« Vergangenheit sei, und erwartete von ihren Gruppenleitern, dass sie die Telefonisten gut einarbeiteten. Fragen der Disziplin sollten vorläufig direkt an sie weitergeleitet werden.

Elena bemerkte rasch, welche Gruppenleiter sich an die neue Kultur hielten und welche weiter mit Sanktionen arbeiteten. Daraufhin führte sie Leistungstests durch und verpflichtete zwei der widerspenstigen Gruppenleiter auf einen Leistungssteigerungsplan. Einer kündigte bald darauf, der andere steigerte sich ausreichend.

Außerdem konzentrierte sich Elena auf einen besonders kritischen Bereich: die Bewertung der Kundenzufriedenheit und die Qualität des Kundendienstes. Eine Arbeitsgruppe, bestehend aus der besten Gruppenleiterin und bewährten Telefonisten, sollte Vorschläge zur Prozessoptimierung, nicht strafenden Kontrolle und Ausbildung erarbeiten. Sie engagierte zudem einen Berater, der den Abteilungsleitern Anleitung geben sollte, wie sie dieses Projekt verfolgen konnten, und kontrollierte regelmäßig den Fortschritt.

Sie führte die Gruppe in ihre Aufgaben ein und überprüfte regelmäßig den Stand der Diskussion. Als die Gruppe ihre Vorschläge vorlegte, setzte sie diese prompt in einem Pilotprojekt um, das sie in der Einheit des ausgeschiedenen Gruppenleiters installierte. Sie ernannte eine der Telefonistinnen aus der Arbeitsgruppe zur neuen Gruppenleiterin der verwaisten Einheit und vertraute ihr das Pilotprojekt an.

Bis zum Ende des ersten Jahres hatte Elena den neuen Prozess in ihrer gesamten Abteilung eingeführt. Die Qualität verbesserte sich sprunghaft, und Befragungen ergaben eine immense Steigerung der Mitarbeiterzufriedenheit und der Arbeitsmoral. Es gelang Elena, rasch eine positive Dynamik zu entwickeln und ihre persönliche Glaubwürdigkeit zu stärken.

Frühe Erfolge sind also der Schlüssel zu einem gelungenen Wechsel.[26] Am Ende Ihrer Übergangsphase sollten Ihr Chef, Ihre Kollegen und Ihre Mitarbeiter das Gefühl haben, dass etwas Neues und vor allem etwas Gutes passiert. Mit frühen Erfolgen begeistern Sie Menschen in Ihrer Umgebung, Sie setzen Energie frei und stärken Ihre Glaubwürdigkeit. Außerdem schaffen Sie mit frühen Erfolgen Werte für Ihre neue Organisation und erreichen Ihren Breakeven rascher.

Schlagen Sie Wellen (der Veränderung)

Sehen wir uns einmal an, wie Ihre Anfangsphase im neuen Job in das Gesamtbild Ihrer gesamten Amtszeit in der neuen Position passt. In einer Untersuchung unter neuen Führungskräften stellte Jack Gabarro fest, dass sie Veränderungen üblicherweise in klar erkennbaren Wellen planen und umsetzen.[27] Nach einer Phase der Eingewöhnung nehmen sie eine erste Veränderungswelle in Angriff. Dann nehmen sie ihr Tempo zurück, um ihr Wissen über die Organisation zu vertiefen und ihren Mitarbeitern Zeit zum Luftholen zu

Grafik 5.1: Wellen der Veränderung

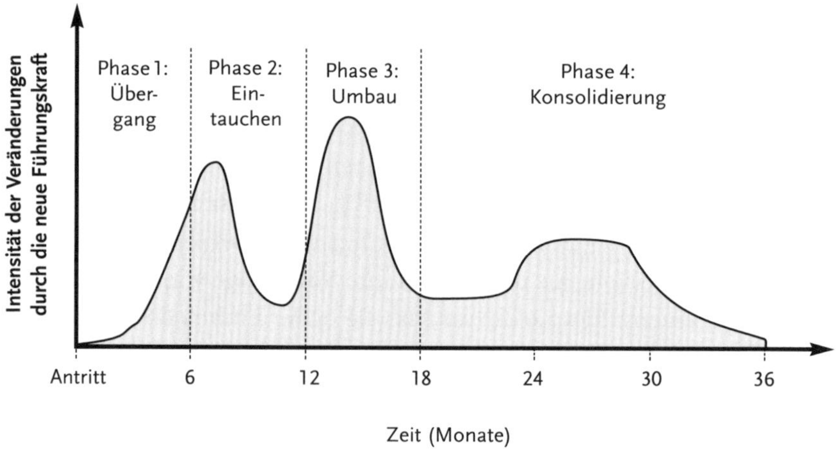

geben. Mit dem neuen Wissen im Gepäck setzen die neuen Führungskräfte eine zweite Welle tiefer gehender und struktureller Veränderungen in Gang. In einer letzten Welle werden schließlich nur noch einige Stellschrauben justiert, um die Leistung zu optimieren. Dann sind die meisten Führungskräfte auch schon wieder auf dem Sprung.

Gabarros Arbeit lässt einige bemerkenswerte Schlüsse für die Gestaltung der Übergangsphase zu. Zum einen sollten Sie bei der Planung Ihrer ersten Erfolge klare Ziele und das große Ganze im Auge haben. Die Übergangsphase dauert nur drei Monate, aber Sie werden zwischen zwei und vier Jahre in dieser Position bleiben. In dieser Ära werden Sie eine Übergangsphase durchlaufen, Veränderungen in die Wege leiten und Ihre Ziele verfolgen. Die frühen Erfolge sollten Ihnen, wenn möglich, auch schon beim Erreichen Ihrer langfristigen Ziele helfen.

Planen Sie Ihre Wellen

Wenn Sie Ihre Übergangsphase und die Zeit danach planen, ist es hilfreich, aufeinanderfolgende Wellen der Veränderung einzuplanen. Jede Welle besteht wiederum aus unterschiedlichen Phasen: Lernen, Entwerfen der Veränderungen, Suche nach Unterstützern, Umsetzung und Evaluation. Wenn Sie so denken, können Sie Zeit einplanen, um vorher zu lernen und sich vorzubereiten und nachher zu konsolidieren und sich auf die nächste Welle einzustellen. Wenn Sie ununterbrochen Dinge verändern, wird es Ihnen schwerfallen herauszufinden, was funktioniert und was nicht. Außerdem sind ununterbrochene Veränderungen für Sie und Ihre Mitarbeiter der sichere Weg zum Burn-out.

Das Ziel der ersten Veränderungswelle sind frühe Erfolge. Als neue Führungskraft entwickeln Sie erste Initiativen, um Ihre Glaubwürdigkeit zu stärken, wichtige Beziehungen aufzubauen und tief hängende Früchte zu erkennen und zu ernten. Gelingt Ihnen dies, entwickeln Sie eine positive Dynamik und vertiefen Ihr Wissen.

Die zweite Veränderungswelle sollte fundamentalere Themen der Strategie, Struktur, Systeme und Fähigkeiten angehen, um die Organisation umzubauen. Hier werden die tatsächlichen Leistungszugewinne erzielt. Doch wenn Sie nicht in der ersten Welle ein paar frühe Erfolge erreicht haben, kommen Sie erst gar nicht so weit.

Beginnen Sie mit dem Ziel

Führungskräfte in der Übergangsphase sind verständlicherweise sehr erpicht darauf, etwas zu bewegen. Sie neigen also dazu, sich auf die schnell lösbaren Probleme zu konzentrieren. Diese Taktik ist durchaus in Ordnung – aber nur bis zu einem gewissen Punkt. Oft besteht die Gefahr, wichtige, weniger leicht erreichbare Veränderungen aus den Augen zu verlieren. In diese Falle tappen Führungskräfte leicht, wenn sie sich vornehmlich auf die Sicherung solcher früher Erfolge konzentrieren, die nichts zu den langfristigen Unternehmenszielen beitragen. Das ist wie die Mehrstufenrakete, die man aber nur mit einer einzigen, sehr großen Raketenstufe bestückt. Das Risiko, dass sie wieder auf die Erde fällt, wenn der erste Antrieb verebbt, ist groß. Die Folge: Wenn Sie darüber nachdenken, wo Sie sich frühe Erfolge sichern können, sollten Sie die niedrig hängenden Früchte vielleicht links liegen lassen und nach den höher hängenden greifen.

Um Schwung zu bekommen, sollten Sie daran denken, dass Ihre frühen Erfolge zwei Voraussetzungen erfüllen müssen: Sie müssen Ihnen kurzfristig Antrieb geben und die Basis für die Erreichung langfristiger Unternehmensziele bilden. Überzeugen Sie sich also davon, dass Ihre Pläne, um sich frühe und größtmögliche Erfolge zu sichern, (1) mit den Zielen einhergehen, auf die Sie sich mit Ihren Vorgesetzten und anderen Geschäftsinteressenten geeinigt haben, und (2) zur Einführung neuer Verhaltensmuster beitragen, die wiederum zur Erreichung dieser Ziele vonnöten sind.

Konzentrieren Sie sich auf Geschäftsprioritäten

Die Ziele, auf die Sie sich mit Ihrem Vorgesetzten und anderen Interessenten geeinigt haben, sind der Bezugspunkt, auf die Sie Ihre messbaren Etappenziele ausrichten. Das können jährliche Zuwachsraten im zweistelligen Bereich sein, eine deutliche Reduzierung von Defekten und Nachbesserungen oder die Beendigung eines wichtigen Projekts an einer bestimmten Deadline. Elenas A-Priorität waren signifikante Verbesserungen der Kundenzufriedenheit. Definieren Sie Ihre Ziele unbedingt explizit, damit Sie bei Ihrer Arbeit als Führungskraft immer einen bestimmten Endpunkt im Blick haben.

Zielen Sie auf Verhaltensänderungen

Wenn die A-Prioritäten das Ziel sind, dann ist das Verhalten der Menschen in Ihrer Organisation ein wichtiger Schlüssel für die Frage, ob und wie Sie dorthin gelangen. Anders ausgedrückt: Wenn Sie Ihre A-Prioritäten bis zum Ende Ihrer Ära erreichen wollen, sollten Sie hinderliche Verhaltensweisen ändern.

Fangen Sie damit an, unerwünschte Verhaltensweisen im Unternehmen zu identifizieren. Elena Lee wollte beispielsweise das Gefühl der Angst und Machtlosigkeit in Ihrer Abteilung reduzieren. Formulieren Sie dann eine klare Vorstellung, wie sich Ihre Mitarbeiter am Ende Ihrer Ära verhalten sollen, und überlegen Sie, wie Ihre Handlungen zu einem frühen Erfolg einen Prozess der Verhaltensänderungen einleiten können. Welche gängigen Verhaltensweisen wirken einer Leistungssteigerung entgegen? Sehen Sie sich die Tabelle 5.1 an, die eine Liste der verbreitetsten problematischen Verhaltensmuster enthält, und überlegen Sie sich, was Sie ändern wollen.

Tabelle 5.1: Problematische Verhaltensmuster

Mangel an ...	Symptome
Fokus	• Die Gruppe kann ihre Prioritäten nicht eindeutig definieren oder sie hat zu viele Prioritäten. • Ressourcen sind zu knapp, was zu häufigen Krisen und Feuerwehraktionen führt. Mitarbeiter werden dafür belohnt, Brandherde zu bekämpfen, nicht für die Entwicklung dauerhafter Lösungen.
Disziplin	• Die Mitarbeiter weisen von einem Tag zum anderen große Leistungsschwankungen auf. • Sie verstehen die Konsequenzen dieser mangelnden Konstanz nicht. • Sie suchen nach Ausreden, wenn sie ihre Verpflichtungen nicht einhalten.
Innovation	• Die Gruppe verwendet internes Benchmarking, um ihre Leistungen zu messen. • Produkt- und Prozessinnovationen gehen langsam und in kleinen Schritten vonstatten. • Mitarbeiter werden dafür belohnt, dauerhaft konstante Leistung zu bringen, nicht dafür, ihre Leistung zu steigern.

Beherzigen Sie ein paar Grundprinzipien

Frühe Erfolge sind wichtig, aber genauso wichtig ist es, sie sich auf die richtige Weise zu sichern. Vor allem wollen Sie frühe Verluste vermeiden, denn bei Gegenwind erholt man sich nur langsam. Folgende Grundprinzipien sollten Sie beherzigen.

Konzentrieren Sie sich auf ein paar wenige, vielversprechende Gelegenheiten. Führungskräfte in Übergangssituationen wollen oft zu viel, und das Ergebnis kann sie die Karriere kosten. Es ist unrealistisch, darauf zu hoffen, dass Sie in Ihrer Übergangsphase Resultate auf mehr als nur einer Handvoll Gebiete zu erzielen. Deshalb ist es auch umso bedeutsamer, die vielversprechendsten Gelegenheiten zu identifizieren und sich dann unermüdlich darauf zu konzentrieren, sie zum Erfolg zu führen. Betrachten Sie das Ganze als Risikomanagement: Verfolgen Sie genug Brennpunkte, um das ein oder andere

Tor zu schießen, aber nicht so viele, dass Ihre Anstrengungen im Sande verlaufen.

Folgen Sie den Präferenzen Ihres Vorgesetzten. Auch wenn Sie im Hinblick auf die Priorisierung nicht unbedingt der Ansicht Ihres Vorgesetzten sind, sollten Sie sie bei der Überlegung, auf welche frühen Erfolge Sie abzielen, nicht aus den Augen lassen. Sich um Probleme zu kümmern, die Ihrem Vorgesetzten am Herzen liegen, trägt viel zum Aufbau von Glaubwürdigkeit bei und gibt Ihnen nicht selten auch Zugang zu wichtigen Ressourcen.

Die richtige Methode beim Sichern von Erfolgen. Wenn Sie beeindruckende Ergebnisse auf eine Weise erzielen, die von anderen als manipulativ, hinterhältig oder nicht zur Unternehmenskultur passend wahrgenommen wird, ist Ärger vorprogrammiert. Wenn Elena ihre Schlüsselerfolge durch ein Bestrafungssystem eingefahren hätte, hätte dies das übergeordnete Ziel, das sie zu erreichen versuchte, gefährdet. Ein früher Erfolg sollte auf eine Weise erreicht werden, die beispielhaft für das Verhalten ist, das Sie in dem neuen Umfeld einführen wollen. Dann handelt es sich um einen doppelten Erfolg.

Behalten Sie das STARS-Portfolio im Auge. Was einen frühen Erfolg ausmacht, unterscheidet sich beträchtlich von einer STARS-Situation zur nächsten. Bei einer Restrukturierungsmaßnahme kann es von Vorteil sein, die Menschen dazu zu bringen, über das Unternehmen zu reden, aber bei einem Turnaround wäre das pure Zeitverschwendung. Denken Sie also scharf nach, was Ihnen in jedem Teil Ihres Portfolios den meisten Schwung verleiht. Eher die ostentative Bereitschaft, zuzuhören und zu lernen? Oder schnelle, maßgebliche Entscheidungen zu drängenden Firmenproblemen?

Passen Sie sich der Kultur an. In manchen Unternehmen muss ein Erfolg mit einer sichtbaren, individuellen Leistung einhergehen. In anderen wird das Streben des Einzelnen nach Ruhm als Selbstdarstellung und Unterminierung des Teamgeists verurteilt, selbst wenn es mit guten Resultaten einhergeht. In teamorientierten Unternehmen könnte es ein früher Erfolg sein, wenn Sie ein Team bei der Entwicklung einer neuen Produktidee leiten oder als zuverlässiger Mitwirkender und Teamplayer in einer breiteren Initiative gelten. Achten Sie darauf, dass Sie durchschauen, was als Gewinn betrachtet wird und was nicht, besonders, wenn Sie neu in einem Unternehmen sind.

Sichern Sie sich frühe Erfolge

Nachdem Sie Ihre A-Prioritäten und die angestrebten Verhaltensänderungen festgelegt haben, können Sie einen detaillierten Plan entwickeln, wie Sie in den ersten 90 Tagen und darüber hinaus Ihre frühen Erfolge sichern. Sie sollten zwei Phasen einplanen: In den ersten 30 Tagen geht es vor allem darum, Ihre Glaubwürdigkeit zu stärken, und in den folgenden 60 Tagen sollten Sie entscheiden, wo Sie anpacken, um frühe Leistungssteigerungen zu erzielen. (Der tatsächliche Zeitrahmen hängt natürlich von der jeweiligen Situation ab.)

Achten Sie auf Ihren Ruf

Bei Stellenantritt wird die Belegschaft schnell anfangen, Sie und Ihre Fähigkeiten einzuschätzen. Teilweise basiert diese Bewertung auf dem, was die Menschen über Sie zu »wissen« glauben. Sie können sicher sein, dass Ihre Mitarbeiter mit anderen Leuten gesprochen haben, die sich wiederum mit Leuten unterhalten haben, die mit Ihnen in der Vergangenheit zusammengearbeitet haben. Ob es Ihnen also gefällt oder nicht, Sie beginnen Ihre neue Tätigkeit mit einem bestimmten Ruf, ob er nun verdient ist oder nicht. Das Risiko besteht natürlich darin, dass Ihr Ruf Wirklichkeit wird, denn die Menschen neigen dazu, sich auf Informationen zu konzentrieren, die ihre Überzeugungen bestätigen, und die Informationen auszublenden, die das nicht tun. Das bezeichnet man in der Kognitionspsychologie als Bestätigungsfehler oder *confirmation bias.*[28] Sie müssen also herausfinden, welche Rolle Sie in den Augen der anderen spielen sollen, und dann explizit entscheiden, ob Sie diese Erwartungen erfüllen oder widerlegen werden.

Elenas Situation – ihr sind jetzt ehemalige Kollegen unterstellt – stellt einen Sonderfall dar. Die Mitarbeiter ihres Unternehmens kannten sie, aber in einer anderen, weniger einflussreichen Position. Das Risiko für sie bestand darin, dass man von ihr erwartete, sich in ihrer neuen Rolle genauso zu verhalten wie zuvor. Ihre Aufgabe bestand also darin, die Sichtweise ihrer Mitarbeiter zu verändern. Doch als Führungskraft ehemaligen Kollegen überstellt zu sein bringt noch mehr Herausforderungen mit sich. Sie fassen wir im Kasten »Ehemalige Kollegen führen« zusammen.

Ehemalige Kollegen führen

Wer vom Kollegen zum Chef wird, sollte den klassischen Herausforderungen durch das Befolgen folgender Prinzipien begegnen.

- *Akzeptieren Sie, dass Beziehungen sich verändern.* Der Preis einer Beförderung besteht darin, dass persönliche Beziehungen zu Kollegen sich lockern. Enge, freundschaftliche Kontakte sind nur selten vereinbar mit effektiver Supervision.
- *Konzentrieren Sie sich am Anfang auf Übergangsriten.* In den ersten Tagen geht es eher um Symbole als um Inhalte. Übergangsrituale können dazu beitragen, dass Sie sich in Ihrer neuen Rolle etablieren. So könnte Ihr neuer Vorgesetzter Sie Ihrem Team vorstellen und damit den Staffelstab an Sie übergeben.
- *Binden Sie Ihre (guten) ehemaligen Kollegen an sich.* Auf jede beförderte Führungskraft kommen ein paar andere ehrgeizige Seelen, die den Job ebenfalls haben wollten, ihn aber nicht bekommen haben. Erkennen Sie, dass enttäuschte Konkurrenten ein paar Anpassungsstadien durchlaufen werden. Finden Sie heraus, wer für Sie arbeiten kann und wer nicht.
- *Gehen Sie beim Aufbau Ihrer Autorität geschickt zu Werke.* Selbstbehauptung im richtigen Maß ist ein Balanceakt. Es kann durchaus effektiv sein, am Anfang vor einer anstehenden Entscheidung grundsätzlich zum Konsens mit den ehemaligen Kollegen zu gelangen, wenn es um kritische Themen geht, bis die Mitarbeiter daran gewöhnt sind, sie selbst zu treffen. Wichtig ist nur, dass Sie keine uninformierten Entscheidungen treffen.
- *Konzentrieren Sie sich auf das, was gut fürs Geschäft ist.* Vom Augenblick Ihrer Beförderung an werden einige frühere Kollegen angestrengt versuchen herauszufinden, ob Sie Lieblinge haben oder auf ihre Kosten bestimmte politische Themen durchzusetzen versuchen. Ein Gegenmittel besteht darin, sich unermüdlich auf das zu konzentrieren, was richtig fürs Geschäft ist.

Stärken Sie Ihre Glaubwürdigkeit

In den ersten Wochen werden Sie noch keinen messbaren Einfluss auf die Leistung Ihrer Abteilung oder Ihres Unternehmens nehmen können, aber Sie können kleine Siege erringen und zu erkennen geben, dass sich die Dinge verändern werden. Ihr vorrangiges Ziel muss es zunächst sein, Ihre Glaubwürdigkeit zu stärken.

Vom ersten Moment an werden Kollegen und Mitarbeiter beginnen, Sie und Ihre Fähigkeiten einzuschätzen. Ob Sie glaubwürdig erscheinen oder nicht, wird davon abhängen, wie die Menschen in Ihrer Umgebung die folgenden Fragen beantworten:

1. Haben Sie das erforderliche Wissen und die Standfestigkeit, Entscheidungen zu treffen?
2. Vertreten Sie Werte, die sie teilen, bewundern und nachahmen wollen?
3. Haben Sie die richtige Art von Energie?
4. Verlangen Sie ein hohes Maß an Leistung von sich und anderen?

Sie werden beginnen, sich auf Grundlage von spärlichen Hinweisen eine Meinung zu diesen Fragen zu bilden. Ihre frühen Maßnahmen werden die weitere Wahrnehmung bestimmen. Wenn einmal ein bestimmtes Bild von Ihnen entstanden ist, wird es schwer, dies zu verändern. Und der Meinungsbildungsprozess geht erstaunlich schnell.

Wie also gelingt es Ihnen, Ihre persönliche Glaubwürdigkeit zu stärken? Zum Teil geht es darum, sich gut zu vermarkten. Sie wollen, dass die Menschen in Ihrer Umgebung Sie mit attraktiven Eigenschaften, Einstellungen und Werten in Verbindung bringen. Dafür gibt es kein Patentrezept. Im Allgemeinen werden neue Führungskräfte jedoch als glaubwürdiger wahrgenommen, wenn sie sich an folgende Grundregeln halten:

Seien Sie anspruchsvoll, aber lassen Sie sich zufriedenstellen. Gute Führungskräfte verpflichten ihre Mitarbeiter auf realistische Ziele und überprüfen deren Einhaltung. Wenn Sie jedoch nie zufrieden sind, demotivieren Sie Ihre Leute.

Seien Sie zugänglich, aber nicht kumpelhaft. Zugänglich zu sein bedeutet nicht, jedem jederzeit zur Verfügung zu stehen. Seien Sie offen, aber auf eine Art und Weise, mit der Sie Ihre Autorität wahren.

Seien Sie entschieden, aber nicht rechthaberisch. Neue Führungskräfte müssen klarmachen, dass sie in der Lage sind, das Ruder zu übernehmen, ohne zu schnell Entscheidungen zu treffen, die sie noch nicht überblicken können. Zu Beginn Ihrer Übergangsphase sollten Sie Entschiedenheit demonstrieren, aber mit wichtigen Entscheidungen warten, bis Sie genug wissen, um sie treffen zu können.

Seien Sie fokussiert, aber flexibel. Vermeiden Sie es, andere abzuschrecken, indem Sie sich als unflexibel erweisen und andere Lösungsvorschläge von vornherein verwerfen. Gute Führungskräfte stellen ihre Autorität her, indem sie sich auf ein Thema fokussieren, aber Vorschläge und Meinungen einholen.

Werden Sie aktiv, aber verursachen Sie keinen Aufruhr. Es ist eine Gratwanderung zwischen der Entwicklung einer starken, positiven Dynamik und der Überforderung Ihres Teams oder Ihrer Einheit. Packen Sie Dinge an, aber vermeiden Sie es, Ihre Leute zum Burn-out zu treiben.

Seien Sie bereit, unangenehme Entscheidungen zu treffen, aber bleiben Sie menschlich. Möglicherweise sind Sie gezwungen, früh unangenehme Entscheidungen zu treffen und schwache Mitarbeiter im Team auszutauschen. Gute Führungskräfte tun, was getan werden muss, doch sie bleiben fair und respektieren die Würde ihrer Mitarbeiter.

Planen Sie Ihr Engagement

Ihre ersten Entscheidungen werden unverhältnismäßig viel Einfluss darauf haben, wie man Sie wahrnimmt. Deshalb sollten Sie genau darüber nachdenken, wie Sie in den ersten Tagen, die Sie Ihre neue Position bekleiden, eine Verbindung zu Ihrem neuen Unternehmen schaffen. Welche Botschaften wollen Sie vermitteln? Wie wollen Sie sich darstellen? Wofür stehen Sie als Führungskraft? Wie können Sie diese Botschaften am besten vermitteln? Identifizieren Sie Ihre Zuhörer – direkte Mitarbeiter, andere Angestellte, die wichtigsten Geschäftspartner – und formulieren Sie ein paar Botschaften, die auf jeden zugeschnitten sind. Dabei sollten Sie keinesfalls auf Ihre Zukunftspläne eingehen; das wäre verfrüht. Konzentrieren Sie sich stattdessen darauf, wer Sie sind, auf die Werte und Ziele, die Sie repräsentieren, auf Ihren Stil und darauf, wie Sie die Geschäfte zu führen gedenken.

Denken Sie auch darüber nach, wie Sie sich engagieren können. Wie können Sie sich vorstellen? Wollen Sie mit den direkten Mitarbeitern zunächst ein Vieraugengespräch führen, oder wollen Sie sich ihnen in der Gruppe vorstellen? Sollen diese Meetings informelle Kennenlerngespräche werden oder soll es darin sofort um berufliche Themen und um Evaluation gehen? Welche anderen Kanäle, wie E-Mail oder Video, wollen Sie nutzen, um sich den Mitarbeitern zu präsentieren? Wollen Sie erste Meetings an anderen Orten vereinbaren, wo Ihr Unternehmen Zweigstellen unterhält?

Während Sie sich immer stärker mit dem Unternehmen vernetzen, sollten Sie darauf achten, permanente Störfaktoren so schnell wie möglich zu identifizieren und auszuschalten. Konzentrieren Sie sich auf belastete Außenbeziehungen und beginnen Sie, diese zu kitten. Streichen Sie überflüssige Meetings, kürzen Sie übermäßig lange oder lösen Sie räumliche Probleme. All das stärkt Ihre persönliche Glaubwürdigkeit.

Schließlich sollten Sie stets daran denken, dass auch effektives Lernen die Glaubwürdigkeit steigert. Es kann kein Fehler sein, wenn Ihr Umfeld Sie als aufrichtig bemüht erlebt, die neue Firma zu verstehen. Auf diese Weise begegnen Sie wirkungsvoll dem Verdacht, dass Sie mit vorgefasster Meinung auf Ihr Ziel losgehen und glauben, alles besser zu wissen. Ein frühzeitiger, sichtbarer Fokus aufs Lernen signalisiert dem Unternehmen, dass Sie verstehen, dass es eine einzigartige Geschichte und spezifische Dynamiken hat. Natürlich sollten Sie sich auch als Schnell-Lerner entpuppen und keine, wie einmal von einem Präsidenten behauptet wurde, Lernkurve so flach wie Kansas haben.[29] Außerdem sollten Sie stets wissen, wann es Zeit wird, nicht länger zu lernen, sondern Entscheidungen zu treffen und aktiv zu werden.

Schaffen Sie Aha-Erlebnisse

Ihre Maßnahmen in den ersten Wochen in der neuen Umgebung haben Symbolcharakter. Nehmen wir das Beispiel von Lara Moore, die eine schwache Abteilung eines großen Finanzdienstleisters übernahm. Ihre ersten Analysen hatten ihr klargemacht, dass die Abteilung unter einer bürokratischen Verkrustung litt. Ein Symbol dieser Erstarrung waren deckenhohe Aktenschränke, in denen ihr Vorgänger jede noch so belanglose Transaktion und Entscheidung archiviert hatte. Eine von Laras ersten Maßnahmen war es, diese Schränke aus dem Büro karren zu lassen, während ihre Mitarbeiter mit offenen Mündern zusahen.

Ihre frühen Aktionen verwandeln sich oft in Geschichten, die Sie zum Helden oder zum Bösewicht abstempeln. Nehmen Sie sich auch die Zeit, sich informell den Bürohilfen vorzustellen, oder kümmern Sie sich nur um Ihren Chef, Ihre Mitarbeiter und Ihre Kollegen? Eine einfache Geste kann Sie als »zugänglich« oder »abweisend« erscheinen lassen. Wie stellen Sie sich vor, wie gehen Sie mit Aushilfskräften um, wie gehen Sie kleinere Ärgernisse an? All das kann zu einer Geschichte werden, die weite Verbreitung findet.

Um eine positive »Mythologie« zu schaffen, sollten Sie Aha-Erlebnisse schaffen. Dabei handelt es sich um Aktionen, die klar zu verstehen geben, worum es Ihnen geht und welches Verhalten Sie fördern wollen – Elena Lees Umgang mit den widerspenstigen Gruppenleitern ist eine solche lehrreiche Handlung. Es bedarf keiner dramatischen Statements oder Konfrontationen. Manchmal reicht es, eine elementare Frage zu stellen, wodurch eine Gruppe mit einem Mal ein zentrales Problem versteht, vor dem sie steht.

Schaffen Sie greifbare Ergebnisse

Indem Sie Ihre persönliche Glaubwürdigkeit stärken und einige Schlüsselbeziehungen entwickeln, haben Sie einen sofortigen Erfolg. Doch Sie sollten sich bald umsehen, wo Sie mit einfachen Mitteln einige Leistungssteigerungen bewirken können. Die besten Kandidaten dafür sind Probleme, die sich rasch und mit wenig Aufwand beheben lassen und die sichtbare operative und finanzielle Vorteile bringen. Typische Beispiele sind Engpässe, die Produktivität hemmen, oder Anreizsysteme, die Leistung mindern, da sie interne Konflikte schaffen.

Die folgende Tabelle 5.2 hilft Ihnen, das Potenzial möglicher Brennpunkte für frühe Erfolge zu erkennen. Füllen Sie jeweils eine Tabelle für jeden möglichen Brennpunkt aus, wobei Sie die Fragen sorgfältig beantworten sollten. Umkreisen Sie für jede der folgenden Fragen die Antwort, die das Potenzial am besten umschreibt. Addieren Sie dann die umkreisten Zahlen und notieren Sie das Ergebnis. Das Resultat ist ein ungefährer Indikator für das Potenzial.

Das Ergebnis kann zwischen 0 und 16 liegen. Sie können es nutzen, um die Attraktivität möglicher Brennpunkte zu vergleichen. Aber besinnen Sie sich bei der Interpretation der Zahlen auf Ihren gesunden Menschenverstand. Wenn Sie bei der ersten Frage beispielsweise eine 0 eingetragen haben, spielt es keine Rolle, ob bei den anderen Fragen die Bewertung bei 4 liegt.

Tabelle 5.2: Tool zur Erfassung früher Erfolge

Möglicher früher Erfolg:					
	Überhaupt nicht	**In geringem Maße**	**Ein wenig**	**Beträchtlich**	**In hohem Maße**
Bietet der Brennpunkt eine Chance zur fundamentalen Leistungsverbesserung in Ihrer Abteilung?	0	1	2	3	4
Kann die Verbesserung in einigermaßen kurzer Zeit mit den verfügbaren Ressourcen erreicht werden?	0	1	2	3	4
Würde ein Erfolg auf lange Sicht auch zur Erreichung der vereinbarten Business-Ziele beitragen?	0	1	2	3	4
Wird der Prozess, den Sie für diesen Erfolg anstoßen, zur notwendigen Verhaltensänderung im Unternehmen beitragen?	0	1	2	3	4
Ergebnis (Summe der oben eingekreisten Zahlen):					

Machen Sie einige wenige Schlüsselbereiche aus, wo Sie rasch Verbesserungen erreichen wollen. Nehmen Sie sich nicht mehr vor: Wenn Sie zu viele Projekte anfangen, laufen Sie Gefahr, sich zu verzetteln. Aber setzen Sie auch nicht alles auf eine Karte. Betreiben Sie Risikomanagement: Stellen Sie sich ein Portfolio von Initiativen zusammen, sodass ein großer Erfolg in einem Fall mögliche Misserfolge in anderen ausgleichen kann. Konzentrieren Sie sich dann darauf, Resultate zu erzielen.

Zur Unterstützung Ihres frühen Erfolgs sollte Ihr Lernprogramm ausdrücklich die Suche nach vielversprechenden Verbesserungsmöglichkeiten beinhalten. Um Ihre Ziele in spezifische Initiativen für frühe Erfolge umzuwandeln, orientieren Sie sich an den folgenden Hinweisen:

Behalten Sie Ihre langfristigen Ziele im Auge. Die Initiativen für einen frühen Erfolg sollten so weit wie möglich Ihre A-Prioritäten und langfristige Verhaltensänderungen voranbringen.

Identifizieren Sie vielversprechende Brennpunkte. Ein Brennpunkt ist ein Bereich oder Prozess, dessen Verbesserung die operative oder finanzielle Leistung der gesamten Organisation dramatisch steigern kann. Für Elena Lee war der Kundenserviceprozess ein solcher Brennpunkt. Ein anderes Beispiel könnte der Kommunikationsprozess einer Investmentfirma mit der Wertpapier- und Börsenaufsicht sein oder die Weitergabe neuer Medikamente von der Forschungs- zur Marketingabteilung eines Pharmaziekonzerns. Wenn Sie sich auf einige wenige Brennpunkte konzentrieren, benötigen Sie weniger Zeit und Energie, um greifbare Ergebnisse zu bewirken. Wenn Sie die Leistung dieser Bereiche schon zu Beginn steigern, haben Sie nachher mehr Spielraum für weiter reichende Veränderungen.

Starten Sie Pilotprojekte. Entwickeln Sie vielversprechende Pilotinitiativen, mit denen Sie die ausgesuchten Brennpunkte sofort angehen können. Mit erfolgreichen Projekten beginnen Sie zugleich mit der Umsetzung Ihres Gesamtplans, mobilisieren Menschen und schaffen greifbare Verbesserungen. Auch Elena Lee benutzte gleich zu Beginn ein Pilotprojekt, um den Kundenservice zu verbessern.

Fördern Sie fähige Mitarbeiter. Identifizieren Sie die Menschen auf allen Ebenen Ihrer neuen Organisation, die das Wissen und den Willen mitbringen, Ihre Agenda voranzubringen. Befördern Sie sie nach dem Beispiel von Elena Lee auf verantwortungsvollere Positionen. Geben Sie dann allen anderen ein Signal, indem Sie diese Mitarbeiter im Erfolgsfall großzügig belohnen.

Starten Sie Pilotprojekte zur Einführung neuer Verhaltensweisen. Ihre frühen Pilotprojekte sollten ein Modell dafür sein, wie Ihre Abteilung oder Ihr Unternehmen in Zukunft funktionieren soll.

Nutzen Sie die folgende Projektplanungs-Schablone in Tabelle 5.3, um Projekte mit maximaler Durchschlagskraft zu planen. FOGLAMP, was so viel heißt wie Nebelleuchte, ist ein Akronym für die englischen Begriffe *focus* (Fokus), *oversight* (Aufsicht), *goals* (Ziele), *leadership* (Führung), *abilities* (Fähigkeiten), *means* (Mittel) und *process* (Prozess). Dieses Tool hilft Ihnen, den Nebel zu durchdringen und Ihre wichtigen Projekte zu planen. Füllen Sie diese Tabelle für jedes Projekt, mit dem Sie sich frühe Erfolge sichern wollen, aus.

Dirigieren Sie die Veränderungen

Wenn Sie herauszufinden versuchen, wo Sie Ihre frühen Erfolge einfahren können, sollten Sie auch darüber nachdenken, wie Sie Veränderungen in Ihrem Unternehmen bewirken können. Denken Sie daran, dass es keinen Königsweg zum Wandel gibt; die besten Ansätze sind nun einmal situationsabhängig. Methoden, die bei Turnarounds gut funktionieren, wo die Zeit ohnehin drängt, können bei Restrukturierungsmaßnahmen kläglich scheitern, da die Belegschaft in einem solchen Fall gern die Notwendigkeit des Wandels verleugnet. Bleiben Sie also für die Möglichkeit offen, dass Sie Veränderungen in unterschiedlichen Teilen Ihres STARS-Repertoires auch unterschiedlich dirigieren.

Geplante Veränderung oder kollektives Lernen

Nachdem Sie die wichtigsten Probleme erkannt haben, sollten Sie sich entscheiden, ob Sie Veränderungen planen und implementieren oder ob Sie einen kollektiven Lernprozess einleiten wollen.[30]

Die Planung und Implementierung von Veränderungen funktioniert gut, wenn Sie sicher sein können, dass die folgenden Voraussetzungen gegeben sind:

- **Bewusstsein:** Eine entscheidende Zahl der Mitarbeiter ist sich der Notwendigkeit der Veränderungen bewusst.
- **Analyse:** Sie wissen, was zu verändern ist und warum.
- **Vision:** Sie haben eine überzeugende Vision und eine solide Strategie.
- **Plan:** Sie haben die Erfahrung, um einen detaillierten Plan aufzustellen.
- **Unterstützung:** Sie haben eine ausreichend starke Koalition, die Sie bei der Umsetzung unterstützt.

Dieser Ansatz funktioniert am besten im Falle eines Turnarounds, wenn Ihre Mitarbeiter also wissen, dass es ein Problem gibt, die Lösungen eher technischer als kultureller oder politischer Natur sind und die Menschen nach einer Lösung hungern.

Wenn diese fünf Punkte nicht zutreffen, können Sie mit dieser Methode leicht auf Widerstand stoßen. In einer Restrukturierung wollen Ihre Mitarbeiter beispielsweise nicht wahrhaben, dass sich etwas verändern muss, und

Tabelle 5.3: FOGLAMP-Projektliste

Projekt:	
Frage	**Antwort**
Fokus: Worauf wollen Sie sich bei diesem Projekt konzentrieren? Welches Ziel oder welchen frühen Erfolg wollen Sie beispielsweise erreichen?	
Aufsicht: Wie wollen Sie dieses Projekt beaufsichtigen? Wer sollte Sie dabei unterstützen, damit die Implementierung der Ergebnisse erfolgreich verläuft?	
Ziele: Wie sehen die Ziele und die Etappenziele aus? In welchem Zeitrahmen wollen Sie sie erreichen?	
Führung: Wer wird das Projekt leiten? Welche Ausbildung brauchen die Betreffenden, um Erfolg zu haben?	
Fähigkeiten: Welche Fähigkeiten sind erforderlich? Wie soll das Ganze präsentiert werden? Wer muss aufgrund seiner Fähigkeiten dort eingesetzt werden? Wer muss beteiligt sein, weil er den Hauptkundenkreis repräsentiert?	
Mittel: Welche zusätzlichen Ressourcen, wie z. B. Geldmittel, braucht das Team, um Erfolg zu haben?	
Prozess: Gibt es Change Models oder strukturierte Prozesse, die Ihr Team Ihrer Ansicht nach nutzen sollte? Wenn ja, wie können Sie ihnen den jeweiligen Ansatz nahebringen?	

werden Ihre Pläne frostig aufnehmen. Sie müssen daher vermutlich erst ein Bewusstsein für die Notwendigkeit von Veränderungen schaffen, die Analyse des Problems schärfen, eine überzeugende Vision und Strategie entwerfen, einen soliden, abteilungsübergreifenden Umsetzungsplan vorlegen oder eine starke Koalition für den Wandel aufbauen.

Um diese Ziele zu erreichen, sollten Sie einen kollektiven Lernprozess in Gang setzen, anstatt die Veränderungen zu planen und zu implementieren.

Wenn die Menschen in Ihrer Organisation die Augen vor den Problemen verschließen, dann sollten Sie einen Prozess installieren, in dem sie gezwungen sind, ihre Scheuklappen abzunehmen. Statt eines Frontalangriffs sollten Sie lieber eine Guerillastrategie anwenden, die Verteidigung mit Nadelstichen schwächen und ein Bewusstsein für die notwendigen Veränderungen schaffen.

Eine Möglichkeit ist, wichtigen Mitarbeitern neue unternehmerische Möglichkeiten und Methoden zu demonstrieren und ihnen etwa neue Daten über die Kundenzufriedenheit oder die Angebote der Konkurrenz vorzulegen. Oder Sie können Ihre Mitarbeiter eine Analyse der besten Konkurrenten vornehmen lassen. Oder Sie können Menschen dazu bringen, sich auf neue Arbeitsweisen einzulassen, indem Sie beispielsweise außerhalb der üblichen Meetings zu Brainstorming-Runden über Ziele oder Prozessoptimierungen einladen.

Ihre Aufgabe besteht darin herauszufinden, welcher Teil des Veränderungsprozesses durch Planung und Implementierung umgesetzt werden kann und welcher besser über einen kollektiven Lernprozess erreicht wird. Überlegen Sie, welche Veränderungen Sie vornehmen wollen. Verwenden Sie dann das Diagnosediagramm in Grafik 5.2, um festzustellen, wo ein kollektiver Lernprozess eine Erfolgsvoraussetzung sein könnte.

Beginnen Sie mit der Verhaltensänderung

Wenn Sie Ihre ersten Erfolge planen, denken Sie daran, dass die Mittel genauso wichtig sind wie der Zweck, zu dem Sie sie einsetzen. Die Initiativen, mit denen Sie Ihre frühen Erfolge erzielen wollen, sollten zugleich neue Verhaltensmaßstäbe setzen. Elena Lee gelang dies, als sie ihr Projektteam sorgfältig zusammenstellte und coachte und dann dessen Empfehlungen zügig umsetzte.

Wenn Sie Ihre Organisation verändern wollen, bedeutet dies mit großer Wahrscheinlichkeit, ihre Kultur zu verändern. Das ist kein einfaches Unterfangen. Ihre Organisation hat möglicherweise tief verwurzelte Gewohnheiten, die Sie erst durchbrechen müssen. Es ist schon schwer, die schlechten Angewohnheiten einer einzigen Person zu ändern – wie viel schwerer ist es erst, wenn sich die Menschen in einer Gruppe in ihren schlechten Angewohnheiten auch noch gegenseitig bestärken!

Es ist jedoch keine Lösung, die bestehende Kultur einfach zu zerschlagen und wieder bei null beginnen zu wollen. Menschen und Organisationen sind

Grafik 5.2: Analysemodell zur Anleitung der Veränderungen

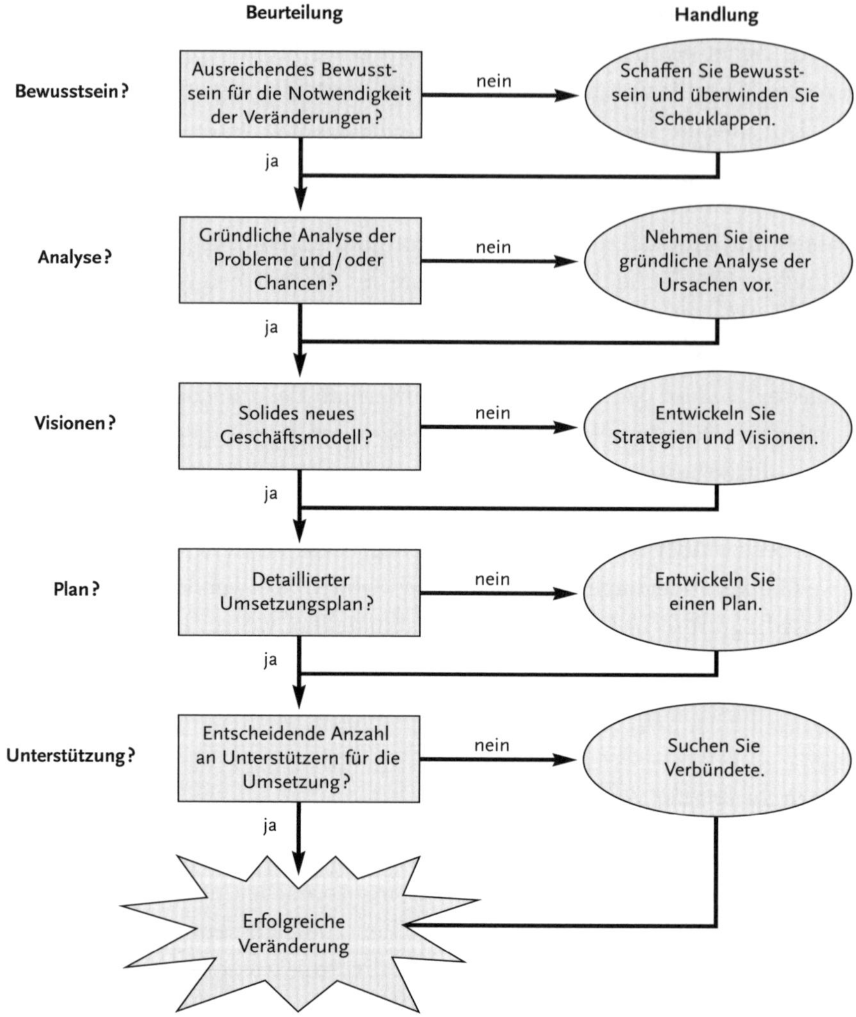

nur in begrenztem Maße veränderungsfähig. Außerdem haben Unternehmenskulturen nicht nur Schwächen, sondern immer auch Stärken; sie vermitteln Sicherheit und oft auch Stolz. Wenn Sie kein gutes Haar an der Kultur der Organisation lassen, nehmen Sie Ihren Mitarbeitern eine wichtige Quelle der Stabilität in Zeiten des Wandels. Sie berauben sich außerdem einer möglichen Energiequelle, die Sie anzapfen könnten, um Leistungssteigerungen zu erreichen.

Daher ist es von entscheidender Bedeutung, sowohl die guten als auch die schlechten Elemente der bereits vorhandenen Kultur zu identifizieren. Heben

Sie die positiven Aspekte hervor und loben Sie sie, während Sie die schlechten zu verändern versuchen. Diese funktionalen Aspekte der alten, vertrauten Firmenkultur sind wie eine Brücke, die die Menschen von der Vergangenheit in die Zukunft trägt.

Passen Sie Ihre Strategie an die Situation an

Die Mittel, die Sie wählen, um Veränderungen zu bewirken, sollten der Struktur, den Prozessen und den Fähigkeiten Ihrer Gruppe angemessen sein. Vor allem aber müssen sie zur Situation passen. Überlegen Sie, was der Unterschied eines Veränderungsprozesses in einem Turnaround und in einer Restrukturierung ist. In einem Turnaround arbeiten Sie unter Druck und sollen rasch das Kerngeschäft identifizieren und sichern. Oft ist es sinnvoll, neue Leute von außen hereinzuholen und Projektteams zu bilden, die Initiativen zur Leistungssteigerung entwickeln. Im Falle einer Restrukturierung sind Sie besser beraten, die Verhaltensänderungen subtiler einzufädeln. Indem Sie die Leistungsmessung ändern oder Benchmarking einführen, können Sie einen kollektiven Lernprozess einleiten.

Vermeiden Sie vorhersehbare Überraschungen

Ihre ganzen Bemühungen, einen frühen Erfolg zu erzielen, können zunichte gemacht werden, wenn Sie es versäumen, tickende Zeitbomben ausfindig zu machen und zu entschärfen. Wenn sie explodieren, werden Sie gezwungen sein, dauerhaft den Feuerwehrmann zu spielen – und können die Hoffnung begraben, sich systematisch einzuarbeiten und eine positive Dynamik zu entwickeln.

Mancher Blitz kommt allerdings tatsächlich aus heiterem Himmel. Wenn das passiert, müssen Sie eben den Helm aufsetzen und den Brand so gut wie möglich löschen. Doch die meisten neuen Führungskräfte werden von »vorhersehbaren Überraschungen« aus der Bahn geworfen. Dabei handelt es sich um Situationen, in denen Manager eigentlich sämtliche Informationen zur Verfügung haben, um ein Problem zu erkennen und zu beheben, es aber trotzdem nicht tun.[31]

Das passiert, wenn die neue Führungskraft nicht an den richtigen Stellen nachsieht oder die falschen Fragen stellt. Wie in Kapitel 1 ausgeführt, haben wir alle unsere Lieblingsprobleme und solche, die wir lieber ignorieren. Wenn Sie zum Beispiel aus einer Marketingabteilung kommen und einen Produktstart leiten sollen, dann werden Sie sich vermutlich lieber mit Marketingfragen beschäftigen als mit der Auslieferung. Doch Sie sollten sich unbedingt dazu zwingen, sich auch mit den Themen zu befassen, die Ihnen weniger liegen, oder Sie sollten verlässliche Leute mit der nötigen Fachkompetenz finden, die das für Sie übernehmen.

Vorhersehbare Überraschungen können aber auch eintreten, weil oft verschiedene Teile der Organisation verschiedene Teile des Puzzles haben, sie aber niemand zusammenfügt. Denn jede Organisation hat ihre eigenen Informations-Silos. Und wenn Sie keine Prozesse einführen, um sicherzustellen, dass die wichtigen Informationen zusammengeführt werden, dann riskieren Sie eine vorhersehbare Überraschung.

Überprüfen Sie anhand der folgenden Fragen, in welchen Bereichen mögliche Probleme lauern könnten.

Umfeld: Könnten Trends in der öffentlichen Meinung, Regierungsinitiativen oder wirtschaftliche Bedingungen größere Probleme in Ihrem Unternehmen oder Ihrer Abteilung auslösen? Einige Beispiele: Ein neues Gesetz könnte Mitbewerbern einen Vorteil verschaffen oder Auswirkungen auf Preise und Kosten haben. Ein Wandel der öffentlichen Meinung zum Thema Gesundheit oder Sicherheit könnte die Benutzung Ihres Produkts betreffen. Eine Wirtschaftskrise in einem Entwicklungsland könnte Auswirkungen auf Ihre Produktion haben.

Kunden, Märkte, Konkurrenten und Strategie: Welche Entwicklungen in der Wettbewerbssituation könnten Ihr Unternehmen vor neue Herausforderungen stellen? Einige Beispiele: Eine Studie könnte behaupten, Ihr Produkt sei dem der Mitbewerber unterlegen. Ein neuer Konkurrent könnte ein billigeres Produkt anbieten. Ein Preiskrieg könnte ausbrechen.

Interne Kapazitäten: Hat Ihre Einheit potenzielle Probleme mit Prozessen, Fachwissen und Kapazitäten, die zu einer Krise führen könnten? Einige Beispiele: Wichtige Personen könnten kündigen. Eine wichtige Anlage könnte Qualitätsprobleme haben. Eine Rückrufaktion könnte nötig werden.

Organisationspolitik: Laufen Sie Gefahr, unwissentlich in ein politisches Minenfeld zu geraten? Einige Beispiele: Einige der Mitarbeiter in Ihrer Einheit sind »unberührbar«, aber Sie wissen nichts davon. Sie erkennen nicht, dass ein wichtiger Kollege gegen Sie arbeitet.

Wenn Sie sich Ihre frühen Erfolge sichern wollen, sollten Sie Ihr übergeordnetes Ziel nicht aus den Augen verlieren. Sie wollen eine positive Dynamik in Gang setzen, die erwünschtes Verhalten verstärkt und dazu beiträgt, dass Sie die vereinbarten Ziele für das Unternehmen erreichen. Denken Sie daran, dass Sie bescheidene, aber bedeutsame Verbesserungen anstreben, sodass Sie langfristig fundamentalere Veränderungen bewirken können.

Checkliste für Ihren frühen Erfolg

1. Vor dem Hintergrund der wirtschaftlichen Ziele, auf die Sie sich verständigt haben, sollten Sie sich fragen, was Sie in Ihrer Übergangsphase tun müssen, um den zur Erreichung notwendigen Schwung zu bekommen.
2. Welche Verhaltensänderungen müssen Sie bei den Mitarbeitern bewirken, um diese Ziele zu erreichen? Beschreiben Sie die Verhaltensweisen, die Sie ermutigen müssen, und diejenigen, die Sie in Zukunft vermeiden wollen, so lebhaft wie möglich.
3. Wie wollen Sie eine Verbindung zu Ihrem neuen Unternehmen schaffen? Wer sind Ihre wichtigsten Zuhörer, welche Botschaften möchten Sie ihnen vermitteln? Auf welche Weise wollen Sie sich engagieren?
4. Was sind die vielversprechendsten Brennpunkte, um sich frühe Leistungserfolge zu sichern und den Prozess der Verhaltensänderung in Gang zu bringen?
5. Welche Projekte wollen Sie launchen, und wer soll sie leiten?
6. Welche vorhersagbaren Überraschungen könnten Sie vom Weg abbringen?

Kapitel 6
Koordinieren Sie Ihr Umfeld

Hannah Jaffey, eine ehemalige Personalberaterin, übernahm die Position des Vice President in der Personalabteilung eines großen Finanzdienstleisters. Im Unternehmen waren die internen Konflikte derart ausgeufert, dass einige der Topmanager kaum noch miteinander sprachen. Hannahs Aufgabe bestand darin, den Präsidenten bei personellen Veränderungen zu unterstützen und die Situation wieder zum Besseren zu wenden.

Hannah stellte bald fest, dass auch die Struktur und das Anreizsystem des Unternehmens einer gründlichen Überholung bedurften. Der Finanzdienstleister war in den Vorjahren kräftig gewachsen, und die Führung hatte neue Produkte in getrennten Abteilungen angesiedelt. Nach einigen Verschiebungen im Markt gab es für verschiedene Produkte plötzlich gemeinsame Zielgruppen und Kunden, doch die Abteilungen hatten keinerlei Anreiz, miteinander zu kooperieren. Im Gegenteil, es entbrannte ein heftiger interner Konkurrenzkampf um Kunden, der allerdings mit der Unfähigkeit einherging, ganzheitliche Lösungen anzubieten. Das Chaos hatte die Finanzsituation bereits stark beeinträchtigt, das Umsatzwachstum stagnierte, und der Präsident sah sich der Kritik des Vorstands und der Investoren ausgesetzt.

Hannah war überzeugt, dass das Unternehmen eine gründliche Umstrukturierung nötig hatte, und legte dem Firmenpräsidenten ihre Ansichten dar. Der blieb jedoch bei seiner Auffassung, die Leute seien das Problem. Die Organisationsstruktur habe in der Vergangenheit gute Dienste geleistet, erklärt er Hannah, und wenn die richtigen Leute auf den richtigen Posten säßen, dann würde sie auch weiter funktionieren.

Tatsächlich gab es einige beträchtliche Schwachstellen im Leitungsstab. Aber Hannah wusste, dass sie sich nicht mit den Mitarbeiterproblemen befassen konnte, bevor die strukturellen Probleme nicht gelöst waren.

Doch Hannah blieb hartnäckig. Sie führte eine detaillierte Analyse durch und wies ihn auf Umstände hin, bei denen unglückliche Leistungsanreize unnötige Konflikte ausgelöst hatten. Sie machte ihn auf Situationen aufmerksam, in denen schlecht koordinierte Leistungsanreize für unnötige Reibungen sorgten. Sie sammelte Daten darüber, wie sich andere Unternehmen aufgestellt hatten, um mit denselben Aufgaben umzugehen. Es dauerte eine Weile, doch schließlich hatte Hannah ihren Vorgesetzten überzeugt, dass das Unternehmen nicht nur personelle, sondern auch strukturelle Veränderungen nötig hatte.

In den kommenden Monaten verlagerte der Finanzdienstleister den Fokus der Marketing- und Verkaufsabteilungen von den Produkten auf die Kunden und legte operative Abteilungen zusammen, um alle Produkte gleichermaßen zu betreuen. Außerdem tauschte der Präsident den Leiter der Verkaufsabteilung aus. Die Restrukturierung war ein voller Erfolg: Nach nur einem Jahr funktionierte der Finanzdienstleister wieder reibungslos, die Kunden waren wieder zufrieden, und der Umsatz stieg konstant. Und nun war es umso offensichtlicher, von welchen Mitarbeitern man sich trennen musste.

Je weiter Sie in einem Unternehmen aufsteigen, umso mehr gehört es zu Ihren Aufgaben, die Rolle eines *Organisationsarchitekten* zu übernehmen. Ihnen obliegt die Koordination der Schlüsselelemente des Organisationssystems: die Strategie, die Struktur, Systeme und die Fähigkeiten, die die Grundlage für herausragende Leistungen bilden.

Egal, wie charismatisch Sie sind, wenn zentrale Prozesse in Ihrer Einheit nicht angemessen organisiert sind, werden Sie nur wenig erreichen. Wie Sisyphus werden Sie jeden Tag denselben Felsbrocken den Berg hinaufwuchten.

Wenn Strategie, Struktur, Systeme und Fähigkeiten des Unternehmens zum Geltungsbereich Ihrer neuen Position gehören, sollten Sie damit beginnen, die Organisationsarchitektur daraufhin zu analysieren, inwieweit diese Schlüsselelemente aufeinander abgestimmt sind. In den ersten Monaten werden Sie kaum mehr erreichen als eine fundierte Analyse und einige erste Gespräche. Trotzdem sollten die Analyse der Unternehmensarchitektur und eine Auswahl verbesserungswürdiger Bereiche schon zu Ihrem 90-Tage-Plan gehören. Es ist wichtig, das in den Griff zu bekommen, was getan werden muss, damit Sie sich auf frühe Erfolge konzentrieren und die Grundlage für eine folgende, tiefere Welle der Veränderung schaffen können.

Auch wenn Sie, wie Hannah Jaffey, nicht über die Autorität und die Kompetenzen verfügen, den Umbau Ihres neuen Unternehmens eigenhändig vorzunehmen, sollten Sie sich fragen, wie Sie die Unternehmensstruktur koordinieren können. Prüfen Sie, inwieweit Ihr Teil des Puzzles in das große Gesamtgefüge hineinpasst oder eben nicht.

Möglicherweise behindern in Ihrer neuen Position gravierende organisatorische Probleme die Performance, und Sie stehen vor der Aufgabe, einflussreiche Personen wie etwa Ihren Chef oder Kollegen davon zu überzeugen, dass Veränderungen notwendig sind. Ein gründliches Verständnis der Funktionsweise einer Organisation kann Ihnen außerdem dabei helfen, Ihre Glaubwürdigkeit bei Vorgesetzten zu stärken und Ihr Potenzial für höhere Führungsaufgaben zu unterstreichen.

Vermeiden Sie typische Fehler

Viele Manager versuchen, komplexe Abstimmungsprobleme mit einfachen Lösungen zu kitten. Vermeiden Sie folgende Fehler, die leider nur allzu häufig gemacht werden:

Es wird um der Veränderung willen verändert. Hüten Sie sich vor der Versuchung, Mauern einzureißen, ehe Sie wissen, warum sie aufgestellt wurden. Neue Führungskräfte setzen sich häufig unter Druck, dem Unternehmen ihren Stempel aufdrücken zu müssen, und nehmen Veränderungen an der Strategie oder der Struktur vor, ehe sie das Geschäft verstehen. Auch hier ist der in Kapitel 2 beschriebene Handlungszwang der sichere Weg ins Chaos.

Man passt sich der STARS-Situation nicht an. Es gibt keinen Königsweg, um Veränderungen zu dirigieren. Die richtige Methode, um eine unternehmerische Koordination bei einem Turnaround zu steuern (mit Konzentration auf schnelle und häufig auch radikale Veränderungen), unterscheidet sich in hohem Maße von der richtigen Vorgehensweise, wenn das Wachstum beschleunigt werden oder eine Restrukturierungsmaßnahme eingeleitet werden soll (denn dann sind eher subtile, schrittweise Veränderungen sinnvoll). Es ist also unabdingbar, keinen Einheitsansatz zu fahren, sondern sich über die richtigen Methoden klar zu werden, die in den verschiedenen STARS-Situationen notwendig sind.

Grundlegende Probleme sollen durch einen strukturellen Umbau gelöst werden. In einer schwierigen Situation die Struktur des Unternehmens oder der Abteilung umzubauen ist so, als würde man auf dem Sonnendeck der Titanic die Liegestühle richten. Widerstehen Sie dieser Versuchung, solange Sie nicht wissen, ob Sie mit einer Umstrukturierung auch wirklich die Probleme an der Wurzel packen. Sonst laufen Sie nur Gefahr, neue Koordinationsprobleme zu erzeugen, und müssen zurückrudern. Auf diese Weise bringen Sie Ihr Unternehmen aus dem Tritt, mindern seine Produktivität und beschädigen Ihre eigene Glaubwürdigkeit.

Es werden überkomplizierte Strukturen geschaffen. Dies ist eine sehr ähnliche Falle. Es ist vielleicht tatsächlich sinnvoll, wie in Hannahs Fall, eine Matrix-Struktur zu implementieren. Derlei Maßnahmen können im Bestfall ein gemeinschaftliches Verantwortungsgefühl fördern und dazu beitragen, dass Sie kreative Spannungen abbauen. Aber achten Sie auf das richtige Gleichgewicht und darauf, Entscheidungen nicht unnötig zu verkomplizieren oder ein starres, komplexes System zu etablieren, das jegliche Flexibilität im Keim erstickt. Bemühen Sie sich, wenn möglich, um die Schaffung klarer Verantwortungsbereiche. Vereinfachen Sie die Strukturen weitestgehend, ohne Ihre Kernziele aufzugeben.

Die Wandlungsfähigkeit des Unternehmens oder der Abteilung wird überschätzt. Wie leicht entwickelt man eine Vision von einer ehrgeizigen neuen strategischen Richtung oder einer veränderten Struktur. In der Praxis fällt es den Beteiligten jedoch oft schwer, sich an weitreichende Veränderungen anzupassen, besonders wenn vor Kurzem schon mehrere Veränderungen dieser Art anstanden. Handeln Sie schnell, wenn Sie müssen – beispielsweise in einem Turnaround. Aber wenn die STARS-Situation es erlaubt, ist es ratsam, sich nur langsam und schrittweise voranzubewegen, beispielsweise bei Maßnahmen zur Restrukturierung oder zur Stabilisierung des Erfolgs.

Entwerfen Sie die Organisationsarchitektur

Fangen Sie an, sich als Architekt Ihres Unternehmens oder Ihrer Abteilung zu begreifen. Vielleicht sind Sie mit dieser Rolle schon vertraut, wahrscheinlich aber nicht. Denn nur wenige Führungskräfte werden systematisch im Organisationsaufbau ausgebildet. Da Manager zu Beginn ihrer Laufbahn keinen Einfluss auf die Organisation eines Unternehmens haben, lernen sie wenig darüber. In den mittleren Führungsebenen beklagen sich die Manager gern über die offensichtlichen Abstimmungsprobleme und darüber, dass die »Idioten da oben« nicht in der Lage sind, sie zu beheben. Wenn sie dann irgendwann die mittlere Führungsebene erreichen, sind sie auf dem besten Weg, selbst zu den »Idioten« zu gehören. Daher sind Sie gut beraten zu lernen, wie man ein Unternehmen analysiert und strukturiert.[32]

Um Ihr Unternehmen (neu) zu strukturieren, sollten Sie es zunächst einmal als offenes System auffassen. Für ein Gesamtunternehmen illustriert dies Grafik 6.1; vielleicht müssen Sie sich dabei auf nur ein Teilelement konzentrieren. »Offen« sind derlei Systeme jenen Faktoren gegenüber, die sie beeinflussen und von denen sie beeinflusst werden. Dabei handelt es sich um (1) Schlüsselfiguren in der Umgebung des Unternehmens, wie Kunden, Händler, Zulieferer, Konkurrenten, die Regierung, Nichtregierungsorganisationen, Investoren und die Medien und (2) um das innere Umfeld: Betriebsklima, Moral und Kultur. Die architektonischen Entscheidungen einer Führungskraft müssen das Unternehmen so positionieren, dass es auf die Realität des äußeren und inneren Umfelds reagieren und es entsprechend formen kann.

Grafik 6.1: Elemente der Unternehmensarchitektur

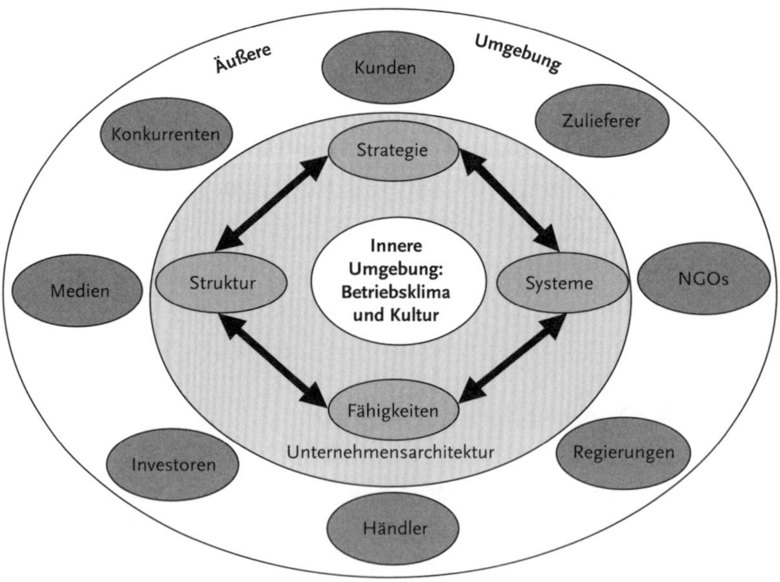

Der Begriff »System« betont die Tatsache, dass die Unternehmensarchitektur aus bestimmten, miteinander verwobenen Elementen besteht: Strategie, Struktur, Systeme und Fähigkeiten. Sie können also durchaus an einzelnen Elementen arbeiten – beispielsweise sich auf die Veränderung der Strategie, den Wandel der Struktur, die Optimierung eines Prozesses oder die Einstellung von Arbeitskräften mit anderen Kompetenzen konzentrieren –, aber niemals, ohne auch die Folgen zu überdenken, die diese Arbeit auf die jeweilig anderen Elemente haben kann. Insbesondere alle vier Elemente der Unternehmensarchitektur müssen aufeinander abgestimmt werden.

- **Strategie:** die Mission, Vision und Strategie des Unternehmens.
- **Struktur:** die Zuordnung von Menschen auf Abteilungen und die Koordination, Messung und Anreize ihrer Tätigkeiten.
- **Systeme:** die Systeme, die durch die Verarbeitung von Information und Material einen Mehrwert schaffen.
- **Fähigkeiten:** die Fähigkeiten oder das Know-how der verschiedenen Personengruppen innerhalb des Unternehmens.

Natürlich benötigt jedes Unternehmen eine klare Strategie, um effektiv handelnzukönnen. Doch die beste Strategie ist wirkungslos, wenn auch nur einer der anderen vier Bereiche nicht darauf abgestimmt ist. Die Strategie lenkt die anderen Elemente, doch sie wird umgekehrt auch von ihnen beeinflusst. Wenn Sie beispielsweise die Strategie Ihrer Abteilung oder Ihres Unternehmens ändern wollen, dann müssen Sie vermutlich auch die Struktur, die Systeme und die Fähigkeiten ändern, um den neuen Plan umzusetzen. Grafik 6.1 verdeutlicht, wie eine Neuausrichtung der Strategie Hand in Hand mit einem Umbau der übrigen Elemente geht.

Erkennen Sie Abstimmungsschwierigkeiten

In einem Unternehmen kann es auf verschiedenste Art und Weise zu Fehlkoordinationen kommen. In den ersten 90 Tagen sollten Sie potenzielle Abstimmungsschwierigkeiten identifizieren und einen Plan entwickeln, wie Sie diese Probleme beheben können. Zu den verbreiteten Koordinationsproblemen gehören folgende:

Koordinationsprobleme zwischen Strategie und Fähigkeiten. Nehmen wir an, Sie leiten eine Forschungs- und Entwicklungsabteilung und wollen die Anzahl neuer Produktideen Ihres Teams steigern. Doch Ihre Abteilung ist nicht auf dem neuesten technologischen Stand, der es ihr erlauben würde, Experimente effizienter durchzuführen. In diesem Fall unterstützen die Fähigkeiten der Gruppe nicht die Mission als Bestandteil der Strategie.

Koordinationsprobleme zwischen Strategie und Systemen. Nehmen wir an, Sie leiten eine Marketingabteilung, deren strategisches Ziel darin besteht, ein neues Kundensegment zu erschließen. Wenn Ihr Team nicht in der Lage ist, Informationen über jene Kundengruppen zusammenzustellen und zu analysieren, können die Systeme die strategische Ausrichtung nicht unterstützen. Es gibt also eine Diskrepanz zwischen Strategie und Systemen.

Koordinationsprobleme zwischen Struktur und Systemen. Nehmen wir an, Sie leiten eine Entwicklungsabteilung, die nach Produktlinien organisiert ist. Dadurch soll spezialisiertes, technisches Know-how für die jeweiligen Produkte gebündelt werden. Doch diese Struktur hat einen Nachteil: Die Abteilung verfügt nicht über Kommunikationswege, über die sich die einzelnen Teams über optimale Methoden austauschen können. Die Abstimmungsschwierigkeiten zwischen Struktur und Systemen verhindern eine optimale Performance der gesamten Gruppe.

Koordinationsprobleme zwischen Struktur und Fähigkeiten. Nehmen wir an, ein Unternehmen hat seine ehemals funktionale Struktur zugunsten einer Matrix-Struktur aufgegeben, um produktorientierte und funktionale Entscheidungen miteinander in Einklang zu bringen. Die Belegschaft ist an eine autoritäre, fachlich orientierte Unternehmensstruktur gewöhnt, muss ihre Aufgaben aber nun durch Einflussnahme und Konfliktmanagement bewältigen. Der Strukturwandel hat zu Abstimmungsschwierigkeiten geführt, da die notwendigen sozialen Kompetenzen erst noch entwickelt werden müssen.

Die ersten Schritte als Unternehmensarchitekt

Um Ihr Unternehmen neu zu koordinieren, sollten Sie Vorbereitungen treffen wie für einen langen Segeltörn. Zuerst wählen Sie den Zielhafen (Ziele) und die Route (Strategie). Dann überlegen Sie, welches Boot Sie dazu benötigen (Struktur), wie Sie es ausstatten (Systeme) und welche Besatzung (Fähigkeiten) Sie an Bord nehmen. Während der Fahrt halten Sie nach Sandbänken Ausschau, die nicht in der Karte verzeichnet sind.

Die Neukoordinierung einer Organisation hat ihre Logik. Wenn Sie die Struktur ändern, ehe Sie die Strategie kennen, dann ist das wenig produktiv. Und Sie können nicht sagen, ob Sie die richtige Mannschaft an Bord haben, ehe Sie wissen, wohin die Reise gehen soll, welche Route Sie nehmen wollen und wie Ihr Boot ausgestattet ist.

1. **Beginnen Sie mit der Strategie.** Schauen Sie sich zuerst genau an, welche Rolle Ihre Einheit im Gesamtkontext des Unternehmens und in Bezug auf Ihre A-Prioritäten spielt. Stellen Sie sicher, dass Ihre Strategie gut durchdacht und in sich schlüssig ist.
2. **Analysieren Sie die Struktur, Systeme und Fähigkeiten.** Sehen Sie sich im nächsten Schritt an, ob Struktur, Systeme und Fähigkeiten Ihrer Einheit Ihre Strategie unterstützen. Forschen Sie gründlich, um ihre Kapazitäten zu verstehen. Wenn einer oder mehrere dieser Faktoren nicht mit Ihrer Strategie übereinstimmen, überlegen Sie, wie Sie Ihre Strategie anpassen, und schaffen Sie die Kapazitäten, die Sie benötigen.
3. **Entscheiden Sie, wann und wie Sie die neue Strategie einführen.** Wenn Sie die Kapazitäten Ihrer Einheit verstehen, planen Sie den Strategiewandel (natürlich nur, wenn ein solcher Wandel nötig ist). Lassen Sie Fragen der Positionierung (Märkte, Kunden und Zulieferer) zunächst außen vor. Entwickeln Sie einen realistischen Zeitplan für die Umsetzung dieser Veränderungen.
4. **Überlegen Sie sich den richtigen Ablaufplan.** Verschiedene Situationen erfordern verschiedene Lösungsansätze, um das Unternehmen zu koordinieren. Bei einem Turnaround besteht die richtige Lösung darin, die Strategie zu ändern (die üblicherweise nicht ausreicht), dann die Struktur darauf abzustimmen und sich dann darauf zu konzentrieren, die Prozesse und Fähigkeiten zu unterstützen. Bei einer Restrukturierungsmaßnahme hingegen sind die strategische Ausrichtung und die Struktur häufig nicht die Hauptquelle der Schwierigkeiten. Diese findet man häufig in den Systemen oder Arbeitsprozessen sowie bei den Kompetenzen der Mitarbeiter, sodass man sich darauf konzentrieren muss.
5. **Schließen Sie den Kreis.** Je mehr Sie über die Struktur, Systeme und die Fähigkeiten Ihrer Einheit erfahren, desto mehr wissen Sie über ihre Kapazi-

täten und kulturelle Wandlungsfähigkeit. Dieses Wissen wiederum erlaubt Ihnen eine bessere Einschätzung darüber, welche Veränderungen in der strategischen Positionierung über welchen Zeitraum möglich sind.

Entwickeln Sie eine Strategie

Die strategische Ausrichtung umfasst Mission, Vision und Strategie. Bei der Mission geht es darum, *was* erreicht werden soll, bei der Vision darum, *warum* die Mitarbeiter zu Höchstleistungen motiviert sein sollen, bei Strategie darum, *wie* Ressourcen verteilt und Entscheidungen getroffen werden sollen, um die Mission zu erfüllen. Wenn Sie also das Was, das Warum und das Wie im Kopf behalten, verlieren Sie sich nicht in Debatten, was eine Mission, eine Vision oder eine Strategie überhaupt sind.

Die grundlegenden Fragen der Strategie befassen sich damit, was das Unternehmen tun wird und – noch wichtiger – nicht tun wird. Konzentrieren Sie sich auf Kunden, Kapital, Qualifikationen und Verpflichtungen.

- **Kunden:** Welche Kunden werden wir auch weiter bedienen? Welche Märkte werden wir aufgeben? Welche neuen Märkte wollen wir erobern, und wann?
- **Kapital:** In welche der verbleibenden Geschäftsfelder werden wir investieren, in welchen werden wir die dazu nötigen Überschüsse erwirtschaften? Wo benötigen wir wann zusätzliches Kapital? Woher kommt dieses Kapital?
- **Qualifikationen:** Was können wir gut, was weniger gut? In welchen Bereichen haben wir unsere Stärken (zum Beispiel eine starke Entwicklungsabteilung), wo müssen wir Aufbauarbeit leisten? Was müssen wir selbst aufbauen und was zukaufen?
- **Verpflichtungen:** Wo müssen wir Verpflichtungen hinsichtlich wichtiger Ressourcen eingehen? Wann? Mit welchen schwer zu lösenden früheren Verpflichtungen müssen wir leben, aus welchen können wir herauskommen?

Es würde den Rahmen dieses Buches sprengen, wenn wir das Thema Strategieentwicklung an dieser Stelle vertiefen wollten – einige exzellente Literaturempfehlungen zu diesem Thema finden Sie am Ende des Buches. Hier soll es vielmehr darum gehen, wie Sie die Stimmigkeit, Angemessenheit und Umsetzung einer Strategie beurteilen können.

Beurteilen Sie die Stimmigkeit der Strategie

Ist die Auswahl der Marktsegmente, Produkte, Technologien, Pläne und Ziele der Strategie in sich schlüssig? Wenn Sie beurteilen wollen, ob hinter den einzelnen Elementen eine einheitliche Strategie steckt, sollten Sie nach einer gemeinsamen Logik suchen, durch die diese Elemente zusammenhängen. Haben die Personen, die die Strategie entwickelt haben, sämtliche Konsequenzen und praktischen Aspekte der Umsetzung gründlich durchdacht?

Wie bewerten Sie die Logik der Strategie? Beginnen Sie mit einem Blick auf Dokumente, in denen Ihre Einheit ihre Strategie formuliert, wie etwa Strategiepapiere oder Aufgabenprotokolle. Zerlegen Sie die Strategie dann in ihre Einzelteile: Märkte, Produkte, Technologien, Funktionspläne und Ziele. Unterstützen sich die unterschiedlichen Dimensionen der Strategie gegenseitig? Werden sie von einem roten Faden zusammengehalten? Gibt es beispielsweise einen Zusammenhang zwischen der Marktanalyse und den Zielen? Besteht ein Widerspruch zwischen dem Budget der Produktentwicklung und den Investitionen im operativen Bereich der Strategie? Gibt es Pläne, um Handelsvertreter und Verkäufer auf Produkte in der Pipeline vorzubereiten? Wenn die Strategie in sich stimmig ist, werden Sie solche und andere Verbindungen leicht erkennen können.

Beurteilen Sie die Angemessenheit der Strategie

Passt die Strategie Ihrer Einheit zu den Zielen der nächsten zwei oder drei Jahre? Bringt die Strategie Ihrer Gruppe die Ziele des gesamten Unternehmens voran? Die Strategie Ihrer Einheit mag gut durchdacht und in sich schlüssig sein, aber ist sie auch angemessen? Das heißt: Ermöglicht sie es Ihrer Einheit, in den nächsten zwei bis drei Jahren erfolgreich zu arbeiten und zum Erfolg des Unternehmens beizutragen? Beurteilen Sie die Angemessenheit der Strategie anhand von drei Ansätzen:

1. Stellen Sie unangenehme Fragen. Glaubt Ihr Chef, dass die Strategie den Aufwand der Umsetzung lohnt? Gibt es Pläne, um die nötigen Ressourcen zu bekommen, zu entwickeln und zu erhalten? Sind die Gewinnziele hoch genug, um die Einheit auf Kurs zu halten? Steht genug Kapital für Investitionen oder Forschung bereit?

2. Wenden Sie eine Variante der bekannten SWOT-Methode an. Siehe Kasten »Von SWOT zu TOWS«.

3. Analysieren Sie die Entstehungsgeschichte der Strategie. Finden Sie heraus, warum und wie eine bestimmte Strategie entstanden ist. Wurde der Entwicklungsprozess beschleunigt? Zog er sich hin? Im ersten Fall könnten die Entwickler nicht alle Konsequenzen durchdacht haben. Im zweiten Falle könnte die Strategie den kleinsten gemeinsamen Nenner darstellen, der nach zähem politischem Ringen erzielt werden konnte. Jeder Fehler in der Strategieentwicklung könnte die Angemessenheit der gesamten Strategie gefährden.

Von SWOT zu TOWS

SWOT ist wohl die nützlichste (und sicherlich auch die am häufigsten missverstandene) Methode zur strategischen Analyse. Das hängt damit zusammen, wie dieses Tool entwickelt und – entscheidend auch – wie sie benannt wurde. SWOT ist ein Akronym für die englischen Begriffe *strengths* (Stärken), *weaknesses* (Schwächen), *opportunities* (Chancen) und *threats* (Gefahren). Sie wurde ursprünglich von einem Team am Stanford Research Institute (SRI) in den späten Sechzigern entwickelt.[33] Die Gruppe wartete mit der Idee auf, gleichzeitig interne Fähigkeiten (Stärken und Schwächen) und Entwicklungen in der äußeren Umgebung (Gefahren und Chancen) zu analysieren, um strategische Prioritäten zu erkennen und Pläne zu entwickeln, um sie durchzusetzen.

Unglücklicherweise nannten die Betreffenden ihre Methode SWOT, womit sie andeuteten, dass die Analyse genau in dieser Reihenfolge stattfinden sollte – zuerst die internen Stärken und Schwächen, dann die externen Chancen und Gefahren. Diese Hierarchie führte in der praktischen strategischen Diskussion zu unzähligen Problemen. Es gibt nämlich keinen vernünftigen Aufhänger für die Diskussion, wodurch die Analyse der unternehmerischen Stärken und Schwächen leicht zur abstrakten, richtungslosen Nabelschau wird. Demzufolge scheitern die Projektgruppen häufig bei der Definition der Stärken und Schwächen eines Unternehmens, sind irgendwann frustriert und erschöpft und fertigen problematische Entwicklungen in der äußeren Umgebung nur kurz und oberflächlich ab.

Besser wäre also der umgekehrte Ansatz. In einem ersten Schritt sollte man die Umgebung abschätzen und nach lauernden Gefahren und potenziellen Chancen Ausschau halten. Natürlich muss diese Bewertung von Personen durchgeführt werden, die einen realistischen Bezug zum Unternehmen haben und die Umgebung genau kennen.

Nachdem mögliche Gefahren und Chancen ausgemacht wurden, sollte die Gruppe diese unter Bezugnahme auf die unternehmerischen Fähigkeiten evaluieren. Hat das Unternehmen Schwächen, die es für bestimmte Gefahren besonders anfällig machen? Besitzt es Stärken, durch die man bestimmte Chancen ergreifen könnte?

Als Letztes muss die Analyse in strategische Prioritäten verwandelt werden. Es gilt, Bedrohungen auszuschalten und High-potential-Chancen zu nutzen. Diese bilden die Basis eines extensiveren strategischen Planungsprozesses.

Die Schlussfolgerung, die sich aus der Wortschöpfung SWOT ergibt, ist so tief greifend, dass eine Namensänderung wahrscheinlich die beste Lösung ist. Die Alternative? Nennen Sie die Analysemethode TOWS, was die richtige Reihenfolge für den Gesamtprozess nahelegt.

Beurteilen Sie die Umsetzung der Strategie

Wurden die Mission, die Vision und die Strategie entschlossen umgesetzt? Wenn nicht, warum nicht? Schauen Sie sich an, wie Ihre Einheit die Strategie umsetzt – und zwar was die Mitarbeiter *tun*, nicht was sie *sagen*. So können Sie feststellen, ob mögliche Probleme aus der *Formulierung* der Strategie herrühren oder aus ihrer Umsetzung.

Stellen Sie sich die folgenden Fragen:

- Welche Rolle spielen die Leistungsziele der Strategie bei täglich anstehenden Entscheidungen?
- Passen die vorhandenen Leistungsanreize des Managements zur Strategie? Welche Ziele scheint das Unternehmen wirklich zu verfolgen?
- Wenn die Strategie Teamwork und abteilungsübergreifende Zusammenarbeit verlangt, arbeiten die Mitarbeiter tatsächlich in Teams und über Abteilungsgrenzen hinweg?
- Wenn die Strategie neue Fähigkeiten von den Mitarbeitern verlangt, wurde die notwendige Infrastruktur zur Weiterbildung geschaffen?

Je nach Ihren Antworten auf diese Fragen werden Sie wissen, ob Sie die Strategie Ihrer Einheit verändern müssen oder ihre Umsetzung.

Verändern Sie die Strategie

Nehmen wir an, Sie stellen fest, dass Ihre Strategie gravierende Schwächen aufweist. Welche Möglichkeiten haben Sie, die Strategie oder ihre Umsetzung radikal zu verändern? Dies hängt von zwei Faktoren ab: der jeweiligen STARS-Situation und Ihrer Fähigkeit, Unterstützer für Ihre Ideen zu gewinnen.

Wenn Sie der Ansicht sind, dass die bestehende Strategie Ihre Einheit auf das falsche Gleis gesetzt hat, sollten Sie Ihren Chef und andere wichtige Mitarbeiter mit kritischen Fragen dazu bringen, diese Strategie zu überdenken. Wenn Sie zu dem Schluss kommen, dass die bestehende Strategie Ihre Einheit zwar voranbringt, aber weder weit noch schnell genug, dann ist es vermutlich am besten, zunächst an einigen Stellschrauben zu drehen und größere Veränderungen für einen späteren Zeitpunkt einzuplanen. Sie könnten zum Beispiel die angestrebten Umsatzziele moderat anheben oder Investitionen in eine neue Technologie vorziehen. Grundlegendere Veränderungen sollten warten, bis Sie mehr wissen und Unterstützer gefunden haben.

Formen Sie die Struktur Ihrer Einheit

Ob Sie sich nun entschließen, die strategische Ausrichtung Ihres Unternehmens zu verändern oder nicht, in jedem Fall müssen Sie die Eignung der Struktur prüfen. Unterstützt die Struktur die Strategie nicht – entweder die bereits existierende oder eine neue, die Sie implementieren wollen –, können die Energien des Unternehmens nicht vernünftig gebündelt werden.

Achtung: Die Macht eines Unternehmens definiert sich gern über die Struktur, die festlegt, wer die Entscheidungsbefugnisse hat. Deshalb sollten Sie mit strukturellen Veränderungen vorsichtig sein, es sei denn, es ist offensichtlich, was benötigt wird – zum Beispiel bei einem Turnaround oder wenn Sie das Wachstum beschleunigen wollen. Strukturelle Veränderungen frühzeitig zu meistern kann besonders bei Restrukturierungsmaßnahmen gefährlich sein, wo es keine Burning-Platform gibt, um den Veränderungsprozess voranzutreiben.

Was ist Struktur eigentlich genau? Einfach gesagt ist die Struktur Ihrer Einheit die Art und Weise, wie sie Menschen und Technologien organisiert, um ihre Strategie zu unterstützen. Die Struktur besteht aus folgenden Elementen:

- **Einheiten:** Die Organisation Ihrer Mitarbeiter, zum Beispiel nach Bereich, Produkt oder Region.
- **Mitarbeiterbeziehungen und Integrationsmechanismen:** Wie werden Reporting Lines und Verantwortung etabliert, um Leistung zu koordinieren, und wie wird die Zusammenarbeit der Einheiten aufeinander abgestimmt?
- **Entscheidungsbefugnisse:** Wer hat das Recht, welche Entscheidungen zu treffen, und wie?
- **Leistungsmessung und Anreizsysteme:** Wie wird Leistung gemessen und belohnt?

Beurteilen Sie die Struktur

Ehe Sie damit beginnen, Ideen für die Strukturveränderung zu sammeln, sollten Sie sich ansehen, wie die vier strukturellen Grundelemente interagieren. Passen sie zusammen oder gibt es Reibungspunkte? Fragen Sie sich:

- Hilft uns die Aufteilung der Teammitglieder bei der Umsetzung unserer strategischen Ziele? Sind die richtigen Leute an den richtigen Positionen, um unsere wichtigsten Ziele zu erreichen?
- Erlaubt uns die Entscheidungsstruktur, effizient die besten Entscheidungen zu treffen? Ist eindeutig festgelegt, wer für welche Aufgabe verantwortlich ist? Wird die Arbeit verschiedener Einheiten effektiv integriert?
- Sind die Entscheidungskompetenzen so verteilt, dass die bestmöglichen Entscheidungen zur Unterstützung der Strategie getroffen werden können? Existiert das richtige Gleichgewicht zwischen Zentralisierung und Dezentralisierung? Zwischen Standardisierung und Anpassung an die Kundenwünsche?
- Messen und honorieren wir die Art von Leistungen, die für die Umsetzung unserer strategischen Ziele am wichtigsten sind? Existiert das richtige Gleichgewicht zwischen festgelegten Boni und leistungsbezogenen Anreizen? Zwischen individuellen und teamspezifischen Incentives?

Wenn Sie in einem Start-up eine Einheit neu aufbauen, können Sie natürlich noch keine bestehenden Strukturen analysieren. Stattdessen sollten Sie sich dann Gedanken darüber machen, wie die Struktur in Ihrer Gruppe funktionieren soll.

Machen Sie die richtigen Kompromisse

Das perfekte Unternehmen gibt es nicht, überall müssen Abstriche und Kompromisse gemacht werden. Ihre Herausforderung besteht darin, für Ihre Situation das richtige Gleichgewicht zu finden. Denken Sie bei Ihrer Planung der Veränderungen an die folgenden typischen Probleme:

Die Qualifikationen Ihres Teams sind zu speziell oder zu allgemein. Wenn Sie Menschen mit ähnlichem Erfahrungshintergrund und ähnlichen Qualifikationen in einer Gruppe zusammenfassen, kann sich ein schlagkräftiges Expertenteam entwickeln. Doch genauso besteht die Gefahr, dass der Einzelne isoliert oder die Teams zersplittert sind. Sie müssen also darauf achten, wie Integration vonstatten geht. Prüfen Sie, wer die Kluft zwischen den einzelnen Funktionen überbrücken kann. Außerdem müssen Sie herausfinden, ob die richtigen Integrationsmechanismen bestehen – wie abteilungsübergreifende Teams oder Anreize für leistungsstarke Gruppen.

Führungskräfte haben zu geringe oder zu große Entscheidungsbefugnisse. Eine Faustregel besagt, dass Entscheidungen von den Leuten getroffen werden sollten, die am besten informiert sind, solange sie den Anreiz haben, immer das Beste für ihr Unternehmen zu wollen. Wenn der Entscheidungsprozess Ihrer Einheit zentralisiert ist, können Sie (und möglicherweise einige andere) schnelle Entscheidungen treffen. Doch damit verzichten Sie vielleicht auf das Wissen anderer, die aufgrund Ihres Kenntnisstandes besser in der Lage sind, einige dieser Entscheidungen zu treffen. Diese Art der Struktur kann zu schlechten Entscheidungen führen und Entscheider überfordern. Wenn andererseits Menschen Entscheidungsbefugnisse bekommen, die die weiteren Auswirkungen ihres Handelns nicht überblicken, kann es ebenfalls zu Fehlentscheidungen kommen.

Die Leistungsanreize für Mitarbeiter sind ungenügend. Die beste Vorhersage über die Leistungen der Mitarbeiter lässt sich anhand der gebotenen Anreize treffen. Effektive Führungskräfte bringen die Interessen jedes Entscheiders mit denen der Gruppe in Einklang. Deshalb sind Teamanreize in vielen Unternehmen wirkungsvoll: Sie sorgen dafür, dass alle ein Interesse an einer guten Zusammenarbeit der Gruppe haben. Probleme entstehen dann, wenn das Anreizsystem entweder die individuellen oder die kollektiven Leistungen übersieht. Oder wenn die Anreize die Interessen des Einzelnen gegen die der Gruppe ausspielen, zum Beispiel wenn Gruppen von Mitarbeitern, die dieselbe Kundengruppe betreuen sollen, keinen Anreiz zur Zusammenarbeit haben. Vor diesem Problem stand Hannah Jaffey zu Beginn dieses Kapitels.

Die Weisungsbeziehungen führen zur Grüppchenbildung oder zu unklaren Zuständigkeiten. Weisungsbeziehungen erlauben Ihnen, die Leistungen Ihrer Gruppe zu beobachten und zu kontrollieren sowie Zuständigkeiten zu klären. Hierarchische Weisungsbeziehungen erleichtern vieles, doch sie führen leicht zu ungewollten Abteilungsbildungen und ungenügendem Informationsfluss. Komplexere Weisungsbeziehungen wie etwa eine Matrixstruktur verbessern den Informationsaustausch und verringern die Grüppchenbildung, doch sie können Zuständigkeiten auch auf gefährliche Weise verwischen.

Koordinieren Sie die Schlüsselsysteme

Systeme (oft auch Prozesse oder Abläufe genannt) ermöglichen es einer Gruppe, Informationen, Material und Wissen in einem Wertschöpfungsprozess in kommerziell verwertbare Produkte, Dienstleistungen, neues Wissen, produktive Beziehungen oder etwas anderes zu verwandeln, das ein Unternehmen für seine Ziele als essenziell ansieht. Untersuchen Sie zunächst, wie im Falle der Struktur, welche der derzeit vorhandenen Prozesse in Ihrer Organisation die Strategie unterstützen.

Machen Sie die richtigen Kompromisse

Denken Sie daran, dass das Ausmaß und die Art der Prozesse, die Sie benötigen, von den Kompromissen abhängen, die Sie machen müssen. Überlegen Sie beispielsweise, ob Ihr vornehmstes Ziel in fehlerloser Produktion oder in vermehrter Innovation besteht.[34] Es ist unrealistisch, qualitativ hochwertig und zuverlässig zu produzieren (ohne allzu hohe Kosten zu verursachen), ohne sich intensiv auf Entwicklungsprozesse zu konzentrieren, die en détail sowohl den Zweck als auch die Mittel (Methoden, Techniken, Tools) bestimmen. Offensichtliche Beispiele sind Fertigungsanlagen und Dienstleistungsunternehmen. Dennoch können genau diese Prozesse Innovation behindern. Wenn Sie also Innovation fördern wollen, müssen Sie vielleicht Prozesse entwickeln, die sich vornehmlich auf die Zielvorgabe konzentrieren. Rigoros sollte der Fortschritt im Hinblick auf diese Ziele anhand von Etappenzielen kontrolliert werden. Die Mittel, die die Mitarbeiter nutzen, um diese Ziele zu erreichen, hingegen benötigen keine engmaschige Kontrolle.

Nehmen Sie eine Prozessanalyse vor

Ein Kreditkartenunternehmen kam bei der Analyse seiner fundamentalen Prozesse zu dem Ergebnis, das in Tabelle 6.1 gezeigt wird. Die einzelnen Prozesse wurden dann detailliert analysiert und mithilfe von neuen Leistungsmessungen und Anreizsystemen verbessert. Das Unternehmen suchte außerdem in zentralen Prozessen nach Engpässen. Die betroffenen Prozesse wurden umgekrempelt und mit neuen Technologien ausgestattet. Das Ergebnis war ein dramatischer Anstieg der Kundenzufriedenheit und der Produktivität.

Ihre Einheit oder Gruppe hat möglicherweise genauso viele Prozesse wie die betreffende Kreditkartenfirma. Ihre Aufgabe ist es, diese Prozesse ausfindig zu machen und dann zu entscheiden, welche davon für Ihre Strategie zentral sind: Diese sind Ihre Kernprozesse. Nehmen wir an, Ihrem Unternehmen ist die Kundenzufriedenheit wichtiger als die Produktentwicklung. Sie sollten also sicherstellen, dass alle Prozesse, die mit der Bereitstellung von Produkten oder Dienstleitungen für Kunden zu tun haben, auf dieses Ziel hinarbeiten.

Bringen Sie Systeme und Struktur in Einklang

Wenn die Kernprozesse die Strategie Ihrer Gruppe unterstützen sollen, müssen sie auch mit der Struktur (der Organisation von Menschen und Arbeit) im Einklang stehen. Diese Beziehung ist vergleichbar mit dem menschlichen Körper: Unsere Anatomie – Skelett, Muskeln, Haut und so weiter – stellt die Struktur unseres Körpers dar. Unsere Physiologie – Blutkreislauf, Atmung, Verdauung und so weiter – umfasst die Systeme, die den unterschiedlichen Teilen des Körpers die Zusammenarbeit ermöglichen. In Unternehmen wie im menschlichen Körper müssen Struktur und Prozesse intakt und aufeinander abgestimmt sein.

Tabelle 6.1: Beispiel für eine Prozessanalyse. Bringen Sie Systeme und Struktur in Einklang

Produktion/Bereitstellung von Dienstleistungen	Kundenservice	Unternehmensprozesse
Antragsbearbeitung	Inkasso	Qualitätsmanagement
Kreditprüfung	Kundenanfragen	Finanzmanagement
Kartenproduktion	Beziehungsmanagement	Personalmanagement
Antragsbewilligung	Informations- und Technologiemanagement	
Transaktionsbearbeitung		
Rechnungsstellung		
Zahlungsbearbeitung		

Um die Effizienz und Effektivität der Kernprozesse zu überprüfen, sollten Sie jeden einzelnen der vier Gesichtspunkte analysieren:

1. **Produktivität:** Wandelt der Prozess Wissen, Material und Arbeit effizient in Werte um?
2. **Pünktlichkeit:** Liefert der Prozess die erwartete Leistung termingerecht?
3. **Verlässlichkeit:** Ist der Prozess hinreichend verlässlich oder versagt er zu oft?
4. **Qualität:** Liefert der Prozess die Leistungen regelmäßig in der erwarteten Qualität?

Wenn Systeme und Struktur im Einklang stehen, verstärken Sie sich gegenseitig und unterstützen die Strategie. Zum Beispiel wird eine effiziente Kundendienstabteilung, die bestimmte Kundensegmente betreut, diese Informationen auch mit anderen Abteilungen teilen und effektiv auf Fragen reagieren, die alle Kundengruppen betreffen.

Stehen aber Prozesse und Struktur im Widerspruch zueinander – beispielsweise wenn verschiedene Teams um den gleichen Kundenkreis wetteifern, allerdings unterschiedliche Verkaufsprozesse nutzen –, dann lähmen sie einander und untergraben die Gruppenstrategie.

Optimieren Sie Kernprozesse

Wie optimieren Sie einen Kernprozess? Entwerfen Sie zunächst ein Ablaufschema, aus dem hervorgeht, welche Individuen beteiligt sind und was sie jeweils beitragen. Grafik 6.2 zeigt ein vereinfachtes Ablaufschema für eine Kundenbestellung.

Grafik 6.2: Ein vereinfachtes Prozessablaufschema

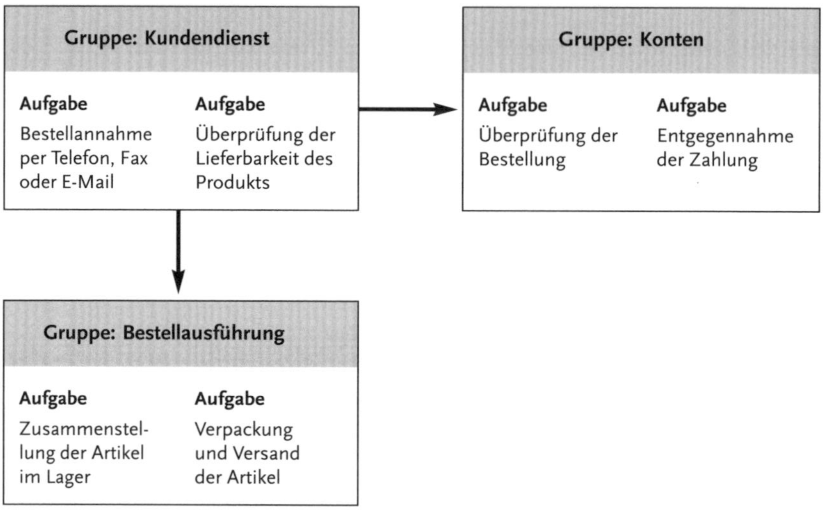

Bitten Sie die Personen, die für den jeweiligen Prozessabschnitt zuständig sind, den gesamten Prozess von Anfang bis Ende zu skizzieren. Bitten Sie das Team dann, Engpässe und problematische Schnittstellen zwischen zwei benachbarten Aufgaben zu identifizieren. Zum Beispiel könnten Fehler oder Verzögerungen auftreten, wenn ein Kundendienstmitarbeiter eine Sonderbestellung an die Bestellungsausführung übergibt. Bei Übergaben dieser Art sind Fehler gang und gäbe. Arbeiten Sie mit dem Team zusammen, um Verbesserungsmöglichkeiten zu finden.

Prozessanalysen fördern kollektives Lernen. Sie helfen der gesamten Gruppe zu verstehen, wer innerhalb und außerhalb der Gruppe was macht, um einen bestimmten Prozess auszuführen. Ein Prozessschema hilft Ihnen und der Gruppe zu verstehen, wo und wie Probleme entstehen. Sie, Ihr Chef und Ihre Gruppe können entscheiden, wie ein Prozess zu verbessern ist. Sie haben zwei Möglichkeiten zur Auswahl: einen radikalen Umbau oder schrittweise Optimierung.

Einige Warnhinweise: Vermutlich fällt eine ganze Reihe von Prozessen in Ihre Zuständigkeit. Wenn dies der Fall ist, führen Sie diese als Portfolio. Versuchen Sie nicht, in mehr als einem oder zwei Kernprozessen auf einmal radikale Veränderungen vorzunehmen. Ihre Gruppe muss eine Neuerung erst verdauen.

Entwickeln Sie die Fähigkeiten Ihrer Einheit

Verfügen Ihre Mitarbeiter über die Fähigkeiten, die sie benötigen, um die Kernprozesse einwandfrei durchzuführen und damit die Strategie zu unterstützen? Wenn nicht, dann könnte die gesamte Architektur Ihrer Einheit unter dem Druck zerbrechen. Die Fähigkeiten setzen sich aus vier Arten von Wissen zusammen:

1. **Individuelles Wissen:** eine Folge der technischen Ausbildung und der Erfahrung.
2. **Beziehungswissen:** Verständnis für Teamprozesse, um individuelles Wissen zusammenzuführen und bestimmte Ziele zu erreichen.
3. **Eingebettetes Wissen:** die Kerntechnologien, auf die sich die Gruppe stützt, zum Beispiel Datenbanken oder Forschungstechnologien.
4. **Metawissen:** das Wissen darüber, wo wichtiges Wissen zu finden ist, zum Beispiel durch Zusammenarbeit mit externen Forschungslabors oder Technologiepartnern.

Erkennen Sie Lücken und Ressourcen

Die Einschätzung der Qualifikationen Ihrer Einheit ermöglicht es Ihnen erstens, kritische Lücken zwischen benötigten und vorhandenen Fähigkeiten zu erkennen, und zweitens, schlecht ausgenutzte Ressourcen wie unausgelastete Technologien und vergeudete Erfahrungen ausfindig zu machen. Solche Lücken zu schließen und ungenutzte Ressourcen besser zu nutzen kann enorme Leistungs- und Produktivitätssteigerungen bewirken.

Um Lücken in den Fähigkeiten zu identifizieren, sehen Sie sich noch einmal Ihre Strategie und die Kernprozesse an. Fragen Sie sich, welche Zusammensetzung der eben erwähnten vier Arten von Wissen nötig ist, um die Kernprozesse Ihrer Gruppe zu unterstützen. Beurteilen Sie dann die vorhandenen Fähigkeiten der Einheit. Welche Lücken entdecken Sie? Welche lassen sich rasch schließen, welche nur über einen längeren Zeitraum?

Um schlecht genutzte Ressourcen zu erkennen, suchen Sie nach Mitarbeitern in Ihrer Einheit, die bessere Leistungen erbringen als der Durchschnitt. Warum ist das so? Stehen ihnen Ressourcen (Technologien, Methoden, Materialien, Unterstützung wichtiger Personen) zur Verfügung, die sich auf den Rest der Gruppe übertragen lassen? Verstauben vielversprechende Produktideen im Regal, weil es bislang an Interesse oder Investitionen gefehlt hat? Könnten vorhandene Produktionsressourcen so angepasst werden, dass sie eine neue Kundengruppe ansprechen?

Verändern Sie die Architektur, um den kulturellen Wandel einzuleiten

Denken Sie daran, dass sich die Unternehmenskultur nicht direkt verändern lässt. Sie wird in hohem Maße von den vier Elementen der Unternehmensarchitektur und vom Verhalten der Führungskräfte beeinflusst. Um also die Firmenkultur zu ändern, müssen Sie zunächst an der Architektur arbeiten und Ihre Aktivitäten durch das richtige Führungsverhalten stärken.

So können Sie Ihre Erfolgskriterien ändern und die Zielvorgaben und Leistungsanreize für die Mitarbeiter daran anpassen. Verändern Sie beispielsweise das Verhältnis zwischen individuellen und kollektiven Anreizen. Sind enge Zusammenarbeit und Koordination erforderlich – beispielsweise in einem Entwicklungsteam für ein neues Produkt? Wenn ja, dann sollten Sie die kollektiven Anreize betonen. Arbeiten die Mitglieder Ihrer Abteilung eher unabhängig voneinander – beispielsweise in der Verkaufsabteilung? In diesem Fall und wenn individuelle Erfolge tatsächlich messbar sind, sollten Sie mehr Wert auf individuelle Boni legen.

Stellen Sie einen Koordinationsplan auf

Benutzen Sie Ihre Analysen, um einen Plan zur Koordinierung Ihres Unternehmens oder Ihrer Abteilung zu entwickeln. Wenn es Ihnen wiederholt nicht gelingen sollte, Ihre Mitarbeiter zu produktiveren Verhaltensweisen zu bringen, treten Sie einen Schritt zurück und fragen Sie sich, ob organisatorische Fehlkoordination die Ursache ist.

Checkliste für die erfolgreiche Koordination Ihres Umfelds

1. Welche vorläufigen Erkenntnisse haben Sie über mangelnde Koordination zwischen Strategie, Struktur, Systemen, Fähigkeiten und Kultur gewonnen? Was werden Sie unternehmen, um mehr zu erfahren und Ihre ersten Eindrücke zu vertiefen?
2. Welche Entscheidungen müssen Sie hinsichtlich Kunden, Kapital, Qualifikationen und Verpflichtungen treffen? Wie und wann werden Sie diese Entscheidungen treffen?
3. Wie schätzen Sie die Strategie Ihrer Organisation ein? Ist sie in sich stimmig? Ist sie angemessen? Was sind Ihre Gedanken über eine Veränderung der Strategie?
4. Was sind die Stärken und Schwächen der Organisationsstruktur? Wie denken Sie über mögliche strukturelle Veränderungen?
5. Was sind die Kernprozesse Ihrer Organisation? Wie beurteilen Sie deren Leistungsfähigkeit? Welche Prozesse wollen Sie optimieren?
6. Welche Lücken bei den Fähigkeiten und welche ungenutzten Ressourcen haben Sie erkannt? Wie wollen Sie die Fähigkeiten stärken?

Kapitel 7
Bauen Sie ein schlagkräftiges Team auf

Als Liam Geffen eine problematische Abteilung in einem Unternehmen zur Prozessautomatisierung übernahm, wusste er, dass er ein schweres Stück Arbeit vor sich hatte. Wie schwer es tatsächlich werden würde, wurde ihm erst richtig bewusst, als er die Mitarbeiterakten seines Teams las. Seine neuen Mitarbeiter waren entweder ausgezeichnet oder abgrundtief schlecht – dazwischen gab es nichts. Sein Vorgänger hatte offensichtlich seine Lieblinge gehabt.

Die Gespräche mit seinen neuen Mitarbeitern bestätigten Liams Verdacht, dass die Beurteilungen nicht allzu viel mit der Wirklichkeit zu tun hatten. Der Leiter der Marketingabteilung beispielsweise erschien ihm zwar einigermaßen kompetent, aber keineswegs als der Halbgott, der er nach den Beurteilungen sein sollte. Leider hielt er sich selbst dafür. Die Leiterin der Verkaufsabteilung schien ihm dagegen eine solide Leistungsträgerin zu sein, obwohl sie von Liams Vorgänger für eine Reihe von Fehlentscheidungen verantwortlich gemacht wurde. Entsprechend angespannt war die Lage zwischen Verkauf und Marketing.

Liam erkannte schon früh, dass einer der beiden gehen musste. Er führte Einzelgespräche mit ihnen, in denen er rundheraus sagte, was er von ihren Beurteilungen hielt. Dann legte er beiden einen detaillierten Zwei-Monats-Plan vor. Unterdessen beauftragte er den Leiter der Personalabteilung, diskret nach einem neuen Marketingchef Ausschau zu halten. Außerdem führte er Gespräche mit Managern aus der mittleren Führungsebene der Verkaufsabteilung, um die vorhandenen Fähigkeiten einzuschätzen und nach einem talentierten Kandidaten für den Führungsposten Ausschau zu halten.

Nach drei Monaten bedeutete Liam dem Marketingleiter, er habe für ihn keinen Platz mehr in seinem Team, worauf dieser auch bald ging. Die Verkaufsleiterin war jedoch an Liams Herausforderungen gewachsen. Liam übertrug ihr mehr Zuständigkeiten, und ihre Leistung verbesserte sich stetig. Schließlich hatte Liam genug Vertrauen in sie gefasst, um ihr die Gesamtleitung für Verkauf und Marketing zu übertragen.

Liam Geffen erkannte, dass er es sich nicht leisten konnte, die falschen Leute im Team zu haben. Wenn Sie ebenfalls eine bestehende Gruppe übernehmen, dann gehört es zu Ihren Aufgaben, Ihr Team aufzubauen und die Talente um sich zu sammeln, die Sie benötigen, um optimale Leistungen zu bringen. Die wichtigsten Entscheidungen der ersten 90 Tage betreffen vermutlich die Mitarbeiter in Ihrem Team. Wenn es Ihnen gelingt, ein schlagkräftiges Team auf die Beine zu stellen, haben Sie damit ein leistungsstarkes Werkzeug zur Wertschöpfung. Wenn es Ihnen nicht gelingt, werden Sie ernsthafte Schwierigkeiten bekommen, denn keine Führungskraft kann allein allzu viel erreichen. Schlechte Personalentscheidungen in Ihrer Übergangsphase werden Sie bis zum Ende Ihrer Ära verfolgen.

Die richtigen Leute zu finden ist essenziell, aber es reicht noch nicht aus. Beginnen Sie gleich zu Anfang damit, Teammitglieder zu beurteilen, um zu entscheiden, wer geht und wer bleibt. Entwickeln Sie dann einen Plan, um neue Leute zu holen und die verbleibenden Leute in die richtigen Positionen zu befördern, ohne dabei kurzfristig die Leistung des Teams zu beeinträchtigen. Doch auch das genügt noch nicht: Sie müssen zudem Ziele formulieren, Anreize schaffen und Leistungsmessungen einführen, die Ihr Team in die richtige Richtung bewegen. Schließlich müssen Sie neue Prozesse einführen, um die Zusammenarbeit im Team zu fördern. Dieses Kapitel wird Sie bei all diesen Schritten begleiten.

Vermeiden Sie verbreitete Fehler

Viele neue Führungskräfte scheitern am Aufbau eines schlagkräftigen Teams. Sie erreichen daher Ihren Break-even später – oder scheitern vollständig. Hier einige der verbreitetsten Fehler:

Sie kritisieren Ihren Vorgänger. Sie gewinnen nichts durch Kritik an den Menschen, die vor Ihnen die Leitung des Unternehmens innehatten. Das bedeutet nicht, dass Sie schlechte Leistungen aus der Vergangenheit billigen sollten, und genauso wenig bedeutet es, dass Sie Probleme nicht hervorheben können. Natürlich müssen Sie die Folgen der Entscheidungen Ihres Vorgängers abwägen, aber statt auf seine Fehler aufmerksam zu machen, sollten Sie sich auf die Einschätzung des momentanen Verhaltens der Mitarbeiter und der Ergebnisse konzentrieren und darauf, die notwendigen Veränderungen vorzunehmen, um verbesserte Leistung zu fördern und zu unterstützen.

Sie behalten ein bestehendes Team zu lange. Wenn Sie nicht gerade an einem Start-up beteiligt sind, stampfen Sie kein Team aus dem Nichts aus dem Boden, sondern Sie erben es und müssen es so verändern, dass Sie Ihre A-Prioritäten damit erreichen können.

Es gibt Manager, die zu schnell den Besen hervorholen und aufräumen, doch die meisten benutzen ihn eher zu spät oder gar nicht. Sei es aus Hybris (»Diese Leute haben schlechte Leistung gebracht, weil ihnen die richtige Führungskraft gefehlt hat – unter meiner exzellenten Führung wird das anders!«) oder weil sie vor unangenehmen Personalentscheidungen zurückschrecken, haben sich viele Manager mit einem Team umgeben, mit dem sie nicht die optimale Leistung erreichen, die sie eigentlich bringen könnten. Das bedeutet, dass sie und ihre leistungsstarken Mitarbeiter selbst mehr schultern müssen. Natürlich hat der Zeitplan auch mit Ihrer STARS-Situation zu tun: In einem Turnaround sollte der Aufbau eines Teams schneller vonstatten gehen als bei der Stabilisierung einer Erfolgsstrategie. Vielleicht haben Sie ja auch mit Hindernissen zu kämpfen und können nicht sämtliche Veränderungen durchführen, die Sie eigentlich anstreben. Das müssen Sie dann akzeptieren und sich überlegen, wie Sie das meiste mit den Leuten erreichen, die zu Ihrem Team gehören – zum Beispiel, indem Sie ihre Rollen neu definieren. Setzen Sie sich in Ihrem 90-Tage-Plan Deadlines, bis wann Sie Ihr Team beurteilen und wann Sie handeln wollen, und halten Sie sich auch daran.

Sie finden nicht das richtige Gleichgewicht zwischen Stabilität und Wandel. Ein neues Team aus einem bestehenden zu formen ist mit der Reparatur eines lecken Schiffs auf dem Ozean zu vergleichen. Sie werden Ihr Ziel nicht erreichen, wenn Sie die notwendigen Reparaturen ignorieren, aber Sie wollen auch nicht zu viel zu schnell verändern, da Sie sonst Gefahr laufen, dass das Schiff sinkt. Sie müssen also die richtige Balance zwischen Stabilität und Veränderung finden. Zuallererst einmal sollten Sie nur Personalveränderungen vornehmen, die wirklich unumgänglich sind. Wenn Sie noch eine Weile mit einem zweitklassigen Mitarbeiter zurechtkommen, dann tun Sie das.

Sie gehen die organisatorische Umstrukturierung und den Umbau Ihres Teams getrennt voneinander an. Der Kapitän eines Schiffs kann seine Mannschaft nicht zusammenstellen, solange er nicht weiß, wohin die Reise gehen soll, welche Route er nehmen will und mit welchem Schiff er in See stechen wird. Genauso wenig können Sie Ihr Team zusammenstellen, solange Sie sich keine Klarheit über Strategie, Struktur, Systeme und Fähigkeiten verschafft haben. Sonst haben Sie am Ende die richtigen Leute in den falschen Positionen. Grafik 7.1 verdeutlicht, dass Ihre Analyse der Organisation und Ihre Koordinationsmaßnahmen Hand in Hand mit der Analyse Ihres Teams und den notwendigen personellen Veränderungen gehen sollten.

Es gelingt Ihnen nicht, die guten Leute zu halten. Eine erfahrene Managerin formulierte ihre teuer erworbenen Erfahrungen so: »Wenn Sie am Baum schütteln, dann können auch gute Leute herunterfallen.« Die Unsicherheit darüber, wer weiter im Team bleiben wird und wer nicht, kann dazu führen, dass gerade Ihre besten Leute sich bald nach neuen Jobs umsehen. Obwohl Sie zu Beginn noch nicht sehr viel sagen können, sollten Sie den wichtigsten Leistungsträgern möglichst bald signalisieren, dass Sie ihre Qualifikationen erkennen. Ein bisschen Zuspruch bewirkt manchmal wahre Wunder.

Sie stärken Ihr Team, ehe Sie Ihr Kernteam zusammengestellt haben. Die Versuchung ist groß, Ihr Team sofort mit gemeinsamen Aktivitäten wie Brainstorming loslegen zu lassen. Konsensorientierte Führungskräfte suchen gern so früh wie möglich die Meinung ihrer Mitarbeiter. Doch dieser Ansatz birgt seine Gefahren: Er stärkt die Bindung innerhalb einer Gruppe, deren Angehörige noch gar nicht endgültig feststehen. Verschieben Sie diese Aktivitäten, bis Sie Ihr endgültiges Team zusammengestellt haben. Das bedeutet natürlich nicht, dass Sie die Gruppe nicht zu gemeinsamen Meetings einberufen können. Ihr Hauptaugenmerk sollte immer auf dem Fortschritt liegen.

Sie treffen verfrühte Umsetzungsentscheidungen. Wenn Sie zu einer erfolgreichen Umsetzung eines Prozesses die Unterstützung Ihres Teams benötigen, dann schieben Sie diese Entscheidung so lange auf, bis Sie ein loyales Kernteam zusammengestellt haben. Manche Entscheidungen werden Sie nicht aufschieben können. Aber es kann schwierig werden, Entscheidungen zu treffen, wenn Sie damit neue Leute im Nachhinein auf etwas festlegen, das diese nicht mitentschieden haben. Wägen Sie also den Vorteil einer schnellen Entscheidung zu wichtigen Initiativen ab gegen den Nachteil der mangelnden Unterstützung durch Leute, die Sie erst später an Bord holen.

Sie versuchen, alles selbst zu machen. Denken Sie schließlich daran, dass der Umbau Ihres Teams immer auch emotionale, rechtliche und firmenphilosophische Komplikationen mit sich bringt. Versuchen Sie nicht, personelle Entscheidungen allein zu treffen. Finden Sie heraus, wer Sie am besten beraten und mit Ihnen eine Handlungsstrategie entwickeln kann. Die Unterstützung der Personalabteilung ist bei jedem Teamumbau unerlässlich.

Grafik 7.1: Synchronisieren Sie architektonische Maßnahmen und die Umstrukturierung Ihres Teams

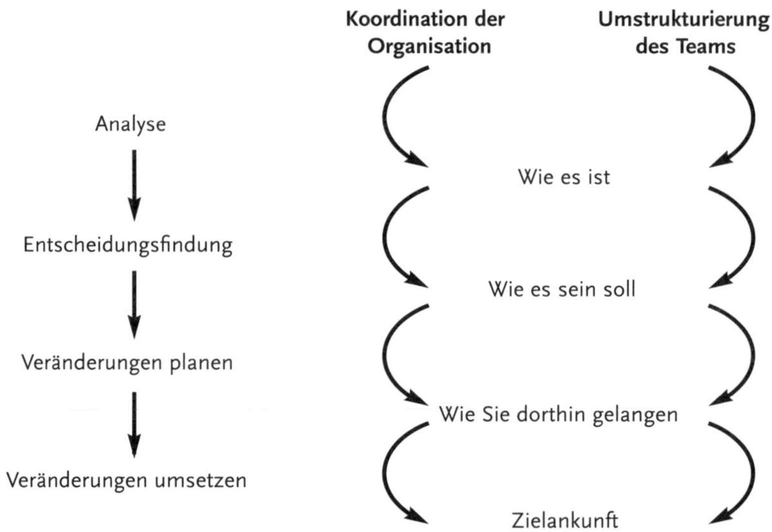

Angenommen, Sie haben all diese Fallen erfolgreich umschifft, was müssen Sie tun, um Ihr Team weiter auszubauen? Beginnen Sie, indem Sie das bestehende Personal rigoros analysieren, und planen Sie dann, wie Sie das Team weiterentwickeln, sodass es Ihren Bedürfnissen entspricht. Parallel dazu versuchen Sie, dem Team Ihre strategische Ausrichtung und Ihre Prioritäten zum Sichern früher Erfolge nahezubringen. Etablieren Sie das Performance-

Management und Entscheidungsprozesse, die Sie benötigen, um Ihre Führungsrolle effektiv wahrnehmen zu können.

Analysieren Sie Ihr bestehendes Team

Vermutlich übernehmen Sie von Ihrem Vorgänger ein Team mit einigen wichtigen Leistungsträgern, einigen durchschnittlichen Mitarbeitern und einigen, die ihren Aufgaben nicht gewachsen sind. Sie werden eine Gruppe mit einer eigenen Dynamik und Politik übernehmen, aus der sich einige Mitarbeiter möglicherweise sogar Hoffnungen auf Ihren Posten gemacht haben. Während der ersten 30 bis 60 Tage (je nachdem, welche STARS-Mischung Sie übernommen haben) sollten Sie Ihre Leute kennen lernen, die Rolle verstehen, die jeder spielt, und herausfinden, wie die Gruppe in der Vergangenheit zusammengearbeitet hat.

Formulieren Sie Ihre Kriterien

Es lässt sich nicht vermeiden, dass Sie sich bei der Begegnung mit Ihren Mitarbeitern eine Meinung bilden. Unterdrücken Sie Ihre ersten Eindrücke nicht, treten Sie aber einen Schritt zurück und nehmen Sie eine systematischere Analyse vor.

Zunächst sollten Sie sich über die expliziten und impliziten Kriterien klar werden, nach denen Sie Ihre Mitarbeiter beurteilen. Berücksichtigen Sie dabei die folgenden sechs Punkte:

1. **Fachkompetenz:** Hat diese Person die technischen Qualifikationen und die Erfahrung, um ihre Aufgaben effektiv zu erfüllen?
2. **Urteilsvermögen:** Verfügt diese Person über ein gutes Urteilsvermögen, vor allem wenn sie unter Druck steht oder Opfer für das Wohl aller bringen muss?
3. **Energie:** Bringt dieses Teammitglied die richtige Energie mit oder ist es ausgebrannt oder distanziert?
4. **Fokus:** Ist diese Person in der Lage, Prioritäten zu setzen und sich an sie zu halten, oder neigt sie dazu, »in alle Richtungen gleichzeitig loszupreschen«?

5. **Beziehungsfähigkeit:** Versteht sich diese Person mit anderen Angehörigen des Teams und unterstützt sie kollektive Entscheidungsprozesse, oder ist es schwer, mit ihr zusammenzuarbeiten?
6. **Vertrauen:** Können Sie darauf vertrauen, dass diese Person ihr Wort hält und ihre Zusagen einlöst?

Um einen besseren Überblick über die Kriterien zu bekommen, die Sie benutzen, füllen Sie Tabelle 7.1 aus. Verteilen Sie 100 Punkte auf die sechs Kriterien, je nach der relativen Gewichtung, die Sie ihnen bei der Beurteilung von Mitarbeitern geben. Notieren Sie diese Ziffern in der mittleren Spalte und stellen Sie sicher, dass die Summe 100 ergibt. Identifizieren Sie nun eine der Kategorien als Ihr Schlüsselkriterium. Wenn ein Mitarbeiter in diesem Bereich nicht eine bestimmte Mindestpunktzahl bekommt, dann lässt sich dies nicht durch eine hohe Bewertung in einem anderen Bereich ausgleichen. Markieren Sie Ihr Schlüsselkriterium mit einem Stern in der rechten Spalte.

Tabelle 7.1: Gewichten Sie Ihre Beurteilungskriterien

Kriterium	Relative Gewichtung (verteilen Sie 100 Punkte auf die sechs Kategorien)	Schlüsselkriterium (markieren Sie es mit einem Stern)
Fachkompetenz		
Urteilsvermögen		
Energie		
Fokus		
Beziehungsfähigkeit		
Vertrauen		

Treten Sie nun einen Schritt zurück. Entspricht dies tatsächlich den Kriterien, die Sie bei der Beurteilung von Mitarbeitern anwenden? Wenn ja, gibt es noch etwas, das Sie übersehen haben könnten?

Es ist durchaus der Mühe wert, sich mit den Kriterien, die Sie anwenden, gedanklich auseinanderzusetzen. Danach sind Sie auf eine rigorose und systematische Analyse besser vorbereitet.

Prüfen Sie Ihre Annahmen

Ihre Analyse wird wahrscheinlich Ihre Grundannahmen bestätigen über das, was Sie bei den Menschen, die für Sie arbeiten, verändern können und was nicht. Wenn Sie Beziehungsfähigkeit als weniger wichtig erachten als Urteilsvermögen, gehen Sie vielleicht davon aus, dass Sie die Beziehungen in Ihrem Team mit Leichtigkeit beeinflussen können, während Ihnen das bei dem Urteilsvermögen nahezu unmöglich ist. Genauso betrachten Sie Vertrauen als unverzichtbar – viele Führungskräfte sind dieser Ansicht –, denn Sie glauben, dass Sie den Menschen vertrauen müssen, die für Sie arbeiten, und Sie halten Glaubhaftigkeit für eine unveränderliche Eigenschaft. Mit all diesen Annahmen haben Sie vielleicht recht, aber es ist wichtig, dass Sie sie bewusst durchdenken.

Beziehen Sie Fachwissen mit ein

Wenn Sie ein Team leiten, dessen Mitglieder über unterschiedliches Fachwissen verfügen – wie Marketing, Finanzen, Entwicklung und Forschung –, müssen Sie sie auf ihren jeweiligen Fachgebieten einsetzen. Diese Aufgabe kann ziemlich beängstigend sein, insbesondere für Führungskräfte, die zum ersten Mal ein Unternehmen leiten. Als Insider sollten Sie die Meinungen der Leute, die Sie fachlich respektieren und die die Mitarbeiter in Ihrem Team kennen.

Wenn Sie zum ersten Mal ein Unternehmen leiten, sollten Sie Ihre eigenen Bewertungsvorlagen von Mitarbeitern in Schlüsselpositionen wie Marketing, Verkauf, Finanzen, Entwicklung und Forschung entwickeln. Eine gute Vorlage beinhaltet funktionsspezifische Leistungsindikatoren, sogenannte Key Performance Indicators (KPIs). Zudem enthält sie Informationen, was die KPIs zeigen sollten und was nicht, sowie Schlüsselfragen, die Sie stellen sollten und Warnsignale. Eine Hilfe bei der Entwicklung solcher Vorlagen kann das Gespräch mit erfahrenen Führungskräften sein. Fragen Sie nach, worauf Sie bei der Besetzung wichtiger Positionen besonders achten sollten.

Stellen Sie sich die Frage, wie viel Teamwork erforderlich ist

Die Bewertung sollten Sie entsprechend der Aufgaben Ihrer Mitarbeiter gewichten. Nehmen wir beispielsweise an, Sie steigen zum Geschäftsführer einer Verkaufsabteilung auf und leiten unter anderem eine Gruppe von regional verstreuten Handelsvertretern. Ihre Bewertungskriterien werden ganz andere sein als die des Leiters eines Produktentwicklungsteams.

Beide Umfelder unterscheiden sich beträchtlich im Hinblick auf die Unabhängigkeit Ihrer Mitarbeiter. Je unabhängiger die Mitarbeiter sind, umso unwichtiger wird ihre Teamfähigkeit. Im Verkauf agiert der Einzelne unabhängig, in der Produktentwicklung sind Arbeitsprozesse eng miteinander verwoben. Als Verkaufsleiter einer regional verstreuten Gruppe ist eine leistungsstarke Gruppe viel sinnvoller als ein richtiges Team.

Beziehen Sie das STARS-Portfolio mit ein

Auch von Ihrem STARS-Portfolio, der Mischung aus Start-up, Turnaround, Wachstumsbeschleunigung, Restrukturierung oder Stabilisierung des Erfolgs, die Sie von Ihrem Vorgänger übernommen haben, hängt es ab, welche Kriterien Sie anwenden. Wollen Sie den Erfolg stabilisieren, so haben Sie vielleicht die Zeit, ein oder zwei High-Potentials Ihres Teams zu fördern. Eine Zeit lang ist deren zweitklassige Leistung unter Umständen unproblematisch, solange Sie zuversichtlich sind, dass Sie sie auf lange Sicht zu erstklassigen Leistungsträgern machen können.[35] Bei einem Turnaround hingegen brauchen Sie Leute, die von vornherein in der ersten Liga spielen.

Beurteilen Sie Ihre Mitarbeiter zum einen auf der Basis Ihrer STARS-Erfahrungen und Fähigkeiten und zum anderen im Hinblick darauf, ob sie zu der momentanen Situation passen. Nehmen wir beispielsweise an, Sie übernehmen einen Geschäftszweig, der einmal sehr erfolgreich war, dann in die Schieflage geriet und niemals erfolgreich restrukturiert wurde. Sie sollen nun einen Turnaround initiieren. Von Ihrem Vorgänger haben Sie eine Mannschaft übernommen, die in einer Stabilisierungssituation oder bei einer Restrukturierung hervorragende Leistungen erbrächte. Doch es handelt sich nicht um die Art von Führungskräften, die Sie für einen Turnaround benötigten.

Beziehen Sie die Bedeutung der jeweiligen Position mit ein

Schließlich sollte Ihre Bewertung von Teammitgliedern davon abhängen, wie wichtig ihre jeweilige Position ist, denn schließlich geht es nicht nur um die Mitarbeiter selbst, sondern auch um deren Stellung im Unternehmen.[36] Nehmen Sie sich also die Zeit, um zu analysieren, wie wichtig die verschiedenen Positionen Ihrer direkt und indirekt unterstellten Mitarbeiter für Ihren Gesamterfolg sind. Listen Sie womöglich die einzelnen Positionen auf und bewerten Sie sie auf einer Skala zwischen 1 und 10. Diese Einschätzung sollten Sie bei der Bewertung Ihrer Mitarbeiter im Hinterkopf behalten.

Schließlich benötigt man für Teamveränderungen viel Energie. Es kann also durchaus in Ordnung sein, einen zweitklassigen Mitarbeiter in einer weniger bedeutsamen Rolle zu belassen. Bei entscheidenden Positionen ist Zweitklassigkeit jedoch inakzeptabel.

Bewerten Sie Ihre Mitarbeiter

Wenn Sie mit der Bewertung Ihrer neuen Mitarbeiter beginnen, sollten Sie zuerst überprüfen, ob jemand Ihr Schlüsselkriterium nicht erfüllt. Sollte dies der Fall sein, planen Sie, diese Person auszutauschen. Doch auch wer diese erste Hürde nimmt, bleibt nicht automatisch im Team. Bewerten Sie im nächsten Schritt die Stärken und Schwächen der verbleibenden Mitarbeiter und beziehen Sie die relative Bedeutung mit ein, die Sie jedem Kriterium gegeben haben. Wer nimmt die Hürde jetzt und wer nicht?

Treffen Sie sich so früh wie möglich zu Einzelgesprächen mit Ihren neuen Mitarbeitern. Je nach Ihren Vorlieben können diese Treffen informelle Kennenlerngespräche, formale Beurteilungsgespräche oder eine Mischung aus beidem sein. In jedem Fall sollten Sie sich jedoch in Ihrem Fokus und Ihrer Vorbereitung an einige Standards halten:

1. **Bereiten Sie jedes Treffen sorgfältig vor.** Studieren Sie den Lebenslauf, die Personalakte und andere Beurteilungen. Machen Sie sich mit dem technischen Hintergrund der Person vertraut, um einschätzen zu können, welche Rolle sie im Team einnimmt.

2. Stellen Sie die richtigen Fragen. Wie schon im zweiten Kapitel dargelegt, sollten Sie jedem Ihrer Mitarbeiter dieselben Fragen stellen, zum Beispiel:

- Was halten Sie von der bestehenden Strategie?
- Was sind kurzfristig unsere größten Herausforderungen und Chancen? Und langfristig?
- Welche Ressourcen könnten wir effektiver nutzen?
- Wie könnten wir die Zusammenarbeit innerhalb des Teams verbessern?
- Wenn Sie an meiner Stelle wären, worauf würden Sie am meisten achten?

3. Achten Sie auf verbale und nonverbale Zeichen. Schauen Sie auf Wortwahl, Körpersprache und sensible Themen.

- Achten Sie auf das, was Ihr Gesprächspartner Ihnen nicht sagt. Gibt er Ihnen bereitwillig Auskunft, oder müssen Sie nachbohren? Übernimmt er Verantwortung für seinen Bereich? Sucht er nach Entschuldigungen oder nach Schuldigen?
- Passen Mimik und Gestik Ihres Gegenübers zu seinen Worten?
- Welche Themen rufen eine emotionale Reaktion hervor? Diese sensiblen Themen helfen Ihnen, zu verstehen, was Ihren Gesprächspartner motiviert und welche Veränderungen ihn beflügeln würden.
- Achten Sie darauf, wie der jeweilige Mitarbeiter sich außerhalb der Einzelgespräche gegenüber anderen Teammitgliedern verhält. Sind die Beziehungen zu Kollegen herzlich und produktiv? Oder gespannt und von Konkurrenzverhalten geprägt? Wertet er oder hält er sein Urteil zurück?

Überprüfen Sie das Urteilsvermögen Ihrer Mitarbeiter

Stellen Sie sicher, dass Sie das Urteilsvermögen einer Person beurteilen und nicht ihr technisches Wissen oder ihre Intelligenz. Es gibt genug hochintelligente Menschen mit einer miserablen praktischen Vernunft. Umgekehrt kann ein Mensch mit durchschnittlicher Fachkompetenz über eine außergewöhnliche Urteilsfähigkeit verfügen. Sie sollten sich klar werden, welche Mischung aus Wissen und Urteilsvermögen Sie von Ihren wichtigsten Mitarbeitern verlangen.

Sie können das Urteilsvermögen einer Person bewerten, indem Sie über einen längeren Zeitraum mit ihr zusammenarbeiten und beobachten, ob sie erstens gute Vorhersagen trifft und zweitens weitsichtige Strategien zur Problemvermeidung einsetzt. Beide Fähigkeiten lassen auf die praktische Vernunft eines Menschen schließen sowie auf seine Fähigkeiten, die Essenz und Dynamik einer Situation zu erkennen und diese Einsichten in Handlungen zu übersetzen. Genau das macht Expertenwissen aus. Leider dauert es eine Weile, bis Sie feststellen können, ob sich eine Vorhersage bewahrheitet, und leider haben Sie nicht viel Zeit. Doch es gibt Möglichkeiten, diesen Prozess zu beschleunigen.

Sie können das Urteilsvermögen einer Person in einem Bereich testen, in dem sich ihre Vorhersagen recht schnell als wahr oder falsch erweisen. Machen Sie den folgenden Versuch: Befragen Sie die Menschen, deren Urteilsvermögen Sie beurteilen wollen, zu einem Thema, das sie außerhalb der Arbeit interessiert. Es ist egal, ob es sich dabei um Kochen, Fußball oder Politik handelt. Stellen Sie ihnen Fragen wie: »Was braucht man, um ein perfektes Soufflé zu backen?«, »Welche Mannschaft wird am Samstag gewinnen?« oder »Was meinen Sie, was wird aus dieser Gesetzesinitiative?« Nageln Sie sie auf eine Antwort fest – denn der Unwille, sich festzulegen, ist an sich schon ein Warnsignal. Fragen Sie dann nach den Gründen für ihre Vorhersage. Ist die Argumentation schlüssig? Wenn möglich, überprüfen Sie die Vorhersage.

Mit dieser Methode erkennen Sie die Fähigkeit einer Person, sich in einem bestimmten Bereich ein fundiertes Urteil zu bilden. Wer im Privatleben auf einem bestimmten Gebiet zum Experten geworden ist, der ist es vermutlich auch im Beruf. Wie Sie es auch angehen, warten Sie nicht erst, bis sich Ihre Mitarbeiter beruflich beweisen, sondern finden Sie Wege, auf eine andere Weise Zeichen für ein Expertentum zu finden.

Bewerten Sie wichtige Leistungsträger

Wenn Sie ein Team leiten, dessen Angehörige aus unterschiedlichen Funktionsbereichen stammen, wie zum Beispiel Marketing, Finanzen oder Forschung, müssen Sie herausfinden, inwieweit sie ihr jeweiliges Gebiet beherrschen. Das ist keine leichte Aufgabe, vor allem nicht für Neulinge in Geschäftsführungspositionen. Wenn Sie aus dem Unternehmen kommen, versuchen Sie Informationen mithilfe von Vertrauten einzuholen, die aus dem jeweiligen Gebiet kommen und die professionelle Kompetenz Ihrer neuen Mitarbeiter beurteilen können.

Wenn Sie erstmals eine Position in der Geschäftsführung übernehmen, ist es hilfreich, für jede der Schlüsselpositionen eine eigene Bewertungsvorlage zu erstellen. Eine gute Vorlage besteht aus Richtlinien und Warnsignalen, nach denen Sie Manager zum Beispiel aus den Bereichen Marketing, Verkauf, Finanzen oder dem operativen Geschäft beurteilen können. Fragen Sie dazu erfahrene Führungskräfte, worauf sie in jedem dieser Bereiche besonders achten.

Bewerten Sie das Team als Ganzes

Neben den einzelnen Teammitgliedern sollten Sie sich auch die Zusammenarbeit der Gruppe als Ganzes ansehen. Benutzen Sie folgende Methoden, um Probleme in der Gruppendynamik zu erkennen:

Machen Sie sich mit den schriftlichen Daten vertraut. Lesen Sie Berichte und Sitzungsprotokolle. Wenn Ihr Unternehmen Mitarbeiterbefragungen zu Stimmung und Moral durchführt, lesen Sie auch diese.

Stellen Sie systematisch Fragen. Werten Sie die Antworten auf die Fragen aus Ihren Einzelgesprächen aus. Erscheinen diese Antworten allzu stimmig? Wenn ja, dann könnte dies auf Absprachen hinweisen oder aber darauf, dass das Team tatsächlich zu einer gemeinsamen Einschätzung der Lage kommt. Liegen die Antworten weit auseinander? Wenn ja, dann fehlt es dem Team möglicherweise an Zusammenhalt.

Analysieren Sie die Gruppendynamik. Beobachten Sie, wie die Gruppe bei Ihren ersten Treffen interagiert. Erkennen Sie Bündnisse? Bestimmte Einstellungen? Führungspersonen? Wer schließt sich wem bei welchem Thema an? Wenn eine bestimmte Person spricht, rollen die anderen die Augen und bringen ihre Ablehnung oder Frustration zum Ausdruck? Achten Sie auf diese Zeichen, um Ihre ersten, intuitiven Einschätzungen zu überprüfen sowie Bündnisse und Konflikte zu erkennen.

Organisieren Sie Ihr Team neu

Nachdem Sie die Fähigkeiten der einzelnen Team-Mitglieder in Bezug auf Fachkompetenz, Teamfähigkeit, die unternehmerische Situation (STARS-Portfolio) und die Bedeutung der jeweiligen Position bewertet haben, besteht der nächste Schritt darin, zu entscheiden, wie Sie am besten mit jedem Einzelnen verfahren. Nach ungefähr 30 Tagen sollten Sie in der Lage sein, jedes Teammitglied vorläufig in eine der folgenden Kategorien einzuordnen.

- **Behalten:** Diese Person leistet an ihrer Position gute Arbeit.
- **Behalten und fördern:** Diese Person benötigt Förderung, wenn es die Zeit erlaubt.
- **Auf eine andere Position versetzen:** Diese Person leistet gute Arbeit, befindet sich aber auf einer Position, an der sie ihre Fähigkeiten und Qualitäten nicht voll entfalten kann.
- **Beobachten:** Diese Person sollte beobachtet werden und benötigt einen persönlichen Entwicklungsplan.
- **Ersetzen (niedrige Priorität):** Diese Person sollte ersetzt werden, doch es eilt nicht.
- **Ersetzen (hohe Priorität):** Diese Person sollte so bald wie möglich ersetzt werden.

Diese Beurteilungen sind nicht unbedingt in Stein gemeißelt, aber Sie sollten dennoch mindestens zu 90 Prozent sicher sein. Bei Unsicherheiten belassen Sie die betreffende Person in der Kategorie »Beobachten«. Im Laufe der Zeit werden Sie mehr über sie erfahren und Ihre Einschätzung revidieren oder verifizieren.

Erwägen Sie Alternativen zum sofortigen Austausch

Die Versuchung ist groß, bestimmte Mitarbeiter sofort zu ersetzen. Sie sollten jedoch vorher noch über einige Alternativen nachdenken. Denn es kann sich um einen schwierigen und zeitaufwändigen Prozess handeln, einen Mitarbeiter auszutauschen. Selbst wenn die schwache Leistung gut dokumentiert ist, kann es Monate dauern. Und wenn die schlechte Leistung nicht dokumentiert ist, kann es sich sogar noch länger hinziehen.

Außerdem hängt die Frage, ob Sie einen Mitarbeiter austauschen können, von einer Vielzahl von Faktoren ab. Dazu gehören der arbeitsrechtliche Schutz, die kulturellen Normen, aber auch politische Bündnisse. Manchmal ist es einfach nicht möglich, einen Mitarbeiter zu ersetzen, selbst wenn er sehr leistungsschwach ist. In diesem Fall müssen Sie sich überlegen, wie Sie sich mit der gegebenen Situation so gut wie möglich arrangieren.

Sie haben zum Glück einige Alternativen. Oft wird ein leistungsschwacher Mitarbeiter von selbst gehen, wenn Sie ihm unmissverständliche Signale geben. Wenn nicht, können Sie ihn in Zusammenarbeit mit der Personalabteilung an eine geeignetere Position versetzen.

Versetzen Sie den Mitarbeiter quer. Geben Sie der Person eine Stelle im Team, die ihren Fähigkeiten eher entspricht. Im Falle eines leistungsschwachen Mitarbeiters kann das nur eine Übergangslösung sein, doch so können Sie die Organisation kurzfristig am Laufen halten, während Sie nach einer geeigneten Person für die Stelle suchen.

Manövrieren Sie den Mitarbeiter »aufs Abstellgleis«. Wenn der Betreffende einfach nicht zu produktiven Leistungen fähig ist oder als permanenter Störfaktor seine Kollegen demotiviert, dann ist es besser, ihm sämtliche Aufgaben zu entziehen, damit er keinen Schaden anrichtet. Beschneiden Sie also seinen Verantwortungsbereich. Auf diese Weise signalisieren Sie ihm zudem, welchen Wert Sie seinen Beiträgen beimessen, sodass er unter Umständen selbst erkennt, dass ein Stellenwechsel angebracht ist.

Versetzen Sie den Mitarbeiter innerhalb des Unternehmens an eine andere Stelle. Suchen Sie mithilfe der Personalabteilung innerhalb des Unternehmens nach einer geeigneteren Stelle für den Mitarbeiter. Gelingt die Versetzung, kann dies Ihnen, dem Mitarbeiter und dem gesamten Unternehmen nutzen. Verfolgen Sie diese Strategie jedoch nur, wenn Sie überzeugt sind, dass die betreffende Person auf der neuen Stelle gute Leistungen erbringen kann. Wenn Sie einem Kollegen ein Kuckucksei ins Nest legen, wirft dies ein schlechtes Licht auf Sie.

Fahren Sie parallele Strategien

Um die Leistungsfähigkeit Ihres Teams während des Umbaus nicht zu beeinträchtigen, kann es notwendig sein, einen leistungsschwachen Mitarbeiter an seiner Position zu belassen, während Sie nach einem Nachfolger suchen. Sobald Sie wissen, dass jemand nicht Ihren Kriterien entspricht, sollten Sie sich diskret nach einer Neubesetzung umsehen. Beurteilen Sie das Potenzial anderer Mitarbeiter Ihres Teams und des gesamten Unternehmens, um in diese Position aufzurücken. Nutzen Sie Treffen mit Managern aus unterschiedlichen Führungsebenen und reguläre Arbeitssitzungen, um nach Talenten Ausschau zu halten. Und bitten Sie die Personalabteilung, eine Suche zu starten.

Behandeln Sie Menschen mit Respekt

Achten Sie darauf, in der Phase der Umstrukturierung Ihres Teams (und zu jedem anderen Zeitpunkt) jeden Ihrer Mitarbeiter mit Respekt zu behandeln. Selbst wenn in Ihrem Team Einigkeit darüber besteht, dass ein bestimmter Mitarbeiter ausgetauscht werden sollte, setzen Sie Ihren Ruf aufs Spiel, wenn Sie unfair erscheinen. Tun Sie alles, um Ihre Mitarbeiter wissen zu lassen, wie sorgfältig Sie in der Beurteilung ihrer Fähigkeiten und ihrer Eignung für eine bestimmte Position vorgehen. Die Meinung, die sich Ihre Mitarbeiter über Sie bilden, wird zu einem guten Teil dadurch geprägt, wie Sie mit dieser Verantwortung umgehen.

Koordinieren Sie Ziele, Anreize und Maßnahmen

Es ist zwar äußerst wichtig, die richtigen Leute im Team zu haben, aber das reicht noch nicht aus. Um Ihre A-Prioritäten zu verwirklichen und frühe Erfolge zu erzielen, sollten Sie festlegen, was jedes einzelne Mitglied Ihres Teams dazu beitragen kann. Dazu sollten Sie Ihr übergeordnetes Ziel in seine Einzelbausteine zerlegen und jedem Teammitglied die Verantwortung für einen bestimmten Aspekt übertragen. Verpflichten Sie jeden Einzelnen darauf, seine Ziele einzuhalten. Wie fördern Sie dieses Verantwortungsbewusstsein? Eine

Mischung aus extrinsischer und intrinsischer Motivation (Push und Pull) wirkt am besten, um ein Team zu motivieren und Verhalten zu formen (siehe Grafik 7.2). Push-Instrumente, wie leistungsabhängige Bezahlung, Systeme der Leistungsmessung oder Jahresbudgets, motivieren Menschen durch die Faktoren Autorität, Loyalität, Furcht und Belohnung. Pull-Instrumente, wie eine überzeugende Vision, inspirieren Ihre Mitarbeiter durch ein positives Bild der Zukunft.

Die richtige Mischung hängt natürlich auch von der unternehmerischen Situation ab, mit der Sie es zu tun haben. Turnarounds sorgen meist für ein hohes Maß an extrinsischer Motivation. Die problematische Grundsituation lässt keinen Zweifel daran, dass etwas passieren muss. In Restrukturierungssituationen jedoch kann es deutlich schwieriger sein, den Mitarbeitern die Dringlichkeit der Maßnahmen vor Augen zu führen. In diesem Fall sollten Sie eher auf Pull-Instrumente setzen. Entwerfen Sie beispielsweise eine faszinierende Zukunftsvision möglicher unternehmerischer Entwicklungen.

Grafik 7.2: Nutzen Sie Push- und Pull-Instrumente zur Mitarbeitermotivation

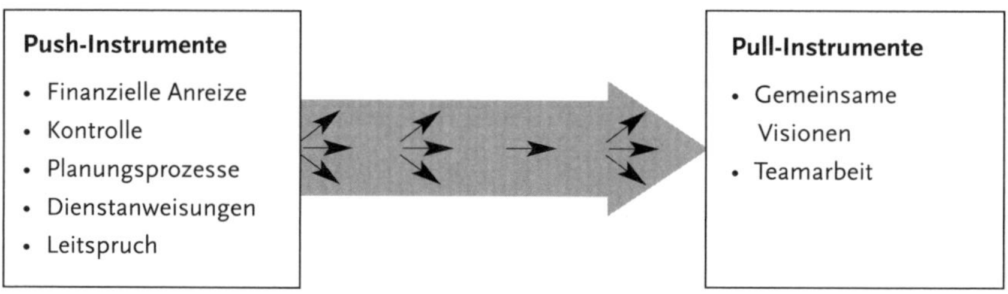

Definieren Sie Ziele und Leistungsparameter

Klare und explizite Leistungsparameter sind auf der Push-Ebene die beste Möglichkeit, Verantwortungsbewusstsein zu ermutigen. Wählen Sie Leistungsmessungen, anhand derer Sie eindeutig erkennen, ob ein Teammitglied seine Ziele erreicht oder nicht.

Vermeiden Sie schwammige Zielvereinbarungen wie etwa »Steigerung der Verkäufe« oder »Verkürzung der Produktentwicklungszeiten«. Legen Sie die Ziele in quantifizierbarer Form fest. »Steigerung der Verkäufe von Produkt X im vierten Quartal um 15 bis 30 Prozent« oder »In den nächsten zwei Jahren Reduzierung der Produktentwicklungszeit von zwölf Monaten auf sechs Monate«.

Koordinieren Sie Anreize

Sie haben verschiedene Möglichkeiten, diese beiden Anreiztypen zu kombinieren. Zunächst sollten Sie sich fragen, wie Sie Ihr Team bei Erreichung seiner Ziele honorieren wollen. Wie wollen Sie finanzielle und nicht finanzielle Belohnungen mischen?

Genauso wichtig ist es, zu entscheiden, ob Sie die Belohnungen auf individuelle oder kollektive Leistungen beziehen wollen. Benötigen Sie ein leistungsstarkes Team oder genügt eine leistungsstarke Gruppe? Der Unterschied ist wichtig. Wenn Ihre Mitarbeiter in der Hauptsache unabhängig arbeiten und der Erfolg der Gruppe stark von der Leistung der einzelnen Personen abhängt, ist es nicht nötig, Teamarbeit zu fördern; stattdessen sollten Sie ein Anreizsystem schaffen, das individuelle Leistungen honoriert. Wenn Zusammenarbeit und Erfahrungsaustausch Ihrer Mitarbeiter jedoch zentrale Erfolgsfaktoren sind, dann ist Teamwork eine wichtige Voraussetzung, und Sie sollten ein kollektives Anreizsystem einführen.

Sie sollten eine Mischung aus Anreizen für individuelle Leistungen Ihrer Mitarbeiter bei unabhängigen Aufgaben und für kollektive Leistungen bei Teamarbeit wählen. Das richtige Mischungsverhältnis hängt davon ab, wie wichtig Einzel- und Gruppenleistungen für den Erfolg Ihrer gesamten Einheit sind (siehe Kasten »Die Anreizgleichung«).

Die Entwicklung eines Anreizsystems ist eine echte Herausforderung, denn die Gefahr einer Fehlkoordination ist groß. Es wäre keine gute Idee, Ihren Mitarbeitern individuelle Anreize zu geben, wenn sie kollektive Ziele verfolgen sollen – und umgekehrt.

Die Anreizgleichung

Die Anreizgleichung definiert die Mischung von Anreizen, die Sie einsetzen, um die gewünschten Leistungen zu motivieren. Die Grundformeln lauten:

A. Belohnung = Nicht finanzielle + finanzielle Belohnung

Die Gewichtung von nicht finanzieller und finanzieller Belohnung hängt davon ab, inwieweit erstens nicht finanzielle Belohnungen wie Beförderungen und sonstige Anerkennungen verfügbar sind und zweitens, wie die Beteiligten die jeweilige Form der Belohnung einschätzen.

B. Finanzielle Entlohnung = Feste + leistungsabhängige Entlohnung

Die Gewichtung von fester und leistungsabhängiger Entlohnung hängt davon ab, inwieweit erstens Einzelbeiträge feststellbar und messbar sind und zweitens, wie groß der Zeitabstand zwischen einer Leistung und dem Ergebnis ist. Je schwerer messbar der Einzelbeitrag und je größer der zeitliche Abstand zwischen Leistung und Ergebnis, desto größer sollte das Gewicht auf der festen Entlohnung liegen.

C. Leistungsabhängige Entlohnung = individuelle + kollektive Entlohnung

von individueller und kollektiver leistungsabhängiger Entlohnung hängt davon ab, inwieweit Einzelbeiträge voneinander abhängig sind. Ist die exzellente Performance ein Ergebnis der Summe von Einzelleistungen (wie zum Beispiel in einer Verkaufsabteilung), dann sollte die Einzelleistung honoriert werden. Ist die Zusammenarbeit der Gruppe entscheidend (wie bei der Entwicklung eines neuen Produkts), dann sollte die kollektive leistungsabhängige Entlohnung stärker gewichtet werden. Beachten Sie, dass Sie kollektive Anreize auf mehreren Ebenen einführen können: auf der Ebene des Teams, der Einheit und des gesamten Unternehmens.

Formulieren Sie Ihre Firmenphilosophie

Verlieren Sie bei all Ihren Koordinationsbemühungen die Vision des Unternehmens niemals aus den Augen. Immerhin ist sie der entscheidende Grund, warum Sie und Ihr Team tagtäglich zur Arbeit kommen. Eine inspirierende Firmenphilosophie hat folgende Attribute:

- Sie ist ein Quell der Inspiration. Sie basiert auf intrinsischen Motivatoren wie Teamwork und dem Beitrag zur Gesellschaft, den man leistet. Die Vision einer Firma zur Herstellung orthopädischer Hilfsmittel lautete beispielsweise: »Wir geben Menschen die Freude an der Bewegung zurück.« Begleitet wurde dieses Statement von Geschichten über verletzte Sportler, die wieder an Wettkämpfen teilnehmen konnten, und Großeltern, die ihre Enkel wieder auf den Arm nehmen konnten.

- Sie macht Menschen zum Teil »der Geschichte«. Die besten Visionen binden Menschen in eine Art bedeutungsvolle Erzählung ein. So kann man sich beispielsweise gemeinsam auf die Suche nach dem früheren Ruhm des Unternehmens machen.
- Sie benutzt bildhafte Sprache. Eine Vision muss den Mitarbeitern bildhaft vor Augen führen, was das Unternehmen erreichen will und wie die Menschen sich fühlen werden, wenn sie verwirklicht ist. Zwölf Raketen in zehn Jahren abzuschießen ist ein Ziel; innerhalb eines Jahrzehnts einen Mann auf den Mond zu schicken und ihn sicher wieder zur Erde zurückzubringen, wie Präsident John F. Kennedy es formulierte, ist eine Vision.

Nutzen Sie die Kategorien aus Tabelle 7.2, um Ihre gemeinsame Vision zu gestalten. Fragen Sie sich immer wieder: Warum sollen Menschen motiviert sein, sich für die Ziele einzusetzen, die wir für das Unternehmen formuliert haben?

Tabelle 7.2: Anregungen zur Formulierung einer Vision oder Firmenphilosophie

Sich verpflichtet fühlen? • Bindung an ein Ideal • Opferbereitschaft, um dieses Ideal zu erreichen	Große Ziele erreichen? • Auf hervorragende Leistungen, Qualität und beständige Verbesserung abzielen • Herausforderungen und Chancen schaffen
Einen Beitrag zum Gemeinwohl leisten? • Dienst am Kunden und an Zulieferern • Eine bessere Gesellschaft und eine bessere Welt schaffen	Teil des Teams sein? • Teamwork und ständige Sorge um das Wohl des Teams • Ein Klima, dass die persönlich erfüllende Arbeit innerhalb der Gruppe hervorhebt
Persönliches Wachstum fördern? • Respekt vor dem Individuum, der sich in der Abschaffung von Ausbeutung und Bevormundung manifestiert • Den Menschen ermöglichen, Ihr Potenzial auszuschöpfen	Kontrolle über das eigene Schicksal haben? • Das Streben nach Dominanz und Kontrolle • Anreize, Anerkennung und Status – sowohl für den Einzelnen als auch für das Unternehmen
Verkörpern von Vertrauen und Integrität? • Moralisches und ehrliches Verhalten • Fairness	

Bei der Ausarbeitung und Kommunikation einer gemeinsamen Vision sollten Sie sich an folgende Prinzipien halten:

Unterhalten Sie sich mit anderen über Ihre Vision. Kommunizieren Sie klar, welche Aspekte Ihrer Vision nicht verhandelbar sind. Darüber hinaus aber sollten Sie flexibel genug sein, die Ideen der anderen mit einzubeziehen. Hören Sie sich ihre Beiträge an und geben Sie ihnen Einfluss auf die gemeinsame Vision. Auf diese Weise haben sie das Gefühl, dass das Unternehmen auch ihnen gehört. Off-Site-Meetings sind häufig eine hervorragende Möglichkeit, Engagement für eine gemeinsame Philosophie zu schaffen. Achten Sie dabei darauf, dass ein solches Meeting gut vorbereitet ist. (Siehe Kasten »Checkliste für die Planung Ihres Off-Site-Meetings«.)

Entwickeln Sie Geschichten und Metaphern, um Ihre Vision zu kommunizieren. Geschichten und Metaphern sind wirkungsvolle Methoden, um die Essenz Ihrer Vorstellung zu vermitteln. Eine Parabel kann überraschend wirkmächtig sein. Die besten dieser Geschichten kristallisieren die Kernbotschaft und geben Beispiele für die Verhaltensweisen, die Sie ermutigen wollen.

Verstärken Sie sie. Überzeugende Kommunikation wirkt erwiesenermaßen über Wiederholung. Ihre Vision setzt sich im Kopf der Menschen fest, wenn sie aus ein paar Kernthemen besteht, die so lange wiederholt werden, bis sie vollends ins Bewusstsein gelangt sind. Selbst wenn die Menschen begonnen haben, die Botschaft zu verstehen, dürfen Sie mit der Wiederholung nicht aufhören. Bemühen Sie sich ständig, das Engagement der Menschen für diese Vision zu verstärken.

Schaffen Sie Kommunikationskanäle, um die Vision zu verbreiten. Sie können wohl kaum davon ausgehen, dass Sie Ihre Firmenphilosophie jedem einzelnen Mitarbeiter Ihres Unternehmens direkt vermitteln können. Zunächst einmal arbeiten Sie natürlich in kleinen Gruppen wie dem Führungsteam, müssen aber auch aus der Distanz ihre Botschaft überzeugend herüberbringen. Sie benötigen also Kommunikationskanäle, mit denen Sie Ihre Vision einer breiteren Öffentlichkeit zugänglich machen.

Schließlich und endlich müssen Sie natürlich darauf achten, die Vision, die Sie anderen vermitteln, auch selbst zu leben. Eine Vision, die vom inkonsistenten Verhalten der Führungsebene unterminiert wird – also von Ihnen und den Mitgliedern Ihres Teams –, ist schlimmer als überhaupt keine Vision. Ihren Worten müssen also Taten folgen.

Checkliste für die Planung Ihres Off-Site-Meetings

Bevor Sie ein Off-Site-Meeting für Ihr neues Team ansetzen, sollten Sie deutlich machen, was Sie damit erreichen wollen. Es gibt mindestens sechs Gründe für ein Off-Site-Meeting:

- Sie wollen gemeinsam ein besseres Verständnis für das Unternehmen entwickeln (diagnostischer Fokus).
- Sie wollen eine Vision definieren und eine Strategie ausarbeiten (Strategie-Fokus).
- Sie wollen die Zusammenarbeit im Team verändern (Teamprozess-Fokus).
- Sie wollen Beziehungen innerhalb der Gruppe aufbauen oder verändern (Beziehungs-Fokus).
- Sie wollen einen Plan entwickeln und sich verpflichten, ihn zu erreichen (Planungs-Fokus).
- Sie wollen Konflikte ansprechen und Lösungen ausarbeiten (Konfliktlösungs-Fokus).

Detailfragen

Wenn Sie der Ansicht sind, dass ein Off-Site-Meeting tatsächlich von Nutzen für die Gruppe sein könnte, sollten Sie über die Logistik des Meetings nachdenken. Als Anhaltspunkt können Ihnen die folgenden Fragen dienen:

- Wann und wo soll das Meeting stattfinden?
- Welche Themen sollen besprochen werden und in welcher Reihenfolge?
- Wer soll als Moderator fungieren?

Die letzte Frage sollte man nicht unterschätzen. Wenn Sie selbst ein fähiger Moderator sind und das Team Sie respektiert – und gerade nicht in eine Konfliktsituation verwickelt ist –, ist es sinnvoll, dass Sie sowohl Führungskraft als auch Moderator sind. Ansonsten sind Sie gut beraten, sich eine fähige externe Hilfe zu suchen – entweder einen fachlichen Experten oder eine Person mit guten integrativen Fähigkeiten.

Wie Sie Fallen vermeiden

Versuchen Sie in einem einzigen Off-Site-Meeting nicht gleich, zu viel zu erreichen. Es ist nicht realistisch, dass Sie mehr als zwei der oben genannten Ziele in einem oder zwei Tagen erreichen. Nehmen Sie sich wenig vor und konzentrieren Sie sich darauf.

Aber spannen Sie den Wagen nicht vor die Pferde. Es wird Ihnen nicht gelingen, die Vision zu definieren und eine Strategie zu entwerfen, bevor Sie nicht die richtige Basis geschaffen haben: ein gemeinsames Verständnis der Unternehmensumgebung (diagnostischer Fokus) und der Beziehungen am Arbeitsplatz (Beziehungs-Fokus).

Wie Sie Ihr Team führen

Wenn Sie Ihr Team analysiert, weiterentwickelt und koordiniert haben, sollten Sie sich mit der Frage befassen, wie Sie täglich und wöchentlich mit Ihrem Team zusammenarbeiten wollen. Mit welchen Prozessen wollen Sie die kollektiven Aufgaben erledigen? Teams unterscheiden sich beträchtlich in der Art und Weise, wie Meetings abgehalten, Entscheidungen getroffen, Konflikte gelöst und Verantwortungsbereiche und Aufgaben aufgeteilt werden. Vermutlich wollen Sie neue Arbeitsweisen einführen. Werden Sie dabei aber nicht vorschnell aktiv. Machen Sie sich zunächst gründlich damit vertraut, wie Ihr Team vor Ihrem Dienstantritt zu arbeiten pflegte und wie effektiv seine Arbeitsprozesse waren. Auf diese Weise können Sie das erhalten, was gut funktionierte, und das verändern, was weniger gut war.

Beurteilen Sie die vorhandenen Prozesse Ihres Teams

Wie können Sie die bestehenden Teamprozesse möglichst effektiv verstehen? Sprechen Sie mit Teammitgliedern und Assistenten, mit Ihrem neuen Chef und Ihrem Vorgänger. Lassen Sie sich von ihnen die wichtigsten Abläufe erklären. Lesen Sie Protokolle und Teamberichte. Suchen Sie Antworten auf die folgenden Fragen:

- **Die Rollen der Beteiligten:** Wer hatte den größten Einfluss auf Ihren Vorgänger? Wer spielte den Advocatus Diaboli? Wer war der Erneuerer? Wer drang auf Klärung von Unklarheiten? Wem hörte jeder aufmerksam zu? Wer war Friedensstifter? Wer konnte mobilisieren?

- **Meetings:** Wie oft traf sich das Team? Wer nahm an den Sitzungen teil? Wer legte die Agenda fest?
- **Entscheidungen:** Wer traf welche Entscheidungen? Wer wurde dazu befragt? Wer wurde nach der Entscheidungsfindung informiert?
- **Führungsstil:** Welchen Führungsstil bevorzugt Ihr Vorgänger? Wie lernte, kommunizierte, motivierte und entschied er? Inwieweit unterscheidet sich der Stil Ihres Vorgängers von Ihrem? Wenn sich Ihre Arbeitsweisen erheblich unterscheiden, wie werden Sie mit den Konsequenzen umgehen, die dies für das Team haben wird?

Wählen Sie Prozesse aus, die Sie verändern wollen

Wenn Sie verstanden haben, wie Ihr Team in der Vergangenheit gearbeitet hat – also was funktioniert hat und was nicht –, ist es Zeit, dass Sie das Gelernte umsetzen und dort neue Prozesse einführen, wo Sie es für nötig halten. Viele Führungskräfte entscheiden beispielsweise, dass Meetings und Entscheidungsprozesse einer Überarbeitung bedürfen. Wenn das auch auf Sie zutrifft, dann formulieren Sie eindeutig, welche Veränderungen Sie anstreben. Wie oft soll sich Ihr Team treffen? Wer soll an welchen Meetings teilnehmen? Wie werden Tagesordnungen erstellt und kommuniziert? Wenn Sie klare und effektive Prozesse entwickeln, wächst Ihr Team besser zusammen, und Sie können als Gruppe frühe Erfolge erzielen.

Ändern Sie die Teilnehmerliste

Ein typisches Problem bei Teamprozessen – aber auch eine große Chance, die Botschaft auszusenden, dass Veränderungen anstehen – betrifft die Frage, wer an wichtigen Meetings teilnimmt und wer nicht. In manchen Organisationen sitzen bei wichtigen Meetings zu viele Leute am Tisch, zu viele Personen sind an Diskussionen und Entscheidungsprozessen beteiligt. Ist dies der Fall, sollten Sie die Meetings rasch verschlanken und verkürzen. So senden Sie das Signal aus, dass Sie großen Wert auf Effizienz und Fokus legen.

In anderen Organisationen nehmen dagegen zu wenige Mitarbeiter an Meetings teil. Potenziell wichtige Leute werden nicht um ihre Meinung gefragt, sie bringen keine Informationen in den Entscheidungsprozess mit ein und werden systematisch ausgeschlossen. Sollte dies der Fall sein, erweitern Sie die Teilnehmerzahl vorsichtig und senden Sie dadurch das Signal aus, dass Sie keine Lieblinge haben und mehr als nur einige ausgewählte Meinungen hören wollen.

Managen Sie den Entscheidungsprozess

Entscheidungsprozesse sind ein weiterer Bereich, in dem Sie sinnvolle Veränderungen vornehmen können. Wenige Führungskräfte managen Entscheidungsprozesse effektiv. Die meisten haben einen Ansatz, an den sie sich durchgängig halten, weil sie einen bestimmten Stil haben und glauben, dass sie durch Variationen Verwirrung unter ihren Mitarbeitern stiften würden.

Zahlreiche Untersuchungen ergaben jedoch, dass diese Annahme falsch ist.[37] Führungskräfte sollten lediglich gut kommunizieren, warum Sie unterschiedliche Entscheidungen unterschiedlich angehen.

Stellen Sie sich die verschiedenen Arten und Weisen vor, wie in einem Team Entscheidungen zustande kommen können. Die möglichen Ansätze lassen sich mit einer einseitigen Entscheidung an dem einen Ende der Skala und einer einstimmigen Entscheidung an dem anderen Ende auf einem Spektrum anordnen. Die einseitige Entscheidung trifft die Führungskraft ohne Rücksprache und bestenfalls unter Hinzunahme persönlicher Berater. Die Risiken dieser Vorgehensweise liegen auf der Hand: Sie laufen Gefahr, Entscheidungen aufgrund unzureichender Informationen zu treffen, und können in der Umsetzung nur auf lauwarme Unterstützung hoffen.

Auf der anderen Seite leiden Prozesse, bei denen einmütige Entscheidungen nötig sind, unter akuter Verwässerung, sobald mehr als eine Handvoll Personen beteiligt sind. Die Diskussionen nehmen kein Ende, und wenn dann schließlich doch eine Entscheidung zustande kommt, dann oft auf dem kleinsten gemeinsamen Nenner. Chancen werden auf diese Weise nicht konsequent genutzt und Gefahren nicht effektiv bekämpft.

Zwischen diesen beiden Extremen finden sich die beiden Entscheidungsprozesse, die von den meisten Führungskräften bevorzugt werden: Herstellen von Konsens oder Beraten-und-Entscheiden. Wenn eine Führungskraft Informationen und Rat von ihren Mitarbeitern einholt, aber sich das Recht zur letzten Entscheidung vorbehält, dann sprechen wir von Beraten-und-Entscheiden. Sie trennt damit den Prozess der Informationssammlung und -auswertung vom Prozess der eigentlichen Entscheidungsfindung ab und beteiligt die Gruppe an Ersterem, nicht aber an Letzterem.

Bei der Konsensentscheidung beteiligt die Führungskraft ihre Mitarbeiter an der Informationssammlung und -auswertung und sucht außerdem ihre Zustimmung zu einer Entscheidung. Das Ziel ist nicht ein einstimmiger, sondern ein ausreichender Konsens. Das bedeutet, dass der entscheidende oder überwiegende Teil der Gruppe hinter der Entscheidung steht und der Rest mit ihr leben kann und ihre Umsetzung unterstützt.

Wann sollten Sie welchen der beiden Entscheidungsprozesse wählen? Die Antwort kann ganz klar *nicht* folgende sein: »Wenn ich keine Zeit habe, dann entscheide ich selbst.« Es kann gut sein, dass Sie auf diese Weise schneller zu einer *Entscheidung* kommen – das heißt aber nicht, dass damit auch das *gewünschte Ergebnis* schneller eintritt. Es kann Ihnen sogar passieren, dass Sie viel Zeit aufwenden müssen, um Ihre Entscheidung zu verkaufen, oder Sie stellen fest, dass Ihre Mitarbeiter Ihre Entscheidung mit wenig Begeisterung und Elan umsetzen. Führungskräfte, die unter Handlungszwang leiden, erliegen dieser Versuchung relativ leicht: Sie wollen zu einem Abschluss kommen und eine Entscheidung treffen, gefährden damit aber am Ende ihre Ziele.

Benutzen Sie die folgenden Faustregeln, um zu entscheiden, mit welchem Prozess Sie am besten fahren:

- Wenn die Entscheidung eher kontrovers ist, weil sie zum Beispiel Gewinner und Verlierer schafft, ist es besser, Sie entscheiden selbst und setzen sich der Kritik aus. Ein Konsensprozess wird kein gutes Ergebnis erzielen und die Beteiligten unnötig gegeneinander aufbringen. Anders gesagt, schmerzhafte Entscheidungen für die Beteiligten sollte die Führungskraft selbst treffen.
- Wenn Sie zur Umsetzung einer Entscheidung die begeisterte Unterstützung von Personen benötigen, deren Leistung Sie nicht angemessen beurteilen und kontrollieren können, ist ein Konsensprozess der bessere Weg. Dieser dauert möglicherweise länger, aber Sie erreichen am Ende nicht nur eine Entscheidung, sondern auch ein Ergebnis.
- Wenn Sie ein Team von relativ unerfahrenen Mitarbeitern führen, ist es meist vorteilhafter, Sie konsultieren sie und treffen die Entscheidungen dann selbst, bis Sie das Team besser kennen und seine Qualifikationen weiterentwickelt haben. Wenn Sie mit einem unerfahrenen Team einen Konsensprozess versuchen, laufen Sie Gefahr, Ihre Mitarbeiter zu frustrieren

und die Teamarbeit zu gefährden, da Sie am Ende die Entscheidungen doch selbst treffen.

- Wenn Sie einer Gruppe vorangestellt werden, vor der Sie Ihre Autorität erst noch etablieren müssen (zum Beispiel wenn Sie jetzt frühere Kollegen führen), sollten Sie anfangs wichtige Entscheidungen nach Konsultation selbst treffen. Wenn Ihre Mitarbeiter sehen, dass Sie den Mut und die Fähigkeit haben, auch unangenehme Entscheidungen zu treffen, können Sie sich entspannen und Konsensentscheidungen suchen.

Ihre Entscheidung für den einen oder den anderen Prozess hängt natürlich auch von der jeweiligen STARS-Situation ab. In Start-ups und Turnarounds ist es oft sinnvoll, wenn Sie nach einer Konsultation Ihrer Mitarbeiter selbst entscheiden. Die Probleme sind häufig technischer Natur, es geht um Märkte, Produkte und Technologien, nicht um Kultur und Politik. In diesen Situationen erwarten Ihre Mitarbeiter eine starke Führungspersönlichkeit, die oft mit dieser Art von Entscheidungsstil assoziiert wird. In einer Restrukturierung oder im Falle der Stabilisierung einer Erfolgsstrategie haben es Führungskräfte dagegen oft mit starken Teams sowie politischen und kulturellen Fragestellungen zu tun. In diesem Zusammenhang empfiehlt sich bei Entscheidungen die Herstellung von Konsens.

Bei der Entscheidung für einen dieser Prozesse werden Sie gelegentlich gezwungen sein, auch eine Wahl gegen Ihre persönlichen Vorlieben zu treffen. Sie haben vermutlich gewisse Präferenzen für Konsultations- oder Konsensentscheidungen. Doch Vorlieben sind kein Schicksal. Wenn Sie Konsultationsentscheidungen bevorzugen, sollten Sie auch einmal versuchen, in geeigneten Situationen einen ausreichenden Konsens herzustellen. Und wenn Sie eher auf Konsens bedacht sind, sollten Sie gelegentlich auch selbst eine Entscheidung treffen, wenn Ihnen die Situation geeignet erscheint.

Um Verwirrung zu vermeiden, erklären Sie Ihren Mitarbeitern, welche Entscheidungsprozesse Sie wählen und warum. Wichtiger noch, streben Sie Fairness an.[38] Selbst wenn Ihre Mitarbeiter am Ende nicht mit Ihnen übereinstimmen, werden sie Sie trotzdem unterstützen, wenn sie das Gefühl haben, dass zum einen ihre Meinungen und Interessen wahr- und ernst genommen werden, und Sie zum anderen ausreichend begründen, warum Sie so entschieden haben. Wichtig: Tun Sie nicht so, als würden Sie Konsens suchen, wenn Sie die Entscheidung längst getroffen haben. Damit führen Sie niemanden hinters Licht, schaffen Zynismus und gefährden die Umsetzung. Sie sind besser bedient, nach der Konsultation einfach selbst zu entscheiden.

Wenn Sie die Interessen und Positionen Ihrer Teammitglieder besser kennen, können Sie flexibler zwischen beiden Entscheidungsprozessen wechseln. In manchen Fällen kann es beispielsweise sinnvoll sein, mit einer Konsensfindung zu beginnen, sich aber das Recht vorzubehalten, selbst eine Entscheidung zu treffen, wenn sich im Laufe des Prozesses Fronten aufbauen. Oder Sie gehen davon aus, dass Sie die Entscheidung selbst treffen, wechseln dann aber zur Konsensentscheidung, weil Sie feststellen, dass eine energische Umsetzung nötig und ein Konsens möglich ist.

Stellen Sie sich auf virtuelle Teams ein

Schließlich stellt sich die Frage, wie Sie Ihren Ansatz anpassen können, wenn ihre Teammitglieder nicht vor Ort arbeiten. Den Zusammenhalt zu bewirken und zu unterstützen ist bei virtuellen Teams eine besondere Herausforderung. Auch die Bewertung der Teammitglieder wird dadurch schwieriger, besonders wenn die Situation schon zu Beginn Vier-Augen-Gespräche verhindert. Obwohl die meisten Prinzipien effektiver Teamarbeit sich auch auf virtuelle Teams anwenden lassen, gibt es noch ein paar zusätzliche Aspekte zu beachten:

- **Bringen sie das Team so früh wie möglich real zusammen.** Die Technologie, mit der sich virtuelle Interaktionen unterstützen lassen, wird immer besser. Trotzdem gibt es für gute Teamarbeit keine bessere Alternative, als sich gemeinsam an einen Tisch zu setzen und eine gemeinsame Basis an Wissen, Beziehungen, Koordination und gegenseitigem Engagement zu schaffen.
- **Schaffen Sie klare Normen zum Thema Kommunikation.** Überlegen Sie sich, welche Kommunikationskanäle genutzt werden und wie Sie sie einsetzen können. Treffen Sie explizite Vereinbarungen zur Beantwortung – z. B. dass dringende Messages innerhalb eines spezifischen Zeitraums beantwortet werden. Klare Verhaltensvorgaben innerhalb virtueller Konferenzen sind ebenfalls wichtig. So sollte man sich deutlich weniger unterbrechen als im persönlichen Gespräch und deutlich effizienter sein, um seine Sachverhalte darzulegen.

- **Definieren Sie bestimmte Support-Rollen im Team.** Virtuelle Teams müssen bei der Erfassung und Kommunikation von Informationen und dem Nachverfolgen von Verpflichtungen deutlich disziplinierter sein. Häufig hilft es, Menschen spezifische Team-Support-Rollen zuzuweisen (vielleicht im Rotationssystem), wie zum Beispiel den Protokollführer oder den Agenda-Creator, der die Tagesordnungspunkte festlegt.
- **Halten Sie Teambesprechungen in einem bestimmten Rhythmus ab.** Teams vor Ort entwickeln meist bestimmte Interaktionsmuster oder Routinen. Dazu gehört z. B. vielleicht eine feste Uhrzeit oder ein Kaffee. Virtuellen Teams, besonders solchen, die in unterschiedlichen Zeitzonen arbeiten, fehlen diese natürlichen Gelegenheiten, um derlei feste Routinen aufzubauen. Deshalb ist es wesentlich, die virtuelle Teaminteraktion klar zu strukturieren. Vereinbaren Sie grundsätzlich einen festen Zeitpunkt und folgen Sie einer festen Tagesordnung.
- **Vergessen Sie nicht, Ihre Erfolge zu feiern.** Mitglieder eines virtuellen Teams fühlen sich schnell isoliert, ganz besonders wenn ein Großteil des Teams an ein und demselben Ort arbeitet und nur ein paar Teammitglieder von außerhalb kommen. Es ist immer wichtig, gelegentlich innezuhalten, um Leistungen zu erkennen und zu feiern, aber in virtuellen Teams ist es geradezu unerlässlich.

Bringen Sie Ihr Team auf Touren

Die Entscheidungen, die Sie für das Team treffen, das Sie von Ihrem Vorgänger übernommen haben, sind vielleicht die wichtigsten, die Sie je getroffen haben. Im besten Fall werden sich Ihre Bemühungen, das Team zu bewerten, weiterzuentwickeln, zu koordinieren und zu führen, auszahlen, sodass die Mitarbeiter sich auf die Ziele und das Sichern früher Erfolge konzentrieren und diesen Aufgaben ihre ganze Energie widmen.

Sie wissen, ob Sie Erfolg beim Aufbau eines schlagkräftigen Teams hatten, wenn Sie Ihren Break-even erreichen und der Output Ihres Teams größer ist als der Input, den Sie hineinstecken. Das wird eine Weile dauern, doch seien Sie geduldig: Sie müssen erst die Batterie aufladen, ehe Sie den Motor starten können.

Checkliste für den Aufbau eines schlagkräftigen Teams

1. Inwieweit fließen Funktionen, das Ausmaß der notwendigen Teamarbeit, das STARS-Portfolio und die Bedeutung der einzelnen Positionen in die relative Bewertung mit ein?
2. Wie wollen Sie vorgehen, um Ihr Team zu bewerten?
3. Welche personellen Veränderungen wollen Sie vornehmen? Welche Veränderungen sind dringend, welche können noch warten? Welche alternativen Strategien und Optionen können Sie schaffen?
4. Welche Prozesse werden Sie installieren, um wichtige Veränderungen durchzuführen? Was können Sie tun, um die Würde der Beteiligten zu wahren? Welche Unterstützung benötigen Sie für die personelle Umstrukturierung, und wo finden Sie sie?
5. Wie wollen Sie das Team koordinieren? Welche Mischung aus Push- und Pull-Instrumenten (also Ziele und Leistungsanreize auf der einen und die gemeinsame Vision oder Firmenphilosophie auf der anderen Seite) wollen Sie einsetzen?
6. Wie wollen Sie in Zukunft Entscheidungen treffen?

Kapitel 8
Finden Sie Verbündete

Nach nur vier Monaten bei MedDev war Alexia Belenko schon zutiefst frustriert über die bürokratischen Winkelzüge in der Vorstandszentrale. »Wieso unterstützt niemand die notwendigen Veränderungen?«, fragte sie.

Als fähige Verkaufs- und Marketingfachfrau war Alexia im Country-Management von MedDev aufgestiegen, einer international operierenden Firma für medizinische Vorrichtungen, und war nun Geschäftsführerin (oder informell »Landesleiterin«) in ihrem Geburtsland Russland.

Erfahrene Führungskräfte erkannten Alexias Potenzial und beschlossen, dass sie breitere regionale Erfahrungen sammeln sollte. Also ernannte man sie zur regionalen Vizepräsidentin für EMEA (Europa, den Mittleren Osten und Afrika). In dieser neuen Rolle war Alexia verantwortlich für die Marketingstrategie der länderspezifischen Transaktionen der Firma MedDev in der Region. Alexia unterstand direkt Marjorie Aaron, der stellvertretenden Vizepräsidentin der Marketingabteilung des Unternehmens, die ihren Sitz im US-Hauptquartier hatte. Außerdem hatte sie eine Dotted-line-Berichtsbeziehung zu ihrem ehemaligen Vorgesetzten, Harald Jaeger, dem internationalen Vizepräsidenten für die EMEA-Operations, dem sämtliche Geschäftsführer der Region berichteten.

Alexia stürzte sich mit ihrem üblichen Feuereifer in die Aufgabe. Sie führte eine gründliche Analyse der aktuellen Situation durch, zu der auch Vier-Augen-Gespräche mit sämtlichen Geschäftsführern in der EMEA-Region gehörten ebenso wie mit ihrem früheren Vorgesetzten. Außerdem reiste sie schnellstens in die Vereinigten Staaten, um sich mit Marjorie und ein paar von Marjories Mitarbeitern zu unterhalten.

Auf der Basis dieser Gespräche und ihrer eigenen Erfahrungen auf dem Gebiet schlussfolgerte Alexia, dass die drängendsten Probleme – und Chancen –

eine bessere Balance zwischen zentralen und dezentralen Entscheidungsprozessen für Produkteinführungen notwendig machten. Alexia stellte einen Business Case zusammen, erläuterte ihre Einschätzung und gab Empfehlungen zur Steigerung der Standardisierung auf einigen Gebieten ab (beispielsweise im Hinblick auf Entscheidungen zu der allgemeinen Markenidentität oder Positionierung). Außerdem empfahl sie auf anderen Gebieten, den Geschäftsführern mehr Flexibilität zu geben (sodass sie zum Beispiel wichtige Anpassungen bei Werbeaktionen für ein Produkt vornehmen konnten).

Marjorie und Harald waren durchaus angetan von Alexias Ansatz, aber keiner von beiden wollte sich letztlich verbindlich darauf einlassen. Beide wiesen sie an, die wichtigsten Interessenvertreter anzusprechen, die Marketingleiter von MedDev in den Vereinigten Saaten und die EMEA-Ländermanager.

Sechs Wochen und zahlreiche verwirrende Meetings später hatte Alexia das Gefühl, im Treibsand zu stecken. Sie hatte ein Meeting mit wichtigen Vertretern des Marketingteams angesetzt, an dem auch David Wallace teilnehmen sollte, der direkt an Marjorie Aaron berichtete und zuständig für die internationale Markenpolitik war. Dann flog sie in die Vereinigten Staaten, um eine Präsentation vor mehr als 30 Leuten zu halten. Buchstäblich jeder Einzelne hatte Vorschläge, die allesamt auf nicht mehr und nicht weniger als eine Zentralisierung des Unternehmens hinausliefen.

Genauso überrascht war sie, als eine Telefonkonferenz mit den EMEA-Ländermanagern – ihren ehemaligen Kollegen, die an Harald Jaeger berichteten – nicht viel besser verlief. Überglücklich akzeptierten sie jegliche Idee, die ihnen zusätzlichen Spielraum verschaffte. Aber sobald die Rede von einer weiteren Beschneidung ihrer Autonomie war, sah sich Alexia einer geschlossenen Phalanx gegenüber. Ein angesehener Geschäftsführer, Rolf Eiklid, äußerte sich besorgt, dass die Flexibilität, die man ihnen gewähren wollte, nicht ausreichen würde, um das auszugleichen, was sie aufgaben, und dass das Unternehmen die Vereinbarungen ohnehin nicht ernst nehmen würde. »Uns wurde schon häufiger mehr Flexibilität versprochen, und es ist nie etwas daraus geworden«, sagte er.

Die sonst so selbstsichere Alexia geriet bei dieser Wendung der Ereignisse ins Straucheln. Sie fragte sich, ob sie die Geduld und die Finesse besaß, um den politischen Erfordernissen ihrer neuen Rolle gerecht zu werden.

Um in Ihrer neuen Position Erfolg zu haben, brauchen Sie die Unterstützung der Menschen, die Ihnen nicht direkt unterstellt sind. Sie haben am Anfang vielleicht wenig oder gar kein Beziehungskapital, insbesondere, wenn Sie eine Stelle in einem neuen Unternehmen antreten. Sie müssen also Energie aufwenden, um sich neue Netzwerke zu schaffen. Beginnen Sie damit frühzeitig. Disziplinieren Sie sich selbst und investieren Sie in den Aufbau von »Beziehungskonten« mit Menschen, die Sie vielleicht später brauchen. Denken Sie scharf darüber nach, ob es Leute gibt, die Sie noch nicht kennen gelernt haben, die sich aber maßgeblich auf Ihren Erfolg auswirken könnten.

Erkennen Sie auch, wenn eine neue Rolle Sie vor neue Herausforderungen stellt, weil Sie ganz anders auf Menschen Einfluss nehmen müssen als früher. Alexia war daran gewöhnt, sich auf ihre Autorität berufen zu können, da sämtliche Mitarbeiter ihr unterstellt waren. Sie erkannte nicht früh genug, dass sie hier – bei Gleichgestellten – auf vollkommen andere Weise Einfluss ausüben musste als früher: durch Überzeugung und durch Bündnisse.

Bloße Autorität reicht also nicht aus. Konzentrieren Sie sich vielmehr darauf, sich Unterstützung für Ihre Vorstellungen und Ziele zu sichern. Sie müssen herausfinden, wen Sie beeinflussen müssen, und müssen präzise bestimmen, wer Ihre wichtigsten Initiativen am ehesten unterstützen wird (und wer nicht). Fragen Sie sich, wie Sie Unentschlossene auf Ihre Seite bringen. Eine entsprechende Einflussstrategie sollte ein integrativer Bestandteil Ihres 90-Tage-Plans sein.

Definieren Sie Ihre Einflussziele

Werden Sie sich zunächst einmal darüber klar, warum Sie die Unterstützung anderer benötigen. Fragen Sie sich, welche Bündnisse Sie brauchen, um sich frühe Erfolge zu sichern. Für welche dieser Erfolge ist die Unterstützung von Kollegen sinnvoll, über die Sie keine (oder zu wenig) Weisungsbefugnis haben? Sobald Sie sich klargemacht haben, was Sie erreichen wollen, können Sie weiter in die Tiefe gehen und herausfinden, wessen Unterstützung wesentlich ist und wie Sie sie sich sichern können. Machen Sie sich unter Umständen einen Bündnisplan für jedes Ihrer Projekte.

Alexias Hauptziel bestand darin, eine neue Grundsatzvereinbarung zwischen ihren neuen und alten Vorgesetzten und deren dazugehörigen Abteilungen zu vermitteln, in der man festschrieb, wie wichtige Marketingentscheidungen bei EMEA zukünftig getroffen werden sollten. Jahrelang hatten beide Seiten sich mit einer Kompromisslösung beholfen. Das Gleichgewicht war nur mühsam aufrechterhalten worden, aber immerhin stabil geblieben. Oberflächlich betrachtet konnte bei Veränderungen eine Seite immer nur verlieren. Die Marketingabteilung des Unternehmens bevorzugte natürlich mehr Zentralisation und Standardisierung. Die Geschäftsführer in der EMEA-Region wünschten sich eine stärkere Ausrichtung auf die Kundenbedürfnisse. Wenn es also überhaupt gelingen konnte, eine Vereinbarung zu treffen, dann nur, wenn man ein Paket schnüren konnte, das beide befürworteten.

Um eine solche Vereinbarung durchzusetzen, musste sich Alexia unterstützende Bündnisse auf beiden Seiten schaffen. Auf vollkommenes Einvernehmen konnte sie nicht hoffen, denn manche Leute hatten in den Status quo einfach zu viel investiert. Also war sie bestrebt, zumindest die Mehrheit der Unternehmensleitung und der regionalen Geschäftsbereiche auf ihre Seite zu ziehen.

Hätte Alexia das von Anfang an durchschaut, hätte sie auch ihre anfänglichen Bemühungen in eine andere Richtung leiten können. Sie hätte nicht nur Probleme analysiert und vernünftige Lösungen vorgeschlagen, sondern hätte sich auch Durchblick verschafft, wie ihre Agenda auf beiden Seiten des Atlantiks in die übergeordnete firmenpolitische Landschaft passte. Sie wäre nicht davon ausgegangen, dass ihr Business Case automatisch für sich sprach, und hätte auch nicht versucht, jeden einzelnen Interessenvertreter herumzubekommen.

Stattdessen hätte sie herausgefunden, welche spezifischen Bündnisse ihren Interessen dienlich waren und wie sie den notwendigen Einfluss ausüben konnte. Durch die Kartografie der Einflusslandschaft hätte sie auch potenzielle Blockaden erkannt: Was oder wer hätte die notwendige Unterstützung für ihr Projekt vereiteln können? Wie hätte sie ihre Gegner doch noch zur Zustimmung bewegen können?

Verschaffen Sie sich einen Überblick über die Einflusslandschaft

Nachdem Sie sich Klarheit darüber verschafft haben, warum Sie andere beeinflussen müssen, besteht der nächste Schritt darin, herauszufinden, wer für Ihren Erfolg besonders wichtig sein könnte. Wer sind die zentralen Entscheidungsträger? Was sollen sie wann für Sie tun? In Tabelle 8.1 finden Sie ein einfaches Hilfsmittel, mit dem Sie diese Informationen erfassen können. Eine solche Liste sollten Sie für jede frühe Erfolgsinitiative erstellen, die Sie verfolgen. Sie können dort einordnen, wer einflussreiche Mitspieler sind, und festlegen, wann sie was für Sie tun sollen.

Tabelle 8.1: Wie Sie einflussreiche Mitspieler identifizieren

Wer	Was	Wann

Unterstützende und behindernde Bündnisse

Fragen Sie sich anschließend, welche Entscheidungsträger für das weitere Voranschreiten bedeutsam sind. Zusammengenommen bilden diese Menschen Ihre gewinnbringenden Bündnisse – die Gruppe der Menschen, die gemeinschaftlich Ihre Absichten unterstützen.[39] Alexia beispielsweise benötigte die Genehmigung ihrer Vorschläge durch Marjorie auf der Geschäftsführungsebene und von Harald auf der EMEA-Ebene. Gemeinsam waren sie ihre gewinnbringende, unterstützende Allianz.

Ebenso lohnend ist es, sich über blockierende Bündnisse Gedanken zu machen – jene, die kollektiv die Macht haben, Nein zu sagen. Wer könnte sich zusammenschließen, um sich Ihnen in den Weg zu stellen, und warum? Wie könnten die Betreffenden versuchen, Sie zu behindern? Wenn Sie genau wissen, wo Ihre Opposition herkommen könnte, können Sie sie eher neutralisieren.

Analysieren Sie Einflussnetzwerke

Erfahrene Führungskräfte werden in ihren Entscheidungen oft beträchtlich von den Meinungen anderer beeinflusst, auf deren Rat sie sich stützen. Der nächste Schritt besteht also darin, Einflussnetzwerke zu analysieren – zu wissen, wer wen in den für Sie interessanten Themen beeinflusst. Einflussnetzwerke spielen eine große Rolle bei der Entscheidung, ob eine Veränderung nun tatsächlich stattfindet oder nicht. Formale Autoritäten sind keineswegs die einzige Machtquelle in Unternehmen; die Menschen neigen dazu, sich bei wichtigen Themen und Entscheidungen anderen Ansichten anzuschließen. Marjorie beispielsweise schließt sich vielleicht Davids Einschätzung an, dass vermehrte Kundenorientierung sich auf das Markenprofil auswirkt. Genauso kann Harald der gleichen Ansicht sein wie Rolf, denn er verlangt ihm Respekt ab und repräsentiert seine Kollegen.

Einflussnetzwerke sind Kanäle für Kommunikation und Überzeugungen, die parallel zur formalen Firmenstruktur wirken – eine Art Schattenunternehmen.[40] Manchmal unterstützen diese informellen Netzwerke die offiziellen Bemühungen des Unternehmens; zu anderen Zeiten untergraben sie sie. Um ihr Ziel zu erreichen, musste Alexia diese Netzwerke in der Firmenleitung ebenso analysieren wie bei ihren ehemaligen Kollegen in der Regionalverwaltung der EMEA.

Wie analysiert man nun Einflussnetzwerke? In gewissem Maße werden sie offenbar, je besser Sie ein Unternehmen kennenlernen – indem Sie beispielsweise mit Ihren Kollegen zusammenarbeiten. Aber Sie können diesen Prozess auch beschleunigen. Eine gute Anfangsmethode besteht in der Identifikation der wichtigsten Kontaktpunkte zwischen Ihrem Unternehmen und anderen. Kunden und Zulieferer innerhalb und außerhalb des Unternehmens sind natürliche Brennpunkte zur Bildung von Bündnissen.

Eine weitere Strategie besteht darin, Ihren Vorgesetzten zu bitten, Kontakte herzustellen. Bitten Sie ihn um eine Liste von zehn wichtigen Personen außerhalb Ihrer Gruppe, die Sie seiner Ansicht nach unbedingt kennen sollten. Treffen Sie sich frühzeitig mit ihnen. Ganz gemäß der goldenen Regeln des Übergangs sollten Sie auch neuen Mitarbeitern auf diese Weise helfen: Erstellen Sie Ihnen ebenfalls Listen der wichtigen Beziehungen und helfen Sie ihnen, sich Kontakte aufzubauen.

In Meetings und bei anderen Zusammenkünften sollten Sie Ihre Umgebung sorgfältig beobachten, um festzustellen, wer sich in wichtigen Themen wessen Urteil anschließt. Erkennen Sie, an wen sich die Leute um Rat wenden und wer welche Informationen und Neuigkeiten mit anderen teilt. Wer ist Meinungsbildner, wer folgt ihm? Auf wen richten sich alle Augen, wenn ein Thema aufgebracht wird?

Versuchen Sie außerdem herauszufinden, aus welchen Quellen die Einflussreichen des Unternehmens ihre Macht beziehen. Üblicherweise handelt es sich dabei um

- Erfahrung,
- Zugang zu Information,
- Status,
- Kontrolle von Ressourcen wie Budget und Anreize,
- persönliche Loyalität.

Sie können einige der in Kapitel 2 beschriebenen Techniken benutzen, um mehr über die politische Dynamik zu lernen. Sprechen Sie mit früheren Beschäftigten und Geschäftspartnern des Unternehmens. Machen Sie die Urgesteine des Unternehmens ausfindig.

Schließlich werden Sie in der Lage sein, die Meinungsführer zu erkennen: Menschen, die durch formale Autorität, Wissen oder Persönlichkeit einen unverhältnismäßig großen Einfluss ausüben. Wenn Sie diese Personen davon überzeugen können, dass Ihre A-Prioritäten und Ziele wichtig sind, dann werden Ihre Ideen auch in größeren Kreisen Anerkennung finden.

Sie werden vielleicht auch Machtkoalitionen erkennen: Gruppen, die explizit oder implizit zusammenarbeiten, um bestimmte Ziele zu verfolgen oder Privilegien zu verteidigen. Wenn diese Machtkoalitionen Ihre Ziele unterstützen, wird Ihr Hebel länger. Wenn sie gegen Sie spielen, müssen Sie sie möglicherweise auflösen und neue schaffen.

Zeichnen Sie Einflussdiagramme

Es kann hilfreich sein, Ihre Erkenntnisse über die Einflussbeziehungen in einem Einflussdiagramm festzuhalten. Alexias Situation haben wir in einem solchen Diagramm exemplarisch festgehalten (Grafik 8.1).

In der Mitte umkreisen Sie sämtliche wichtigen Entscheidungsträger – Marjorie im Firmenmarketing und Harald im EMEA-Geschäft. Für Alexia war es wichtig, dass beide ihre Veränderungsvorschläge absegneten, weshalb sie gemeinsam ein Gewinnerbündnis schlossen. Doch die Pfeile im Diagramm zeigen, dass diese beiden Personen durchaus von Menschen innerhalb ihrer eigenen Unternehmen beeinflusst werden können. (Fett gedruckte Pfeile kennzeichnen einen größeren Einfluss.) Marjorie wird stark von David beeinflusst, ihrem Vizepräsident für weltweite Markenpolitik, und von Tim

Marshall, dem Vizepräsident der unternehmenseigenen Strategieabteilung. Harald wurde durch die Ansichten der Ländermanager, die ihm unterstellt sind, beeinflusst. Aber Rolf, der langjährige Geschäftsführer der nordischen Länder, beeinflusst in hohem Maße sowohl Haralds Sichtweise als auch die der anderen Geschäftsführer. Das Diagramm zeigt zudem, dass Alexia selbst beträchtlichen Einfluss auf Harald und einigen auf Marjorie hat.

Grafik 8.1: Alexias Einflussdiagramm

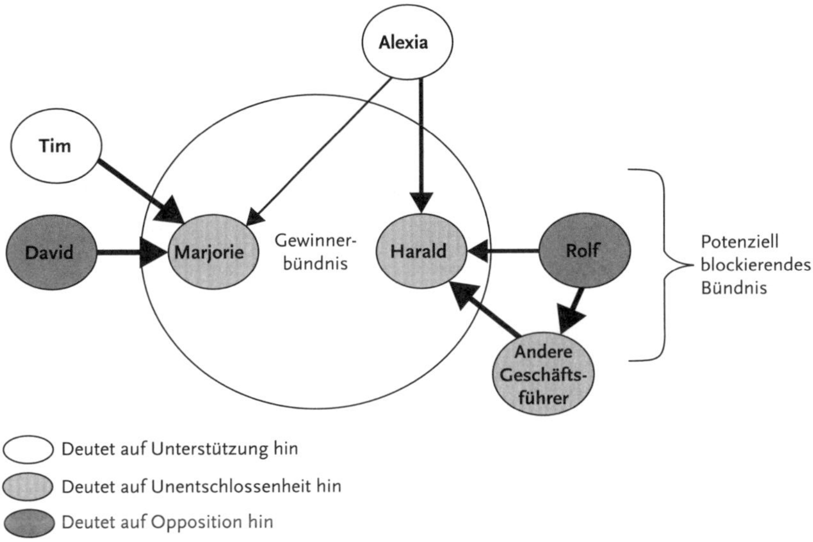

Erkennen Sie Unterstützer, Gegenspieler und Unentschlossene

Mithilfe des Einflussdiagramms erkennen Sie Unterstützer, Gegenspieler und Unentschlossene – Menschen, die Sie mit der richtigen Taktik auf Ihre Seite bringen können. Um mögliche Unterstützer ausfindig zu machen, halten Sie nach folgenden Mitarbeitern Ausschau:

- Menschen, die Ihre Zukunftsvision teilen. Wenn Sie die Notwendigkeit für eine gründliche Veränderung sehen, halten Sie nach anderen Ausschau, die in der Vergangenheit ähnliche Veränderungen gefördert haben.
- Menschen, die im Kleinen auf eine Veränderung hingearbeitet haben. Das kann zum Beispiel der Abteilungsleiter einer Fabrik sein, der neue Methoden zur Abfallreduzierung entwickelt hat.

- Unternehmensneulinge, die sich die Unternehmenskultur noch nicht zu eigen gemacht haben.

Welche Gründe Menschen auch immer haben mögen, Ihre Sache zu unterstützen, nehmen Sie ihre Unterstützung nicht einfach als gegeben hin. Es reicht nie aus, Unterstützung lediglich zu erkennen: Sie müssen sie auch aktiv pflegen und fördern.

Bei der Suche nach Unterstützung suchen Sie nach Menschen, mit denen Sie *zweckdienliche Bündnisse* schließen können. Es gibt Menschen, mit denen Sie auf vielen Gebieten nicht einer Meinung sind, mit denen Sie sich aber dennoch in bestimmten Themenbereichen verbünden. Denken Sie intensiv darüber nach, wie Sie sie informieren und sich verpflichten können.

Gegenspieler werden versuchen, sich Ihnen in den Weg zu stellen, ganz egal, was Sie vorhaben. Vielleicht glauben sie, dass Sie ganz generell auf dem falschen Weg sind. Oder sie haben andere Gründe, sich Ihren Plänen zu widersetzen, wie etwa die folgenden:

- **Zufriedenheit mit dem Status quo:** Sie widersetzen sich jeder Veränderung, die ihre Position oder bestehende Beziehungen gefährden könnte.
- **Angst vor Inkompetenz:** Sie fürchten, inkompetent zu erscheinen oder sich so zu fühlen, wenn sie Schwierigkeiten haben, sich auf die Veränderungen einzustellen, und daher schlechte Ergebnisse erzielen.
- **Gefährdung der Werte:** Sie sind der Ansicht, Sie stünden für eine Kultur, die das traditionelle Leistungs- und Werteverständnis zerstört.
- **Bedrohung der Machtposition:** Sie fürchten, die von Ihnen vorgeschlagene Veränderung (wie etwa der Wandel von einem autoritären zu einem konsensorientierten Entscheidungsprozess) könnte ihre eigene Machtposition gefährden.
- **Negative Konsequenzen für wichtige Verbündete:** Sie fürchten, Ihre Pläne könnten negative Auswirkungen auf andere haben, zu denen sie ein spezielles Loyalitätsverhältnis pflegen und für die sie sich verantwortlich fühlen.

Versuchen Sie die Ursachen für Widerstand zu verstehen, bevor Sie Menschen als unerbittliche Gegner abstempeln. Die Motive Ihrer Opponenten zu durchschauen kann es Ihnen ermöglichen, ihren Argumenten entgegenzutreten. Vielleicht gelingt es Ihnen ja sogar, deren Versagensängsten zu begegnen, indem Sie ihnen helfen, neue Fähigkeiten zu entwickeln.

Denken Sie auch daran, dass ein Erfolg über Ihre Gegner gewaltige, symbolische Bedeutung haben kann. »Der Feind, der zu einem Verbündeten wird« ist eine beeindruckende Geschichte, die auch bei anderen im Unternehmen ihre Wirkung nicht verfehlen wird. (Ein weiteres Beispiel ist die Geschichte der Wiedergutmachung – beispielsweise indem Sie einer Person helfen, die ausgegrenzt wurde oder als ineffektiv abgestempelt wurde.)

Es wird auch Menschen geben, zu denen Sie eine gute Beziehung haben und mit denen Sie auf vielen Gebieten einer Meinung sind, die sich aber mit speziellen Absichten nicht einverstanden erklären. Das ist eine ganz besondere Gattung der Opposition, und der Schlüssel liegt darin, die Beziehungen zwar aufrechtzuerhalten, aber dennoch in die notwendige Richtung voranzuschreiten. Erklären Sie Ihrem Gegenüber, was Sie tun müssen und aus welchem Grund. Verwickeln Sie es in konstruktive Problemlösungsstrategien und finden Sie vielleicht sogar Möglichkeiten, die Verluste des Betreffenden auszugleichen, indem Sie ihm auf anderen Gebieten entgegenkommen oder den Gefallen erwidern.

Behalten Sie auf jeden Fall auch die Wechselwähler im Auge – jene Personen, die gleichgültig oder unentschlossen sind, die sich für Ihre Pläne nicht einsetzen wollen, die Sie aber vielleicht dazu bewegen können, Sie letztlich doch noch zu unterstützen. Sie müssen nur noch eine Möglichkeit finden, sie zu motivieren. Finden Sie aber zunächst heraus, warum die Betreffenden sich Ihrer Sache nicht verpflichten wollen. Vielleicht sind sie ...

- **gleichgültig.** Dann gibt es unter Umständen zahlreiche Möglichkeiten, um sie zur Unterstützung zu bewegen, z. B. als Gegenleistung für Ihre Unterstützung in deren Bereichen.
- **unentschlossen.** Finden Sie heraus, warum, und bemühen Sie sich, sie zu informieren und zu überzeugen.
- **abwartend, weil sie ihr Fähnchen nach dem Winde drehen.** Diese Kandidaten müssen Sie davon überzeugen, dass der Wind eindeutig aus Ihrer Richtung weht, damit sie ebenfalls ins Boot steigen.

Ihre Einschätzung im Hinblick auf Unterstützung und Opposition kann in Ihrem Einflussdiagramm zusammengefasst werden, das in Grafik 8.1 vorgestellt wird. Die dunkleren Kreise zeigen Gegensätze an, die Farbe hellgrau steht für die Unterstützer der Idee und die mittelgrauen sind die Unentschlossenen. (Sie können natürlich auch mit den Farben grün, gelb und rot arbeiten.) Auf der Seite der Geschäftsleitung wurde Alexia von Tim unterstützt, während David unentschlossen war. Auf der EMEA-Seite wandte sich Rolf gegen die von Alexia vorgeschlagenen Veränderungen. Auf jeden Fall musste sie sich jede Menge Unterstützung auf beiden Ebenen suchen, um ihr Vorhaben in trockene Tücher zu bringen.

Schlüsselfiguren verstehen

Sie haben also jetzt die Einflussnetzwerke in Ihrem Unternehmen identifiziert, kennen die Spieler und die Bündnisse und haben herausgefunden, wer Ihre Befürworter und wer Ihre Gegner sind. Der nächste Schritt besteht darin, sich auf die Schlüsselfiguren zu konzentrieren, die Sie beeinflussen müssen. In Alexias Fall waren dies David und Rolf.

Versuchen Sie sich zunächst über deren intrinsische Motivation klar zu werden. Menschen werden durch verschiedene Faktoren beeinflusst, zum Beispiel durch das Bedürfnis nach Anerkennung, nach Kontrolle, nach Macht, nach freundschaftlichen Verbindungen zu Kollegen und nach persönlichem Wachstum.[41] Die relative Gewichtung dieser Motivatoren kann sehr unterschiedlich sein. Nehmen Sie sich also die Zeit, um herauszufinden, wie die Schlüsselfiguren ticken. Wenn es möglich ist, ein direktes Gespräch mit ihnen zu führen, stellen Sie ihnen Fragen und hören Sie ihnen aktiv zu. Versuchen Sie insbesondere zu verstehen, worauf sich die potenzielle Gegnerschaft Ihrer Widersacher (wie Rolf) begründen könnte, und forschen Sie nach. Was treibt Ihr Gegenüber an, versucht der Betreffende vielleicht nur, bestimmte Verluste zu verhindern? Können Sie ihm einen Tauschhandel anbieten, um dies zu kompensieren?

Aber es reicht nicht, nur die Motivation der Menschen zu verstehen. Auch *situationsspezifische Belastungen* müssen einer genaueren Betrachtung unterzogen werden: Welche Kräfte treiben die Menschen in ihrer besonderen Situation an, welche behindern sie? Triebkräfte drängen Menschen in die von Ihnen angestrebte Richtung, hemmende Kräfte sind situationsspezifische Gründe für eine eher ablehnende Haltung. Die psychologische Forschung hat ergeben, dass wir die Wirkung der Persönlichkeit überschätzen und die Auswirkungen situationsspezifischer Erfordernisse vernachlässigen, wenn wir uns fragen, warum sich Menschen so und nicht anders verhalten.[42] Rolfs Opposition könnte natürlich ihre Wurzeln in eingefleischter Inflexibilität haben und dem Bedürfnis, seine Macht und seinen Status zu erhalten. Aber er könnte auch einfach nur aufgrund der äußeren Gegebenheiten – seiner unternehmerischen Ziele und Leistungsanreize oder der Meinung seiner Kollegen (oder einer Kombination aus beidem) – eine kritische Haltung bewahren. Nehmen Sie sich also die Zeit, um über die Kräfte nachzudenken, die auf die Menschen einwirken, die Sie beeinflussen wollen. Finden Sie dann heraus, wie Sie sie motivieren und die Hindernisse aus dem Weg räumen können.

Denken Sie schließlich noch darüber nach, wie die Schlüsselfiguren ihre Alternativen oder ihre Möglichkeiten bewerten oder wahrnehmen. Welche Optionen glauben sie zu haben? Fragen Sie sich, ob Gegner wie Rolf glauben, dass Widerstand – ob offen oder versteckt – den Status quo erhalten kann. Wenn ja, dann sollten Sie dem Betreffenden klarmachen, dass dieser Status quo der Vergangenheit angehört. Wenn Menschen sich einmal damit abgefunden haben, dass es ohnehin zum Wandel kommt, verändert sich das Spiel noch einmal: Offene Opposition verwandelt sich in einen Konkurrenzkampf, bei dem jeder Beteiligte Einfluss auf die konkrete Ausprägung des Wandels nehmen will. Hätte Alexia die Entscheidungsträger davon überzeugen können, dass die gegenwärtige Situation nicht akzeptabel war, dass eine Veränderung dringend notwendig war?

Auch Kompromisslösungen sind für viele kein akzeptabler Weg. So besteht oft Skepsis, dass Konzessionen, die von anderen angeboten werden, nicht wirklich in die Tat umgesetzt werden, und dass es besser ist, den Status quo zu erhalten, als die Chance zu ergreifen. Auch Rolf verlieh diese Sorge Ausdruck. Er bezweifelte, dass die Unternehmensleitung sich an entsprechende Absprachen halten würde, die den Landesmanagern mehr Flexibilität gaben. Wenn Sorge über unsichere Vereinbarungen den Prozess behindern, sollten Sie über Möglichkeiten nachdenken, wie Sie das Vertrauen der Betreffenden gewinnen können. So könnten Sie beispielsweise vorschlagen, die Veränderungen phasenweise durchzuführen, wobei jeder Implementierungsschritt vom Erfolg des vorherigen Schritts abhängig ist.

Die folgende Tabelle 8.2 ist ein einfaches Werkzeug, mit dessen Hilfe Sie Informationen über Motivation, Triebkräfte, hemmende Faktoren und die Wahrnehmung der Alternativen bei wichtigen Entscheidungsträgern Ihres Unternehmens analysieren und einschätzen können.

Tabelle 8.2: Analysieren Sie Motivation, Triebkräfte, hemmende Faktoren und Alternativen

Schlüsselfiguren	Motivation	Triebkräfte und hemmende Faktoren	Alternativen

Wählen Sie Einflusstechniken

Nun, da Sie die Menschen, auf die Sie Einfluss ausüben müssen, besser durchschaut haben, können Sie darüber nachdenken, wie Sie die klassischen Techniken der Einflussnahme anwenden: aktives Zuhören, Framing, Entscheidungsbildung, sozialer Einfluss, Inkrementalismus, Sequentialisierung und Action-forcing Events.

Aktives Zuhören fördert Billigung. Sie stellen Fragen und ermutigen die Menschen, ihre tatsächlichen Sorgen zu artikulieren. Dann fassen Sie zusammen und geben ein Feedback, was Sie verstanden haben. Dieser Ansatz signalisiert, dass Sie ein aufmerksamer Zuhörer sind und die Unterhaltung ernst nehmen. Der Einfluss aktiven Zuhörens als persuasive Kommunikationstechnik wird oft unterschätzt. Es kann nicht nur Akzeptanz schwieriger Entscheidungen fördern, sondern vermag auch das Denken Ihres Gegenübers zu kanalisieren und zur Entscheidungsbildung beizutragen. Weil die Fragen, die Führungskräfte gemeinhin stellen, und die Methoden, wie sie Antworten zusammenfassen, deutliche Auswirkungen auf die Wahrnehmung der Menschen hat, sind aktives Zuhören und Framing besonders wirkungsvolle persuasive Techniken.

Framing bedeutet, ihre Argumente sorgfältig auf Ihren individuellen Gesprächspartner zuzuschneiden. Das ist zeitaufwändig, aber sinnvoll. Wenn Alexia keine zwingenden Argumente parat hat, um die von ihr vorgeschlagenen Veränderungen zu unterstützen, werden ihre sonstigen Maßnahmen auch keine großen Auswirkungen haben. Ihre Botschaften sollten einen angemessenen Ton haben, sollten die Motivation einflussreicher Entscheidungsträger wiederspiegeln ebenso wie die Kräfte, die auf sie einwirken, und – sehr wichtig – sie sollten formulieren, wie die Schlüsselfiguren ihre Alternativen wahrnehmen.

Alexia beispielsweise hätte sich fragen können, was notwendig war, um Rolf von einer gegnerischen Haltung zu einer zumindest neutralen und idealerweise unterstützenden Haltung zu bewegen. Hatte er spezielle Sorgen, mit denen sie sich hätte auseinandersetzen können? Wären bestimmte Fachbereiche für ihn besonders reizvoll gewesen, wenn die Implementierung hätte garantiert werden können? Hätte es Möglichkeiten gegeben, ihm im Austausch zu seiner Unterstützung dabei zu helfen, für ihn wichtige Ziele zu erreichen?

Bei der Formulierung Ihrer Argumente sollten Sie sich stets der aristotelischen Kategorien *Logos, Ethos* und *Pathos* bewusst sein.[43] Bei Logos geht es um logische Argumente – um den Einsatz von Daten, Fakten und durchdachter Erkenntnisse, die für einen Wandel sprechen. Mit dem Begriff Ethos sind die übergeordneten Prinzipien gemeint, die eingehalten werden sollten (wie z. B. Fairness) und die Werte, an denen man sich bei seinen Entscheidungen orientieren sollte (wie eine Kultur der Teamarbeit). Beim Pathos geht es darum, eine emotionale Verbindung zur Zuhörerschaft herzustellen – beispielsweise, indem man eine inspirierende Vision dessen entwirft, was das Unternehmen erreichen kann.

Effektives Framing konzentriert sich auf ein paar Kernthemen, die so lange wiederholt werden, bis sie ins Unterbewusstsein vorgedrungen sind. Ein sicheres Zeichen des Erfolgs besteht darin, dass Menschen Ihre Grundansichten wiedergeben, ohne zu wissen, dass sie es tun. Fokus und Wiederholung sind dabei besonders effektiv, denn wir lernen durch Wiederholung. Wenn wir ein Lied zum dritten oder vierten Mal hören, bekommen wir es nicht mehr aus dem Kopf. Dennoch ist es möglich, sich ein Lied so oft anzuhören, dass wir es irgendwann leid sind. Und immer gleiche Formulierungen erwecken den Anschein, dass Sie Ihr Gegenüber zu überreden versuchen, was wiederum einen Rückschlag bewirken kann. Die Kunst effektiver Kommunikation besteht darin, die Kernthemen zu wiederholen und auszuführen, ohne wie ein Papagei zu klingen.

Während Sie Ihre Argumente formulieren, sollten Sie auch darüber nachdenken, wie Sie die Menschen gegen die Gegenargumente »impfen« können, die Ihre Gegner wahrscheinlich vorbringen werden. Schwache Formen höchstwahrscheinlicher Gegenargumente können präsentiert und entschieden abgewehrt werden. Das immunisiert die Zuhörerschaft gegen die gleichen Argumente, wenn sie in energischerer Form vorgebracht werden.

Tabelle 8.3 gibt Ihnen eine einfache Checkliste für das Framing der Argumente an die Hand, die Sie benötigen. Mithilfe der Kategorien und Fragen können Sie herausfinden, welche Art von Argumenten Sie hervorbringen müssen, um Ihre Zuhörerschaft zu überzeugen.

Tabelle 8.3: Framing von Argumenten

Logos – Daten, Fakten und durchdachte Erkenntnisse	• Welche Daten oder Analysen könnte die Zuhörerschaft überzeugen? • Welche Logik spricht sie am ehesten an? • Gibt es bestimmte Einflüsse, denen die Zuhörer unterlegen sind, und wenn ja, wie können Sie ihnen das vor Augen führen?
Ethos – Prinzipien, Richtlinien und andere »Regeln«	• Gibt es Prinzipien oder Richtlinien, die die Belegschaft überzeugen, dass sie genau hier arbeiten sollten? • Falls Sie von Ihren Mitarbeitern verlangen, sich einem Grundprinzip oder einer Richtlinie zu widersetzen, müssen Sie sich überlegen, wie Sie die Ausnahme rechtfertigen können.
Pathos – Emotionen und Bedeutung	• Gibt es emotionale »Trigger«, beispielsweise Loyalität und der Beitrag zum Gemeinwohl, an die Sie appellieren könnten? • Können Sie Ihrem Gegenüber das Gefühl von Sinn geben, weil Sie eine gute Sache vertreten oder gegen eine andere Sache sind? • Wenn Ihre Zuhörer zu emotional reagieren, können Sie ihnen helfen, einen Schritt zurückzutreten und das Ganze aus einem anderen Blickwinkel zu betrachten?

Bei der *Entscheidungsbildung* geht es darum, zu beeinflussen, wie Menschen ihre Alternativen wahrnehmen. Denken Sie scharf darüber nach, wie Sie dem anderen ein Nein fast unmöglich machen. Manchmal ist es sinnvoll, möglichst viele Alternativen aufzuzeigen, manchmal sind wenige Alternativen besser. Wenn Sie jemanden bitten, eine Maßnahme zu unterstützen, die als unerwünschter Präzedenzfall gelten könnte, empfiehlt es sich, den Gefallen als absolut begrenzte, isolierte Situation darzustellen, die mit anderen Entscheidungen nichts zu tun hat. Andere Entscheidungen wiederum sollten vielleicht besser in den Bezugsrahmen übergeordneter Problematiken gesetzt werden.

Entscheidungen oder Wahlmöglichkeiten zu verkaufen, bei denen einer auf jeden Fall verliert, ist besonders schwierig. Dann kann es sinnvoll sein, die Bandbreite der Optionen zu erweitern, sodass eine für beide Seiten gangbare Lösung entwickelt werden kann. Auch Fortschritt kann durch vermeintlich konfliktreiche Themen behindert werden. Letztere lassen sich oft neutralisieren, indem man ihre Erörterung auf später verschiebt oder sich im Vorhinein auf Maßnahmen verpflichtet, die Ängste mildern.

Unter *sozialem Einfluss* versteht man die Auswirkung der Meinung anderer und der gesellschaftlichen Regeln. Wenn eine Person mit hohem Ansehen bereits eine bestimmte Initiative unterstützt, ist Letztere in den Augen anderer gleich um ein Vielfaches attraktiver. Meinungsbildner zu überzeugen und sie dazu zu bringen, Sie zu unterstützen und ihre eigenen Netzwerke zu mobilisieren, kann Ihnen also durchaus zum Durchbruch verhelfen. Die Forschung legt zudem nahe, dass Menschen dabei gern ein paar Grundprinzipien folgen:

- **Starken Werten und Überzeugungen treu zu bleiben.** Diese Werte teilt man häufig mit wichtigen Bezugsgruppen. Menschen, die sich auf Verhaltensweisen einlassen sollen, die nicht mit ihrem Wertesystem einhergehen, erleben eine psychologische Dissonanz.
- **Früheren Verpflichtungen und Entscheidungen treu zu bleiben.** Wer einmal eingegangene Verpflichtungen nicht erfüllt, muss mit gesellschaftlichen Sanktionen rechnen. Widersprüchlichkeit und Inkonsequenz werden als Unzuverlässigkeit gewertet. Menschen möchten keine Entscheidungen treffen, die von ihnen verlangen, ursprüngliche Verhaltensweisen zu revidieren, oder die zukünftige Entscheidung im Übermaß behindern, weil sie unerwünschte Präzedenzfälle schaffen.
- **Verbindlichkeiten zurückzuzahlen.** Gegenseitigkeit gilt als starke soziale Norm, und die meisten Menschen sind sehr empfänglich für die Bitte um Unterstützung, wenn man sich auf einen Gefallen beruft, den man ihnen in der Vergangenheit erwiesen hat.
- **Den eigenen Ruf zu bewahren.** Entscheidungen, die den eigenen Ruf erhalten oder verbessern, werden meist bevorzugt, während solche, die den eigenen Ruf gefährden, oft negativ bewertet werden.

Folglich sollten Sie anderen in der Regel keine Entscheidungen abverlangen, die nicht mit ihren Werten und bisherigen Verpflichtungen einhergehen, ihren Status vermindern, ihren Ruf gefährden oder die Missbilligung einflussreicher Persönlichkeiten auf sich ziehen könnten. Laufen die Verpflichtungen Ihres Gegenübers Ihren Absichten zuwider, dann überlegen Sie sich, wie der Betreffende sich ihnen auf elegante Weise entziehen kann.

Inkrementalismus, also die Politik der kleinen Schritte, ist angebracht, weil man davon ausgeht, dass Menschen leichter in kleinen Etappen in die gewünschte Richtung gehen als in einem einzigen Sprung.

Den Weg von A nach B zu planen ist eine wirksame Maßnahme, denn jeder kleine Schritt schafft einen neuen psychologischen Anhaltspunkt, anhand dessen entschieden werden kann, ob man den nächsten auch noch macht. Alexia beispielsweise hätte zu Beginn einfach nur mit ein paar Leuten über die Frage »Zentralisierung oder Flexibilität« reden können. Nach einer Weile hätte die Gruppe dann jedes der damit verbundenen Themen herausarbeiten können. Und schließlich, nachdem sämtliche größeren Probleme bewusst besprochen wurden, hätten sie Lösungsmöglichkeiten besprechen können.

Kollegen und Mitarbeiter in eine gemeinsame Diagnose unternehmerischer Probleme einzubeziehen ist eine Form des Inkrementalismus. Wer in die Diagnose involviert ist, dem fällt es schwer, die Notwendigkeit tougher Entscheidungen zu leugnen. Besteht einmal Einigkeit über das Problem, kann man dazu übergehen, Optionen und Bewertungskriterien zu definieren. Am Ende eines solchen Prozesses sind die Menschen häufig bereit, ein Ergebnis zu unterstützen, das sie zu Beginn des Prozesses nie akzeptiert hätten.

Weil Inkrementalismus eine so große Wirkung hat, ist es wichtig, Entscheidungsprozesse zu beeinflussen, bevor der Kraftimpuls in die falsche Richtung geht. Entscheidungsprozesse sind wie Flüsse: Große Entscheidungen knüpfen an vorhergehende Prozesse an, in denen wiederum das Problem definiert, Alternativen identifiziert und Kriterien für Kosten-Nutzen-Rechnungen aufgestellt wurden. Wenn Problem und Optionen definiert sind, entscheidet man sich vielleicht tatsächlich für die ursprüngliche Schlussfolgerung. Denken Sie also daran, dass es elementar ist, den Entscheidungsprozess schon in einem frühzeitigen Stadium zu prägen, da er großen Einfluss auf das letztendliche Ergebnis hat.

Unter *Sequentialisierung* versteht man die Schaffung einer strategischen Ordnung der Maßnahmen, mit denen man Menschen beeinflussen will, um ihnen in die gewünschte Richtung Schlagkraft zu verleihen.[44] Wenn Sie sich gleich an die richtigen Leute wenden, können Sie einen positiven Kreislauf aus Bündnisbildung in Gang setzen. Wer einen respektierten Verbündeten gefunden hat, dem fällt es leichter, weitere zu finden – sodass er sich auf immer mehr Ressourcen stützen kann. Je breiter die Unterstützung, umso wahrscheinlicher ist, dass Sie mit Ihrer Zielsetzung Erfolg haben, was es Ihnen wiederum leichter macht, noch mehr Menschen zu finden, die Sie unterstützen. Auf der Basis ihrer Analyse der Einflussmuster bei MedDev beispielsweise hätte Alexia sich eindeutig zuallererst mit dem Vizepräsidenten der Strategieabteilung, Tim Marshall, treffen müssen, um sich seiner Unterstützung zu versichern und ihn mit zusätzlichen Informationen zu versorgen. Auf diese Weise hätte er ihr wiederum helfen können, Marjorie zu überzeugen.

Allgemeiner formuliert hätte Alexias Sequentialisierungsplan aus einer gut durchdachten Abfolge aus Vier-Augen- und Gruppengesprächen bestanden, um dem Wandel Schwung zu verleihen. Das Wichtigste ist hier die richtige Mischung. Vier-Augen-Gespräche sind effektiv, um das Gelände zu sondieren, zum Beispiel um sich die Position der Leute anzuhören oder ihre Sichtweise zu beeinflussen, indem man neue oder zusätzliche Information liefert oder möglicherweise Nebengeschäfte abwickelt. Aber die Teilnehmer ernsthafter Verhandlungen sind häufig gar nicht bereit, letztendliche Zugeständnisse und Verpflichtungen einzugehen, wenn sie ihren Verhandlungspartnern nicht persönlich gegenübersitzen. In diesem Fall sind Gruppenmeetings der effektivste Weg.

Action-forcing Events sind handlungsfördernde Maßnahmen. Sie sollen Menschen dazu bringen, Entscheidungen nicht länger aufzuschieben oder hinauszuzögern und nicht länger Verpflichtungen zu meiden. Wenn Ihr Erfolg von der koordinierten Aktivität mehrerer Menschen abhängt, kann ein einziger Zauderer einen Schneeballeffekt zur Folge haben und den anderen einen Vorwand liefern, um nicht voranschreiten zu müssen. Deshalb ist Untätigkeit unter keinen Umständen eine Option.

Das bewirken Sie, indem Sie *Action-forcing Events* initiieren – Ereignisse, die Menschen dazu bringen, sich zu verpflichten oder aktiv zu werden. Meetings, Review-Gespräche, Telefonkonferenzen und Deadlines können allesamt dazu beitragen, dass Ihr Projekt Schwung bekommt und behält. Regelmäßige Meetings zum Prozessverlauf und eine harte Befragung derer, die die vereinbarten Ziele nicht erreichen, erhöhen den psychischen Druck, damit das Projekt abgewickelt wird.

Fügen Sie alles zusammen

Sich Verbündete zu suchen bedeutet zunächst einmal, herauszufinden, wessen Unterstützung Sie benötigen, die Einflussmuster herauszuarbeiten und zu analysieren, wer Sie mutmaßlich unterstützen und wer Ihnen Steine in den Weg legen wird. Das Abarbeiten dieser Punkte trägt dazu bei, dass Sie Schlüsselfiguren in Ihrem Unternehmen finden, ihre Motivation verstehen ebenso wie die situationsspezifischen Belastungen, denen sie ausgesetzt sind, und die Art und Weise, wie sie Alternativen wahrnehmen. Mit der richtigen Strategie werden Sie dann gewinnbringende Bündnisse bilden.

Checkliste für Ihre Bündnispolitik

1. Welches sind die wichtigsten Bündnisse – sowohl innerhalb Ihres Unternehmens als auch außerhalb, um zum Erfolg zu gelangen?
2. Welche Pläne verfolgen andere Führungskräfte in Ihrem Umfeld? Wo decken sich deren Interessen mit den Ihren und wo könnte es Konflikte geben?
3. Existieren Möglichkeiten, um langfristige Bündnisse mit einer breiten Basis zu schließen? Wo können Sie kurzfristige Vereinbarungen treffen, um ihre speziellen Ziele zu erreichen?
4. Wie funktioniert Einflussnahme in Ihrem Unternehmen? Wer bezieht sich bei den wichtigen Themenbereichen auf wen?
5. Wer sind mögliche Unterstützer, Gegenspieler, Unentschlossene?
6. Welche Motive haben Schlüsselfiguren, welchen situationsspezifischen Belastungen sind sie ausgesetzt, welche Wahl glauben sie zu haben?
7. Was sind die Bausteine einer effektiven Einflussstrategie? Wie sollten Sie Ihre Argumente formulieren? Können Ihnen Hilfsmittel wie Inkrementalisierung, Sequentialisierung oder Action-forcing Events helfen?

Kapitel 9
Halten Sie Ihr persönliches Gleichgewicht

Nach sechs Jahren im Manhattaner Büro einer großen Werbefirma wechselte Stephen Erikson ins Topmanagement der kanadischen Filiale in Toronto. Er ging davon aus, dass der Umzug nach Toronto ein Kinderspiel sein würde. Kanadier und US-Amerikaner seien sich schließlich ziemlich ähnlich, dachte er. Und obwohl Kanada offiziell zweisprachig ist, spricht in Toronto niemand Französisch. Die Stadt ist zudem sicher und bekannt für gute Restaurants und eine lebendige kulturelle Szene.

Stephen zog sofort um, mietete eine Wohnung im Zentrum und sprang mit beiden Beinen in seinen neuen Job, so, wie es seine Art war. Seine Frau Irene, eine selbstständige Innenarchitektin, schrieb die gemeinsame Eigentumswohnung zum Verkauf aus und bereitete die beiden Töchter, die zehnjährige Katherina und die siebenjährige Elizabeth, darauf vor, mitten im Schuljahr umzuziehen. Stephen und Irene hatten überlegt, den Umzug der Kinder bis zum Ende des Schuljahrs aufzuschieben, doch sie entschieden sich dagegen, da es bis dahin noch vier Monate waren und die Familie nicht so lange auseinandergerissen werden sollte.

Erste Schleierwölkchen erschienen am Himmel, als Stephen feststellte, dass er mit seiner Arbeit im Büro in Toronto nicht recht vorankam. Stephen nahm als typischer New Yorker kein Blatt vor den Mund, doch er musste feststellen, dass seine Kollegen nervtötend höflich und konfliktscheu waren. (Aus Sicht der kanadischen Kollegen erschien Stephen wiederum als der typische, großmäulige US-Amerikaner.) Stephen beschwerte sich oft bei Irene, dass seine Kollegen offenen Diskussionen über schwierige Fragen aus dem Weg gehen würden. Außerdem fehlten ihm die zupackenden Mitarbeiter, auf die er sich in New York verlassen konnte.

Vier Wochen, nachdem er seine Stelle in Toronto angetreten hatte, kam

Irene für ein paar Tage nach Toronto, um ein neues Haus zu suchen und nach Möglichkeiten Ausschau zu halten, weiter als selbstständige Innenarchitektin zu arbeiten. Stephen war von seiner Arbeit genervt und schlecht gelaunt. Als Irene nicht gleich die Schule fand, die ihr zusagte, wurde auch sie immer bedrückter. In New York gingen die Kinder auf eine ausgezeichnete Privatschule. Sie wollten nicht weg und quengelten Irene deswegen die Ohren voll. Irene hatte ihnen den Umzug schmackhaft gemacht, indem sie ihnen erzählte, es sei ein Abenteuer, in ein fremdes Land zu ziehen, und ihnen versicherte, sie würde eine tolle neue Schule für sie finden. Entmutigt schlug sie Stephen vor, sie sollten die Kinder vielleicht doch besser bis zum Ende des Schuljahrs in ihrer New Yorker Schule lassen. Stephen stimmte zu.

Stephen pendelte also zwischen Toronto und New York hin und her, und Irene übernahm die Rolle der alleinerziehenden, berufstätigen Mutter. Schon bald begann die Beziehung unter dieser Situation zu leiden. Obwohl Irene an einigen Wochenenden nach Toronto kam, um weiter nach einer Schule zu suchen, wurde bald deutlich, dass sie von der Idee des Umzugs nicht begeistert war. Die Wochenenden waren extrem nervenaufreibend, die Kinder freuten sich, ihren Vater zu sehen, und klagten, dass sie nicht umziehen wollten. Montags kam Stephen oft spät ins Büro, er war müde und konnte sich nicht konzentrieren, was es nicht leichter machte, sich einzuarbeiten und mit seinem Team und seinen Kollegen warm zu werden. Er wusste, dass seine Leistung litt – und das steigerte seinen Stress noch weiter.

Schließlich hatte Stephen genug. Durch Firmenbeziehungen fand er eine gute Schule und machte einige ansprechende Wohngegenden ausfindig. Doch als er Irene drängte, die Eigentumswohnung in New York möglichst schnell zu verkaufen, kam es zum schlimmsten Krach ihrer Ehe. Als klar wurde, dass die Beziehung auf der Kippe stand, warf Stephen das Handtuch und kam nach New York zurück, um sich dort nach einer neuen Stelle umzusehen.

Das Leben einer Führungskraft ist immer ein Balanceakt, doch in der Übergangszeit ist es das in besonderem Maße. Unsicherheit und Unklarheiten können vernichtende Auswirkungen haben. Sie haben noch kein neues Netzwerk an Unterstützern. Wenn Sie, wie Stephen, auch noch einen Ortswechsel vornehmen, beeinträchtigt der Wechsel auch Ihr Privatleben. Wenn Sie Familie haben, ist auch die betroffen. Und inmitten dieses Aufruhrs sollen Sie sich rasch in Ihrer neuen Stelle einarbeiten und positive Veränderungen in Ihrem

Unternehmen bewirken. Eine der größten Herausforderungen eines solchen Jobwechsels ist es daher, Ihr Gleichgewicht zu behalten.

Konzentrieren Sie sich von Anfang an auf die richtigen Dinge? Behalten Sie Ihre Energie und Ihren Überblick? Bekommen Sie und Ihre Familie die nötige Unterstützung? Ron Heifetz beschreibt es sehr schön in seinem Buch *Leadership Without Easy Answers:* »Der Mythos des Managers ist der des einsamen Kriegers, dessen Heldenmut und Brillanz ihn befähigen, den Weg zu weisen. Doch auch wenn manchmal ein Einzelner eine Zeitlang die Hoffnungen und Ängste vieler auf seinen Schultern tragen muss, lässt sich Führung nicht allein ausüben. Das Vorbild des einsamen Kriegers ist selbstmörderisch.« Versuchen Sie es also nicht allein.

Fragen Sie sich zunächst einmal, wie Sie sich in Ihrer Übergangsphase gerade fühlen. Nehmen Sie sich ein paar Minuten Zeit, um sich die »Richtlinien zur strukturierten Selbstreflektion« (siehe Kasten) genauer anzusehen, um einzuschätzen, wie es Ihnen geht.

Richtlinien zur strukturierten Selbstreflektion

Wie fühlen Sie sich im Augenblick?

Auf einer Skala von oben nach unten:

- Enthusiastisch? Wenn nicht, warum nicht? Was können Sie dafür tun?
- Zuversichtlich? Wenn nicht, warum nicht? Was können Sie dafür tun?
- Erfolgsorientiert und zielbewusst? Wenn nicht, warum nicht? Was können Sie dafür tun?

Was quält Sie?

- Zu wem konnten Sie keine Beziehung herstellen? Warum nicht?
- Welches war das unangenehmste Meeting, das Sie bisher hinter sich bringen mussten? Warum?
- Was hat Sie am meisten gestört? Warum?

Was ist gut gelaufen, was schlecht?

- Welche zwischenmenschliche Interaktion würden Sie anders handhaben, wenn Sie könnten?
- Welche hat Ihre Erwartungen übertroffen? Warum?

- Welche Ihrer Entscheidungen hatte besonders gute Folgen? Welche hatte keine guten Folgen? Warum?
- Welche verpassten Gelegenheiten bedauern Sie am meisten? Haben Sie selbst dazu beigetragen, dass kein besseres Ergebnis erzielt werden konnte? Oder war es etwas, das außerhalb Ihrer Macht lag?

Konzentrieren Sie sich jetzt auf die größten Herausforderungen oder Schwierigkeiten, denen Sie sich gegenübersehen. Sind diese Schwierigkeiten situationsbedingt, oder sind Sie selbst die Ursache? Selbst erfahrene und fähige Menschen machen häufig die Situation für ihre Probleme verantwortlich statt ihre eigene Handlungsweise. Folglich sind sie weniger proaktiv, als sie sein könnten.

Treten Sie nun quasi einen Schritt zurück. Fragen Sie sich, warum die Dinge nicht genau so laufen, wie Sie es sich wünschen. Ist es nur die unweigerliche emotionale Achterbahn, die beim Antreten einer neuen Stelle normal ist? Es ist unvermeidlich, dass Ihr anfänglicher Enthusiasmus verfliegt, wenn die Erregung über die neue Herausforderung der Realität Platz macht. Führungskräfte durchleben in aller Regel etwa drei bis sechs Monate nach Dienstantritt ein emotionales Tief. Aber es ist so gut wie sicher, dass Sie diese Talsohle unbeschadet durchschreiten werden – natürlich nur, solange Sie Ihren 90-Tage-Plan absolvieren.

Es ist jedoch auch möglich, dass die Schwierigkeiten, mit denen Sie sich konfrontiert sehen, aus tieferen persönlichen Empfindlichkeiten erwachsen, die Sie aus der Bahn werfen können. Das passiert, weil Übergangssituationen unsere Schwächen hervorheben. Betrachten Sie also die folgende Liste möglicherweise dysfunktionaler Verhaltensweisen und stellen Sie sich (und, wenn Sie damit kein Risiko eingehen, anderen, die Sie gut kennen und Ihnen ehrlich antworten werden) die Frage, ob Sie möglicherweise eines dieser Syndrome aufweisen:

Mangelnde Abgrenzung. Wenn Sie nicht von Anfang an Ihre Grenzen ziehen und klar zum Ausdruck bringen, wozu Sie bereit sind und wozu nicht, werden die Menschen in Ihrer Umgebung – Vorgesetzte, Kollegen und Mitarbeiter – nehmen, was sie von Ihnen bekommen können. Je mehr Sie geben, umso weniger wird man Sie respektieren und umso mehr wird man von Ihnen wollen – ein weiterer Teufelskreis. Schließlich werden Sie sich darüber ärgern, dass man Ihre Gutmütigkeit bis aufs Blut ausnutzt. Doch das alles haben Sie sich selbst zuzuschreiben. Sie können von anderen nicht erwarten, dass sie die Grenzen für Sie ziehen. Das müssen Sie schon selbst tun.

Inflexibilität. Die Unsicherheit, die für eine Übergangsphase typisch ist, macht oft unflexibel und defensiv, besonders wenn die Führungskraft ein hohes Kontrollbedürfnis hat. Häufig ist die Folge, dass Sie sich an die einmal eingeschlagene Marschrichtung klammern. Sie treffen überstürzte Entscheidungen und haben das Gefühl, nicht umkehren zu können, ohne Ihre Glaubwürdigkeit zu verlieren. Je länger Sie warten, umso schwieriger wird es, Ihren Fehler einzugestehen, und umso heftiger sind die Konsequenzen. Vielleicht kommen Sie ja auch zu dem Schluss, dass Ihre Methode, ein Ziel zu erreichen, die einzig wahre ist. Ihr Mangel an Flexibilität degradiert die Menschen in Ihrer neuen Umgebung zu Erfüllungsgehilfen, obwohl sie sicher genauso gute Lösungsvorschläge haben wie Sie.

Isolation. Um effektiv arbeiten zu können, benötigen Sie Verbindung zu Menschen, die etwas bewegen und die Zugang zu informellen Informationsquellen haben. Eine neue Führungskraft ist erstaunlich schnell isoliert, und diese Isolation kann Ihnen schnell unter die Haut gehen. Doch auch hier liegt die Ursache bei Ihnen: Sie nehmen sich nicht die Zeit, die richtigen Verbindungen aufzubauen, weil Sie sich nur auf ein paar Menschen beschränken oder auf die offiziellen Informationen verlassen. Vielleicht entmutigen Sie unabsichtlich ja auch Leute, wichtige Informationen mit Ihnen zu teilen. Möglicherweise fürchten die Betreffenden Ihre Reaktion auf schlechte Nachrichten. Oder sie glauben, dass Sie widersprüchliche Interessen verfolgen. Was immer der Grund sein mag, Isolation führt dazu, dass Sie Entscheidungen auf der Grundlage unzureichender Informationen treffen, was Ihrer Glaubwürdigkeit schadet und die Isolation verschärft.

Arbeitsvermeidungsverhalten. Nach Antritt Ihrer neuen Position müssen Sie eine Menge unangenehmer Entscheidungen treffen. Vielleicht müssen Sie eine grundlegende Richtungsänderung vornehmen, ohne genügend Informationen vorliegen zu haben. Oder Sie müssen Personalentscheidungen treffen, die weitreichende Auswirkungen auf das Leben der Betroffenen haben. Bewusst oder unbewusst schieben Sie diese Entscheidungen vielleicht auf, indem Sie sich in andere Aufgaben vergraben oder sich selbst vormachen, dass die Zeit für diese Entscheidung noch nicht reif ist. Die Folge ist Arbeitsvermeidungsverhalten: die packen den Stier nicht bei den Hörnern, wodurch große Probleme nur noch größer werden.[45]

Sämtliche Syndrome dieser Art erzeugen ein gefährliches Maß an Stress. Stress ist nicht immer schlecht. Vielmehr gibt es einen wissenschaftlich nachgewiesenen Zusammenhang zwischen Stress und Leistungsfähigkeit, wie sie in der Yerkes-Dodson-Kurve in Grafik 9.1 dargestellt wird.[46] Ob der Stress hausgemacht ist oder von außen kommt, Sie brauchen Stress (häufig in Form positiver Leistungsanreize oder als Folge vorheriger Inaktivität), um produktiv zu sein. Ohne Stress passiert nicht viel: Sie bleiben im Bett und essen Schokolade.

Mit gesteigertem Druck nimmt auch die Leistungsfähigkeit zu, zumindest anfänglich. Schließlich aber erreichen Sie einen Punkt (der von Mensch zu Mensch unterschiedlich ist), an dem weitere Anforderungen in Form zu vieler Aufgaben oder zu starker emotionaler Belastungen Ihre Leistung unterminieren. Diese Dynamik schafft noch mehr Stress, reduziert Ihre Leistung noch stärker und schafft einen Teufelskreis, der Ihre Leistungskurve wieder abfallen lässt. Selten führt in so einem Fall die Erschöpfung zum Burn-out. Häufiger kommt es zu chronischer Leistungsschwäche. Sie arbeiten immer mehr und erreichen immer weniger. Und genau das passierte Stephen.

Grafik 9.1: Die Leistungskurve von Yerkes und Dodson

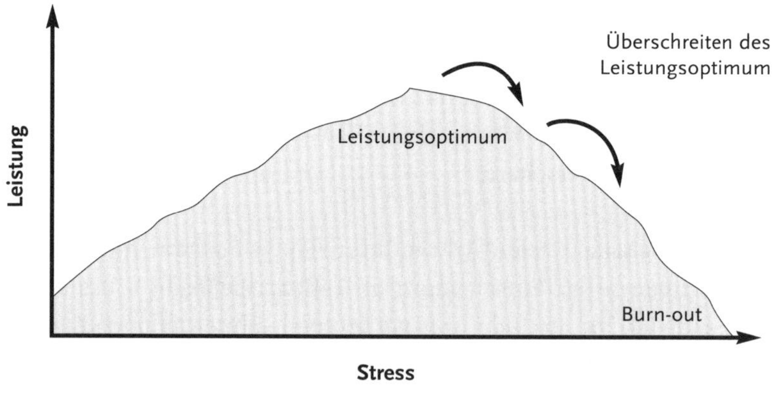

Die drei Säulen der Selbstwirksamkeit

Wie können Sie diese Fallen vermeiden? Wie können Sie stattdessen positive Kreisläufe in Gang setzen, die Ihnen Dynamik verleihen? Das Gleichgewicht, das Sie anstreben, nennt sich in der Psychologie »Selbstwirksamkeit«, ein Zustand, der sich auf drei Säulen stützt. Die erste Säule ist die Anwendung der *Erfolgsstrategien*, die ich in den vorigen acht Kapiteln beschrieben habe. Die zweite Säule ist die *Selbstdisziplin*. Die dritte schließlich sind Ihre *Unterstützer zu Hause und am Arbeitsplatz*, die Ihnen helfen, Ihr persönliches Gleichgewicht zu bewahren.

Die erste Säule: Wenden Sie die 90-Tage-Erfolgsstrategien an

Die Strategien, die ich Ihnen in den ersten acht Kapiteln vorgestellt habe, bieten Ihnen einen Routenplaner, mit dessen Hilfe Sie lernen, Prioritäten zu setzen, Pläne zu erstellen und Maßnahmen ergreifen zu können, um eine positive Dynamik zu entwickeln. Wenn Sie sehen, dass diese Strategien funktionieren, und wenn Sie erste kleine Erfolge erzielen konnten, gewinnen Sie an Selbstbewusstsein und Energie. Überprüfen Sie Ihre Fortschritte im Verlauf Ihrer Übergangsphase immer wieder anhand der Analysenfragen in Tabelle 9.1 und lesen Sie die entsprechenden Kapitel noch einmal.

Die zweite Säule: Selbstdisziplin

Zu wissen, was zu tun ist, ist noch lange nicht das Gleiche, wie es zu tun. Letztlich ergibt sich Ihr Erfolg oder Misserfolg aus der Summe der tagtäglichen Entscheidungen, die Sie entweder auf die Erfolgsspur setzen oder den Abhang hinunterstürzen. Hier kommt die zweite Säule ins Spiel: die persönliche Disziplin.

Persönliche Disziplin ist die Summe der positiven Angewohnheiten, die Sie sich selbst konsequent abverlangen. In welchen Bereichen sollten Sie besondere Disziplin entwickeln? Das hängt davon ab, wo Ihre persönlichen Stärken und Schwächen liegen. Auch wenn Sie sich selbst gut kennen, sollten Sie Vertraute befragen: Wo sehen sie Ihre Stärken, vor allem aber Ihre Schwächen?

Die folgenden Punkte sollen Ihnen helfen, darüber nachzudenken, welche Angewohnheiten Sie annehmen sollten:

Planen Sie zu planen

Nehmen Sie sich jeden Tag und jede Woche Zeit, um zu planen und die Einhaltung Ihrer Pläne zu kontrollieren? Tun Sie dies nicht oder nur unregelmäßig, dann sollten Sie in diesem Punkt disziplinierter werden. Verwenden Sie am Ende jedes Arbeitstags zehn Minuten, um zu überprüfen, inwieweit Sie die Ziele erreicht haben, die Sie am Vortag formuliert haben, und planen Sie den folgenden Tag. Tun Sie dasselbe am Ende der Arbeitswoche. Gewöhnen Sie sich diese Schritte an. Selbst wenn Sie Ihre Pläne nicht zu 100 Prozent erfüllen, haben Sie die Dinge besser im Griff.

Tabelle 9.1: Die wichtigsten Herausforderungen der Übergangsphase

Herausforderung	Analysefragen
Befördern Sie sich selbst.	Haben Sie die richtige innere Haltung für Ihre neue Position und lassen Sie die Vergangenheit los?
Lernen Sie effektiv.	Wissen Sie, was Sie lernen müssen, von wem Sie es lernen können und wie Sie effektiv lernen?
Entwickeln Sie die optimale Strategie für Ihre Situation.	Analysieren Sie die unternehmerische Situation, vor der Sie stehen, und die Implikationen für das, was Sie tun und was Sie lassen sollten?
Sichern Sie sich frühe Erfolge.	Konzentrieren Sie sich auf die wichtigsten Prioritäten, mit denen Sie langfristig Ziele voranbringen und kurzfristig Dynamik entwickeln?
Handeln Sie Ihren Erfolg aus.	Arbeiten Sie an der Beziehung zu Ihrem Chef, formen Sie Erwartungen und verfügen Sie über die Ressourcen, die Sie benötigen?
Koordinieren Sie Ihr Umfeld.	Erkennen und beseitigen Sie frustrierende Fehlkoordinationen zwischen Strategie, Struktur, Systemen und Fähigkeiten?
Bauen Sie sich ein schlagkräftiges Team auf.	Analysieren, strukturieren und koordinieren Sie Ihr Team, um ein Instrument zu haben, mit dem Sie Ihre Ziele erreichen können?
Finden Sie Verbündete.	Schaffen Sie sich ein Netzwerk von internen und externen Unterstützern für Ihre Projekte, um nicht jeden Tag von Neuem denselben Stein den Berg hinaufrollen zu müssen?

Konzentrieren Sie sich auf die wichtigen Dinge

Gehen Sie spontan Verpflichtungen ein, die Sie später bereuen? Erklären Sie sich leichtfertig bereit, Aufgaben zu übernehmen, die noch in weiter Ferne zu liegen scheinen, nur um sich, wenn es dann so weit ist, schwarzzuärgern, weil Ihr Kalender voll ist? Wenn dem so ist, sollten Sie lernen, sich erst nach reiflicher Überlegung festzulegen. Wenn Sie jemand bittet, eine Aufgabe zu übernehmen, dann antworten Sie: »Das klingt interessant. Lassen Sie mich darüber nachdenken, ich komme später auf Sie zu.« Sagen Sie nie sofort zu. Wenn jemand Druck auf Sie ausübt (weil er vielleicht Ihre Schwäche in diesem Punkt kennt), sagen Sie: »Wenn Sie jetzt eine Antwort haben wollen, dann muss ich Ihnen leider absagen. Wenn Sie mir etwas mehr Zeit geben, kann ich noch einmal darüber nachdenken.« Sagen Sie zuerst Nein, nachher können Sie immer noch Ja sagen. Umgekehrt ist es schwerer und schadet vor allem Ihrem Ruf. Denken Sie daran, dass Menschen Sie gerne lange im Voraus verpflichten wollen, weil Sie wissen, dass Sie dann noch viele Lücken in Ihrem Terminkalender haben. Fragen Sie sich, ob Sie sich später Vorwürfe machen werden, wenn Sie zusagen. Wenn die Antwort Ja ist, sagen Sie Nein.

Planen Sie Zeit für die wichtigen Aufgaben ein

Haben Sie jeden Tag Zeit für Ihre wichtigsten Aufgaben? Die Gefahr ist groß, dass Sie den ganzen Tag mit Telefonieren, Meetings und E-Mails zubringen und daher nie zu mittelfristigen Angelegenheiten kommen, von langfristigen ganz zu schweigen. Wenn Sie Probleme haben, Ihre eigentliche Arbeit anzupacken, disziplinieren Sie sich und reservieren Sie jeden Tag einen bestimmten Zeitraum, und sei es nur eine halbe Stunde, in dem Sie die Tür zumachen, das Telefon abschalten, keine E-Mails lesen und sich konzentrieren, konzentrieren, konzentrieren.

Gehen Sie frische Luft schnappen

Reagieren Sie in schwierigen Situationen sehr emotional? Wenn dem so ist, treten Sie in solchen Situationen einen Schritt zurück, beurteilen Sie die Lage aus der Vogelperspektive und antworten Sie dann mit produktiven Einlassungen. Renommierte Führungs- und Verhandlungstrainer empfehlen diesen

»Gang an die frische Luft«.[47] Das kann manchmal sehr schwer sein, vor allem wenn viel auf dem Spiel steht und die Emotionen hochkochen. Doch mit Disziplin und Übung können Sie sich diese Fähigkeit aneignen.

Konzentrieren Sie sich auf die Prozesse

Haben Sie gute Ideen, stellen dann aber fest, dass Sie in der Umsetzung die erforderlichen Personen nicht für sich gewinnen können? Sorgt die Art und Weise, wie Sie Entscheidungen fällen, oft für unnötigen Unmut und Dissens? Wenn dem so ist, dann disziplinieren Sie sich, zunächst zu planen, wen Sie wie beeinflussen wollen, ehe Sie lospreschen. Fragen Sie sich: Wie reagieren die anderen auf meine Ideen? Wie kann der Beratungs- und Entscheidungsprozess effektiver gestaltet werden? Denken Sie daran: Menschen tragen oft Entscheidungen mit, die sie nicht komplett teilen, solange sie das Gefühl haben, dass sie in einem fairen Prozess zustande gekommen sind.

Beobachten Sie sich selbst

Wissen Sie, wie Sie während der Übergangszeit auf bestimmte Situationen reagieren? Wenn nicht, disziplinieren Sie sich und denken Sie strukturiert über Ihre Situation nach. Einige Führungskräfte notieren sich am Ende des Tages kurz einige Gedanken, Eindrücke und Fragen, um sich selbst strukturiert beurteilen zu können. Andere nehmen sich einmal die Woche Zeit, um über ihre Situation zu reflektieren. Finden Sie eine Methode, die Ihnen am besten entspricht, und wenden Sie sie regelmäßig an. Arbeiten Sie daran, Ihre Erkenntnisse in die Tat umzusetzen.

Erkennen Sie, wann es Zeit ist, nach Hause zu gehen

Ihre Übergangsphase ist ein Marathonlauf, kein Sprint. Wenn Sie feststellen, dass Sie Ihren Leistungszenit oft überschreiten, sollten Sie die Selbstdisziplin aufbringen zu wissen, wann Sie besser eine Pause machen oder nach Hause gehen. Das ist natürlich leichter gesagt als getan, besonders wenn Sie eine Deadline einhalten müssen und eine zusätzliche Stunde einen großen Unterschied machen kann.

Kurzfristig kann es das tatsächlich, aber die langfristigen Folgen sind fatal. Beobachten Sie sich genau, um festzustellen, wann Ihre Leistungskurve bergab geht, und nehmen Sie sich die Zeit, die sie brauchen, um neue Kräfte zu tanken.

Die dritte Säule: Bauen Sie unterstützende Netzwerke

Die ersten beiden Säulen der Selbstwirksamkeit sind systematische Planung und deren disziplinierte Umsetzung. Die dritte ist die Stärkung Ihres persönlichen Unterstützungssystems: Das bedeutet, Ihre unmittelbare Arbeitsumgebung in den Griff zu bekommen, private Beziehungen zu stabilisieren und sich ein solides Beraternetzwerk aufzubauen.

Bekommen Sie Ihre unmittelbare Arbeitsumgebung in den Griff

Es ist schwer, sich auf die Arbeit zu konzentrieren, wenn selbst die grundlegendste Infrastruktur nicht stimmt. Auch wenn Sie drängendere Probleme zu bewältigen haben, sollten Sie sich möglichst rasch darum kümmern, Ihr Büro zu organisieren, Routinen zu entwickeln, Ihrem Assistenten Ihre Erwartungen zu kommunizieren und so weiter. Sollten Sie nicht gleich in ein fertiges Büro ziehen können, besorgen Sie sich übergangsweise Dinge wie Aktenschränke, Computer oder Büroaushilfen, bis alles dauerhaft eingerichtet ist.

Stabilisieren Sie private Beziehungen

Es ist eine alte Kriegsweisheit, nicht an zu vielen Fronten gleichzeitig zu kämpfen. Als neue Führungskraft sollten Sie daher Ihre privaten Beziehungen stabilisieren, um sich ganz auf Ihre Arbeit konzentrieren zu können. Sie können im Büro keine Werte schaffen, wenn Sie zu Hause welche zerstören. Dies war einer der grundlegendsten Fehler von Stephen Erikson.

Wenn Sie für Ihre neue Arbeit umziehen müssen, dann befindet sich auch Ihre Familie in einer Übergangsphase. Vermutlich muss auch Ihr Partner (wie Irene Erikson) den Arbeitsplatz wechseln, und Ihre Kinder verlieren ihre Freunde und müssen auf eine neue Schule gehen. Mit anderen Worten: Ihr Familienleben gerät just dann aus den Fugen, wenn Sie am dringendsten Stabilität und Unterstützung benötigen. Der Stress am neuen Arbeitsplatz kann durch Familienstress noch verstärkt werden. Denn die Schwierigkeiten anderer Familienmitglieder kommen noch zu Ihrer ohnehin großen emotionalen Belastung hinzu und erschweren Ihnen die Startphase am neuen Arbeitsplatz.

Sorgen Sie also dafür, dass die Übergangsphase auch für Ihre Familie möglichst reibungslos und schnell verläuft. Machen Sie sich als Erstes klar, dass Ihre Familie nicht besonders beglückt über Ihren Jobwechsel sein wird und Ihnen einen Umzug möglicherweise sogar übel nimmt. Natürlich lassen sich Konflikte nicht ganz vermeiden, doch es kann helfen, gemeinsam über die Veränderungen zu sprechen und den Verlust zu verarbeiten.

Darüber hinaus können Sie einiges tun, um den Umzug Ihrer Familie so reibungslos wie möglich zu gestalten:

Analysieren Sie das bestehende Unterstützernetzwerk Ihrer Familie. Durch einen Umzug verliert die Familie sämtliche ihrer vertrauten Dienstleister: Ärzte, Zahnärzte, Anwälte, Babysitter, Nachhilfelehrer und so weiter. Stellen Sie eine Liste zusammen, identifizieren Sie die wichtigsten und investieren Sie Zeit und Energie, um rasch guten Ersatz zu finden.

Helfen Sie Ihrem Partner, Fuß zu fassen. Möglicherweise gibt Ihr Partner seine Arbeit auf, um am neuen Wohnort eine neue Stelle zu suchen. Wenn die Suche nicht bald von Erfolg gekrönt ist, kann dies zu schwelender Unzufriedenheit führen. Helfen Sie Ihrem Partner, indem Sie bei Vertragsabschluss mit Ihrem Unternehmen Unterstützung bei der Jobsuche vereinbaren. Und vor allem: Lassen Sie nicht zu, dass sich die berufliche Entwicklung Ihres Partners verzögert.

Wählen Sie das richtige Timing für den Umzug der Familie. Für Kinder ist ein Umzug mitten im Schuljahr erheblich schwerer als in den großen Ferien. Warten Sie daher lieber bis zum Ende des Schuljahrs mit dem Familienumzug. Der Preis dafür ist allerdings die Trennung von der Familie und anstrengende Wochenendpendelei. Wenn Sie sich für diese Variante entscheiden, stellen Sie unbedingt sicher, dass Ihr Partner zusätzliche Unterstützung bekommt: Alleinerziehende leisten harte Arbeit.

Erhalten Sie die Familienkultur. Richten Sie Familienrituale so schnell wie möglich wieder ein und behalten Sie diese während der Übergangsphase bei. Unterstützung von Lieblingsverwandten wie etwa den Großeltern ist ebenfalls eine große Hilfe.

Helfen Sie bei der Akkulturation. Wenn Sie in ein anderes Land ziehen, suchen Sie professionelle Unterstützung beim interkulturellen Wechsel. Wenn Sprach- und Kulturbarrieren hinzukommen, besteht eine große Gefahr, dass Ihre Familie sich einsam und isoliert fühlt.

Wenn Ihr Unternehmen einen Umzugsservice hat, setzen Sie sich so früh wie möglich mit diesem in Verbindung. Üblicherweise hilft der Umzugsdienst bei der Suche nach einer neuen Wohnung, beim Umzug der Möbel und bei der Suche nach einer Schule, und das kann schon eine sehr große Hilfe sein.

Ein Familienumzug ist immer schmerzhaft. Doch Sie können eine Menge tun, um Leid zu mindern und der Familie den Wechsel zu erleichtern.

Bauen Sie sich ein solides Beraternetzwerk auf

Keine Führungskraft, egal, wie viel Energie und Wissen sie mitbringt, kann alles alleine machen. Sie brauchen sowohl außerhalb als auch innerhalb des Unternehmens ein Netzwerk von Vertrauten, um über Ihre Erfahrungen sprechen zu können. Ihr Netzwerk ist eine unerlässliche Ressource und kann Ihnen dabei helfen, Isolation zu vermeiden und die Perspektive nicht zu verlieren. Sie brauchen drei verschiedene Arten von Ratgebern: technische Ratgeber, kulturelle Übersetzer und politische Berater (siehe Tabelle 9.2).

Tabelle 9.2: Ihre verschiedenen Ratgeber

Typ	Rolle	Wie sie Ihnen helfen
Technische Ratgeber	Geben Expertenanalysen von Technologien, Märkten und Strategien.	Schlagen Anwendung von neuen Technologien vor. Empfehlen Strategien, um neue Märkte zu betreten. Bieten rechtzeitig korrekte Informationen.
Kulturelle Übersetzer	Helfen beim Verständnis der neuen Kultur und (wenn Sie das wollen) bei Ihrer Anpassung.	Bieten Einblick in kulturelle Normen, Denkweisen und Glaubenssätze. Helfen Ihnen, die Sprache des neuen Unternehmens zu sprechen.
Politische Berater	Helfen Ihnen beim Umgang mit politischen Beziehungen in Ihrem neuen Unternehmen.	Helfen bei der Umsetzung der Ratschläge Ihrer technischen Ratgeber. Dienen als Diskussionspartner bei der Durcharbeitung von Optionen und der Umsetzung Ihrer Strategie. Fordern Sie mit »Was-passiert-wenn«-Fragen zum kritischen Nachdenken auf.

Sie sollten auch sorgfältig abwägen, in welchem Verhältnis Sie interne und externe Berater benötigen. Insider kennen das Unternehmen mit seiner Kultur und Politik. Finden Sie Menschen mit guten Verbindungen, die Ihnen zuverlässig beim Verständnis der Abläufe helfen. Sie sind eine unschätzbar wertvolle Ressource.

Doch Insider sind nie objektiv. Daher sollten Sie Ihr internes Netzwerk um externe Berater ergänzen, die Ihnen dabei helfen, Fragen und Entscheidungen zu durchdenken. Diese sollten gut aktiv zuhören und Fragen stellen können, ein generelles Verständnis davon haben, wie Unternehmen funktionieren, und vor allem sollten ihnen Ihre Interessen am Herzen liegen.

Benutzen Sie Tabelle 9.3, um Ihr Ratgebernetzwerk einzuschätzen. Analysieren Sie jede Person hinsichtlich des Bereichs, in dem sie Sie unterstützt, und danach, ob sie Insider oder Outsider ist.

Tabelle 9.3: Analysieren Sie Ihr Ratgebernetzwerk

	Technische Ratgeber	**Kulturelle Übersetzer**	**Politische Berater**
Interne			
Externe			

Nun treten Sie einen Schritt zurück. Bietet Ihnen Ihr bestehendes Netzwerk in der neuen Situation die nötige Unterstützung? Gehen Sie nicht automatisch davon aus, dass die Menschen, die Ihnen in der Vergangenheit helfen konnten, diese Rolle auch weiter übernehmen können. Sie werden vor neuen Aufgaben stehen, bei denen Ihnen Ihre früheren Ratgeber möglicherweise nicht weiterhelfen können. Je höher Sie beispielsweise in der Unternehmenshierarchie aufsteigen, umso wichtiger werden politische Berater.

Sie sollten außerdem in die Zukunft blicken. Da es seine Zeit braucht, sich ein effektives Netzwerk aufzubauen, sollten Sie schon jetzt darüber nachdenken, welches Netzwerk Sie in Ihrer nächsten Position brauchen. Welche Art von Ratgebern werden Sie dann benötigen?

Um ein effektives Unterstützernetzwerk aufzubauen, sollten Sie sicherstellen, dass Sie die richtigen Berater haben, die für Sie da sind, wenn Sie sie benötigen. Überprüfen Sie, ob Ihr Unterstützernetzwerk die folgenden Eigenschaften hat:

- die richtige Mischung aus technischen Ratgebern, kulturellen Übersetzern und politischen Beratern;
- die richtige Mischung aus internen und externen Beratern. Sie brauchen ehrliches Feedback von Insidern und die Objektivität von Outsidern;
- externe Unterstützer, die nicht dem Unternehmen, sondern Ihnen als Mensch gegenüber loyal sind. Üblicherweise sind das alte Kollegen oder Freunde;
- interne Unterstützer, denen Sie vertrauen, deren persönliche Ziele nicht mit den Ihren in Konflikt geraten und die Sie unverblümt und korrekt beraten;
- Vertreter von wichtigen externen Geschäftspartnern, die Ihnen helfen, deren Perspektive zu verstehen. Sie sollten sich nicht auf eine oder zwei Perspektiven beschränken.

Behalten Sie Ihr Gleichgewicht

Sie müssen jeden Tag darum kämpfen, Ihr Gleichgewicht zu halten. Letztlich hängt Ihr Erfolg oder Misserfolg an einer Reihe von kleinen Entscheidungen, die Sie Tag für Tag treffen. Mit diesen Entscheidungen können Sie eine positive Dynamik entwickeln oder sich nach und nach ins Abseits befördern. Mit dem, was Sie während Ihrer Übergangsphase tun, geben Sie ein Muster für alles Folgende vor – nicht nur für Ihr Unternehmen, sondern auch für Ihre persönliche Effizienz und nicht zuletzt für Ihr Wohlbefinden.

Checkliste für Ihr persönliches Gleichgewicht

1. Wo sind Sie in Ihrem neuen Job am ehesten verwundbar? Wie können Sie diese Verwundbarkeit kompensieren?
2. Wo benötigen Sie am meisten Selbstdisziplin? Wie entwickeln Sie diese? Wie sieht Ihr Erfolg aus?
3. Wie können Sie Ihr unmittelbares Umfeld besser in den Griff bekommen?

4. Wie helfen Sie Ihrer Familie in der Übergangsphase? Welche neuen Unterstützernetzwerke benötigen Sie? Was sind Ihre Prioritäten?
5. Was sind Ihre Prioritäten beim Aufbau Ihres beruflichen Unterstützernetzwerkes? Inwieweit sollten Sie sich auf Ihr internes Netzwerk konzentrieren? Und auf Ihr externes? Wo benötigen Sie am meisten Unterstützung: im technischen, kulturellen oder politischen Bereich?

Kapitel 10
Fördern Sie andere

Die entscheidenden 90 Tage ist eigentlich als Buch für einzelne Führungspersönlichkeiten in der Übergangsphase konzipiert. Es wurde geschrieben, um ihnen dabei zu helfen, ihre Situation zu analysieren, die wichtigsten Herausforderungen zu identifizieren und Pläne zu entwerfen, um an Durchschlagskraft zu gewinnen. Unzählige Führungskräfte haben von unserem Ansatz schon profitiert. Unabhängige Forschungsergebnisse haben gezeigt, dass durch den Einsatz dieser Techniken die Zeit bis zum Erreichen des Break-even um bis zu 40 Prozent gesenkt werden kann.[48]

Wenn eine Führungskraft in einer neuen Position scheitert, so kostet den Betreffenden das oft die Karriere, auf jeden Fall ist es aber ein schwerer Schlag. Aber Übergangssituationen haben auch Auswirkungen auf das ganze Unternehmen. Jeder gescheiterte Übergang – ob es sich um tatsächliches Derailment oder eine weniger dramatische Minderleistung handelt – verursacht Kosten für das Unternehmen. Die Höhe dieser Kosten ist immerhin so beträchtlich, dass ein modernes System zur Beschleunigung der Übergangszeit für Führungskräfte das Unternehmensrisiko senken, einen Konkurrenzvorteil erwirken und die Implementierung des Wandels forcieren kann.

Überlegen Sie sich zunächst einmal, welche Risiken die Übergangsphase für einen leitenden Angestellten mit sich bringt – egal, ob es sich nun um eine Neueinstellung oder um einen beförderten Mitarbeiter aus dem Unternehmen handelt. Ein einziger Fehler auf Vorstandsebene kann Hunderttausende kosten, ganz zu schweigen von den verpassten Chancen oder dem Schaden fürs Geschäft. Eine unabhängige Studie des Genesis Advisers Program und der bereits erwähnten Coaching-Prozesse ergab, dass im Hinblick auf konservative Gehaltsschätzungen die Maßnahmen eine Rentabilität von geschätzten 1400 Prozent erwirtschafteten. Die folgenden wörtlichen Zitate aus der Studie verdeutlichen die Dimension der potenziellen Folgen von Manager-Derailment und Underperfomance.[49]

- »In einem Unternehmen verlangsamte sich das Wachstum unter der Ägide einer erfolglosen Führungskraft in einer Region um die Hälfte. Nach Steuern betrug der Verlust zwischen 7 und 8 Millionen US-Dollar.«
- »Niemand ergriff die Initiative, Ergebnisse wurden nicht erzielt. Der Launch eines neuen Produkts verzögerte sich. Wenn Probleme bei der Produktentwicklung entstehen, können sich die Folgen eines schlechten Übergangs auf 100 Millionen US-Dollar belaufen.«
- »Einer der wichtigsten Kostenfaktoren ist der Talentverlust. Man kann diesen Verlust gar nicht wirklich in Zahlen fassen. High-Potentials sind selten, und wir schenken ihnen nichts. Wenn sie es nicht schaffen, hat man einen vielversprechenden Mitarbeiter verschwendet.«

Normalerweise verfügen Unternehmen über Systeme, um andere Risiken vergleichbarer Größe zu analysieren und zu handhaben. Sie sollten dem Übergangsrisiko bei Führungskräften mit ähnlicher Sorgfalt begegnen. Ein entsprechendes Unterstützungs- und Fördersystem ist mithin Bestandteil des gesamtunternehmerischen Risikomanagement. Bedenken Sie nun die kumulative Wirkung auf die Leistung der zahllosen aktuellen Übergänge auf allen Hierarchieebenen. Rufen Sie sich ins Gedächtnis, dass etwa ein Viertel sämtlicher Führungskräfte in typischen Fortune-500-Unternehmen alljährlich den Arbeitsplatz wechseln. Geschäftsführer haben sogar noch eine höhere jährliche Übergangsrate – einer Studie zufolge 35 Prozent in den ersten drei Vorstandsetagen, wobei 22 Prozent sich durch Befördern verändern und 13 Prozent aus anderen Unternehmen kommen. Und jeder Übergang beeinflusst die Leistung von etwa einem Dutzend Menschen im direkten Umfeld der Führungskraft – Kollegen, Mitarbeiter und Vorgesetzte. Stellen Sie sich vor, welchen Wert es hätte, wenn man diese Übergangsphasen auch nur um 10 Prozent beschleunigen könnte, ganz zu schweigen von mindestens 40 Prozent. Ein Erfolg in der Beschleunigung sämtlicher Einarbeitungsphasen würde sich also direkt positiv auf die Gesamtleistung des Unternehmens auswirken. Es ist sogar ein potenzieller Wettbewerbsvorteil, wenn man jeder Führungskraft zu einer beschleunigten Erfolgsleistung verhelfen kann. Das ganze Geschäft wird dadurch wendiger und zugänglicher. Ein Beschleunigungssystem ist also das Schlüsselelement einer High-Performance-Organisation.

Und nun stellen Sie sich noch vor, was geschieht, wenn Ihr Unternehmen einen bedeutsamen Wandel erlebt – eine Restrukturierung, eine Wachstumsphase oder die Integration einer anderen Firma. Jede größere Veränderung verursacht weitere Wellen individueller Übergänge, die durch das gesamte Unternehmen fließen. Die wichtige Kernarbeit, zunächst die richtigen Strukturen und Systeme zu etablieren und dann die Schlüsselpositionen personell zu besetzen, ist nur die erste Phase des Wandels. Um die geplanten Ziele zu erreichen, wie zum Beispiel Synergien im Akquisitionsmanagement, darf die strategische Ausrichtung auch das Unternehmen nicht vergessen; es muss Klarheit über Rollen, Verantwortungsbereiche und Entscheidungskompetenzen geschaffen werden, und Beziehungsnetzwerke müssen gefördert werden.

Der in diesem Buch beschriebene 90-Tage-Plan wurde sehr erfolgreich eingesetzt, um die zweite Phase des unternehmerischen Wandels durch die Implementierung unseres Rapid Rewire™-Programms zu beschleunigen. Das Hauptaugenmerk liegt dabei auf der Teamförderung. Sie beginnt mit dem Vorstandsstab und arbeitet sich dann durch das gesamte Unternehmen bis nach unten. Teams auf jeder Ebene nutzen die gleiche Methodologie, die gleiche Sprache und Tools, um 90-Tage-Pläne zu erstellen, Beziehungen zu knüpfen und im Team zu arbeiten. Diese Technik erfolgreich anzuwenden entscheidet oft über Erfolg oder Scheitern. Viele Unternehmen haben es auf die harte Tour lernen müssen. Veränderung ist ein zweischneidiges Schwert. Ein Fördersystem ist mithin ein wesentliches Element des unternehmerischen Wandels.

Ob der Fokus auf Risikomanagement, Leistungsverbesserung, einer grundlegenden Reform oder allen drei Zielen liegt, die Unternehmen sind wirtschaftlich sehr daran interessiert, Übergänge auf jeder Ebene zu begleiten – intern wie extern, individuell wie auf organisatorischer Ebene. Das bedeutet, dass sie Führungskräfte im Übergang genauso intensiv betreuen wollen wie jeden anderen kritischen Geschäftsprozess – und zwar, indem sie den richtigen Bezugsrahmen, die richtigen Hilfsmittel und Systeme bereitstellen, um uns alle zu fördern.

Wie sollen Unternehmen vorgehen, wenn sie ein Fördersystem dieser Art etablieren wollen? Im Folgenden erfahren Sie alles über die zehn Design-Prinzipien – Richtlinien, die Sie anwenden können, um die richtige Lösung für Ihr Geschäft zu finden.

Identifizieren Sie kritische Übergänge

Zuallererst einmal müssen Sie verstehen, wie viele Übergangssituationen es in Ihrem Unternehmen gibt, und müssen sich zunächst ausschließlich auf die wichtigsten konzentrieren. Es ist schon überraschend, wie viele Firmen nicht in der Lage sind, genaue Angaben über die Anzahl der Menschen, die neu eingestellt worden sind, die befördert wurden, die versetzt wurden oder einfach nur die Stelle gewechselt haben, zu machen. Ohne vernünftige Daten über die Häufigkeit der Übergänge – und, ganz wichtig, ohne zu wissen, warum sie überhaupt stattfinden – fällt es natürlich schwer, ein vernünftiges Fördersystem ins Leben zu rufen.

Sie müssen erst die Häufigkeit der Übergänge analysieren, um einschätzen zu können, wie hoch die Kosten und der Nutzen entsprechender Unterstützung für alle Ebenen wären. Nehmen wir beispielsweise an, dass Sie relativ intensive Personalveränderungen (mehr als 30 Prozent) an der vordersten Führungsebene erwarten, vielleicht, weil das Unternehmen schnell wächst. Als Faustregel gilt, dass Führungskräfte dieser Ebene an Workshops zum Thema Übergang teilnehmen sollten (entweder persönlich oder virtuell), und zwar innerhalb der ersten 60 Tage nach Arbeitsantritt (außerdem sollten sie, wie wir später noch ausführen werden, Start-Ressourcen zur Verfügung gestellt bekommen, sobald sie ihre neue Position angetreten haben). Derlei Workshops sind am effizientesten mit 15 bis 20 Teilnehmern. Sie können die dort gewonnenen Informationen nutzen, um zu planen, wo und wann Unterstützung für den Übergang in die jeweiligen Führungsrollen benötigt wird.

Außerdem ist es wichtig, die Mischung aus Onboarding und Inboarding (zwischen Abteilungen), Beförderung und lateralen Personalveränderungen zu kennen. Auf der Basis dieses Wissens können Sie die Unterstützung, die Sie Ihren Führungskräften bieten, passgenau auf sie zuschneiden. Wie wir später noch sehen werden, sollten unterstützende Maßnahmen in gewisser Hinsicht kundenspezifisch an die Führungskräfte angeglichen werden.

Als Nächstes müssen Sie sich auf wichtige Übergangssituationen konzentrieren. Welches sind die bedeutsamsten Führungskräfte Ihres Unternehmens, die ihre Position gerade neu übernommen haben? Nehmen wir an, Sie haben ein kleines, schnell wachsendes Pharmazieunternehmen. Sie haben gerade die Genehmigung für ein vielversprechendes neues Medikament erhalten; Sie stocken also Ihr Verkaufsteam auf, weil Sie das Produkt schneller auf den Markt bringen wollen als ein möglicher Konkurrent. Ihr Erfolg bei der Einstellung neuer Verkaufsleiter macht unter Umständen den Unterschied zwischen großem und mittelmäßigem Erfolg. Ihre ersten Anstrengungen sollten sich also darauf konzentrieren, sämtlichen Führungskräften aus dem Verkauf dabei zu helfen, möglichst schnell auf Touren zu kommen und dazu beizutragen, dass die gesamte Verkaufsabteilung zu einem Team zusammenwächst. Nutzen Sie Tabelle 10.1, um sich einen Überblick über Ihre Einschätzungen zu verschaffen, welche Übergänge in Ihrer Organisation am wichtigsten sind.

Sie dient als Hilfsmittel, um die wichtigsten Prioritäten zur Förderung von Übergangssituationen in Ihrem Unternehmen zusammenzufassen, wie sich am unten abgebildeten Beispiel zeigt. Fangen Sie an, indem Sie die wichtigsten Abteilungen oder Gruppen oder Projekte in der linken Spalte notieren. Identifizieren Sie größere Veränderungen, die in jeder dieser Einheiten, Gruppen oder Projekte stattfinden. Schließlich schätzen Sie die relative Intensität der wichtigsten Übergangstypen ein – Onboarding, Beförderung, geografische Veränderungen und laterale Bewegungen. Das Ergebnis ist eine Zusammenfassung, die Sie nutzen können, um Ihre Prioritäten zu kommunizieren.

Tabelle 10.1: Übergangsintensität

		Übergangsintensität			
Organisations-einheit	**Größere Veränderung**	**Onboarding**	**Beförderung**	**Geografische Veränderung**	**Seitwärtsbewegungen**
Einheit A	Schnelles Wachstum	Hoch	Niedrig	Hoch	Mittel
Einheit B	Turnaround	Mittel	Niedrig	Niedrig	Hoch
Einheit C	Akquise	Gar nicht	Niedrig	Mittel	Hoch

Identifizieren Sie, wer zum Scheitern verurteilt ist

Wie bereits in der Einleitung erwähnt, gibt es ein paar Fallen, in die neue Führungskräfte gern tappen. So bewegen sie sich vielleicht nur auf bekanntem, sicherem Terrain und versuchen, zu viel zu schnell zu erreichen. Diese Fehler können im Großen und Ganzen vermieden werden durch die Implementierung von Unterstützungssystemen für Führungskräfte, die auf den in diesem Buch diskutierten Prinzipien basieren.

Bei der Planung von derlei Unterstützungsprogrammen darf man die systematischen Fehler, die Unternehmen machen, wenn sie Führungskräften neue Rollen zuweisen, nicht außer Acht lassen.[50] Teilnehmer an der HBR/IMD-Studie zeigten die klassischen Möglichkeiten auf, wie Unternehmen das Scheitern ihrer Führungskräfte prädestinieren. Die Gründe für unnötiges Derailment oder Leistungsminderung sind in Tabelle 10.2 zu finden.

Es hat keinen Zweck, Förderprogramme für Führungskräfte einzuführen, wenn Ihr Unternehmen deren Scheitern dermaßen begünstigt. Um Ihr System tatsächlich zu etablieren, ist also ein kultureller Wandel vonnöten. Nehmen wir an, Ihr Unternehmen hat Schwierigkeiten bei der Einschätzung der Hürden, die Führungskräfte zu überwinden haben. In diesem Fall empfiehlt es sich, das Übergangsrisiko systematisch einzuschätzen, wie in der Einleitung bereits erwähnt. Wenn Sie keine klaren Erwartungen formulieren können, sollten Sie dieses Problem durch den disziplinierten Einsatz der fünf Gespräche zu lösen versuchen, die wir Ihnen in Kapitel 4 vorgestellt haben.

Analysieren Sie bereits existierende Fördermaßnahmen

Unternehmen besitzen oft einen regelrechten Flickenteppich aus bereits existierenden Systemen, um ihre Mitarbeiter in Übergangssituationen zu unterstützen. Eine Abteilung fördert vielleicht Führungskräfte auf niedriger Ebene, eine andere hat ein effizientes Onboarding-System für von außerhalb kommende Führungskräfte, wieder eine andere unterstützt entsprechende Stellenwechsel auf internationaler Ebene. Doch ein unternehmensübergreifendes Unterstützungssystem mit einem gemeinsamen Bezugsrahmen hat unbestreitbare Vorteile, weshalb das ursprüngliche Mosaik existierender Systeme oft einer grundlegenden Überarbeitung bedarf, wenn es nicht gar vollständig ersetzt werden muss. Bevor Sie ein firmenübergreifendes Unterstützungssystem entwerfen, müssen Sie die existierenden Systeme zunächst einmal gründlich analysieren. Außerdem sollten Sie sich fragen, auf welchen Gebieten gar keine Unterstützung vonnöten ist. Bei dieser Einschätzung sollten Sie folgenden Richtlinien folgen:

- Identifizieren und analysieren Sie den Status der existierenden Unterstützungssysteme und -Tools. Welche Ansätze wurden bislang genutzt und warum? Was ist an den bisherigen Methoden optimal?

Tabelle 10.2: Gründe für gescheiterte Übergänge von Führungskräften

<table>
<tr><th colspan="2">Gründe, die auf sämtliche Übergangssituationen anwendbar sind</th></tr>
<tr><td colspan="2">• Mangelnde Klarheit über Erwartungen und Aufgaben. Führungskräfte erhalten nicht genug oder widersprüchliche Informationen darüber, was sie tun müssen, um erfolgreich zu sein.
• Bei Einstellungen oder Beförderungen wird die STARS-Situation außer Acht gelassen. Führungskräfte werden eingestellt, ohne dass man sich überlegt, ob sie angesichts der spezifischen Herausforderungen die beste Wahl sind. So wird beispielsweise jemand, der einen Turnaround hervorragend meistern würde, in einer Erfolgssicherungs- oder Restrukturierungsmaßnahme eingesetzt.
• Führungskräfte werden gedrängt, zu große Schritte zu machen. Sie werden mit einem hohen persönlichen Übergangsrisiko in der neuen Situation konfrontiert, übernehmen zu viele Aufgaben und scheitern.
• In unserer Gesellschaft herrscht ein gewisser Führungskräfte-Darwinismus. Während des Wechsels erhalten Führungskräfte nicht genügend Unterstützung. Im Hinblick auf Führungskräfteentwicklung gilt das Prinzip »Friss oder stirb«.</td></tr>
<tr><th>Beförderungsspezifische Gründe</th><th>Onboarding-spezifische Gründe (gilt auch für Inboarding, also Abteilungswechsel)</th></tr>
<tr><td>• Menschen werden nur deshalb befördert, weil sie gut in ihrem aktuellen Job sind. Der Frage, ob Führungskräfte auch auf höheren Ebenen effektiv sein können, wird gar nicht weiter nachgegangen.
• Weiterbildung erfolgt zu spät oder gar nicht. Führungskräfte erhalten keine Fördermaßnahmen (und wenn doch, dann oft erst mehrere Monate später), um die für effektive Arbeit notwendigen Fähigkeiten zu entwickeln. Auf diese Weise verspielen sie die Chance, während der Übergangsphase Glaubwürdigkeit aufzubauen.
• Oft wird von Führungskräften verlangt, in der Übergangsphase gleichzeitig ihren alten und ihren neuen Arbeitsplatz zu bewältigen. Die Unternehmen haben kein Händchen für die Nachfolgeplanung, wodurch frisch beförderte Führungskräfte jede Menge Energie auf ihre alten Rollen verschwenden, während sie doch eigentlich die wichtigste und schwierigste Phase ihres neuen Jobs durchleben.</td><td>• Bei der Einstellung werden kulturelle Unterschiede nicht bedacht. Führungskräfte werden aufgrund ihrer Fähigkeiten eingestellt, egal, ob sie zur Unternehmenskultur passen oder nicht.
• Es gibt keine Unterstützungsmaßnahmen zur kulturellen Anpassung. Frisch eingestellte Führungskräfte sollen die Kultur auf eigene Faust erkunden und machen in der Anfangsphase unnötige Fehler.
• Es gibt keine Unterstützung, um die wichtigsten Interessenvertreter ausfindig zu machen und einen Kontakt zu ihnen herzustellen. Die neuen Führungskräfte sind auch hier auf sich gestellt und müssen selbst herausfinden, wer Einfluss auf ihren Erfolg hat. So kommt es, dass sie nicht früh genug die richtigen Netzwerke knüpfen.</td></tr>
</table>

- Untersuchen Sie die verschiedenen Ansätze (Coaching-Programme, virtuelle Workshops, Selbstlernmaterial), die Ihr Unternehmen momentan einsetzt, um auf sämtlichen Führungsebenen der Führungskraft den Übergang in ihre neue Rolle zu erleichtern. Machen Sie sich Gedanken über die damit verbundenen Kosten und den Nutzen.
- Überlegen Sie, ob Ihr Unternehmen bei der Unterstützung verschiedener Übergangsarten (Onboarding, Beförderung, laterale und internationale Versetzungen) ein stimmiges Konzept hat. Gibt es zur Beschleunigung der Übergangsphase ein gemeinsames Basismodell?
- Identifizieren Sie die wichtigsten Interessenvertreter (Vorgesetzte, Kollegen, Mitarbeiter, Personalreferenten, das Personal aus Weiterbildung und Entwicklung), die Sie bei der Begleitung von Führungskräften im Übergang unterstützen könnten.
- Überdenken Sie, ob das Informationssystem der HR-Abteilung (z. B. durch Websites) ausreichend ist. Gibt es auch hier Hinweise zur Unterstützung von Übergangsphasen? Gibt es Aufschluss darüber, wo und wann Übergänge vorkommen, sodass die Betreffenden zeitnah und rechtzeitig gefördert werden können?

Führen Sie ein allgemeines Basismodell ein

Wenn man bedenkt, wie häufig Menschen neue Stellen antreten und welche Auswirkungen jeder Wechsel auf andere hat, erscheint es sinnvoll, dass jeder – also Vorgesetzte, direkte Mitarbeiter und Kollegen – dem gleichen Basismodell folgt, um der neuen Führungskraft ihre Übergangsphase zu erleichtern.

Die Basis eines solchen Unterstützungssystems ist ein einheitlicher, firmenübergreifender Bezugsrahmen, eine gemeinsame Sprache und entsprechende Hilfsmittel, um über Wechsel dieser Art zu reden und sie zu planen. Das ist wahrscheinlich das wichtigste Element eines solchen Unterstützungssystems. Stellen Sie sich doch einmal vor, jede Führungskraft in einer Übergangssituation könnte ohne weitere Erklärungen mit Vorgesetzten, Mitarbeitern und Kollegen über folgende Themen sprechen:

- über die Herausforderungen und Chancen, die sich aus der unternehmerischen Situation gemäß STARS-Portfolio ergeben – also die Mischung aus

Start-up, Turnaround, Wachstumsbeschleunigung, Restrukturierung und Erfolgsstabilisierung;

- über ihren technischen, kulturellen und unternehmenspolitischen Lernprozess und die Schlüsselelemente ihres Lernplans;
- über ihren Fortschritt in den fünf Gesprächen – über Situation, Erwartungen, Arbeitsstile, Ressourcen und persönliche Entwicklung – mit Vorgesetzten und Mitarbeitern;
- über ihre A-Prioritäten und Vorstellungen, wo sie frühe Erfolge erzielen will;
- über die Netzwerke und Bündnisse, die sie knüpfen will.

Ein gemeinsames Basismodell erleichtert die Diskussion über diese Themen erheblich. Außerdem führt es dazu, dass Gespräche stattfinden, die sonst nicht stattgefunden hätten. Außerdem erleichtert es die Kommunikation, macht Menschen mitteilsamer, sodass sie Vertrauen fassen, bereitwilliger Informationen weitergeben und mehr Verständnis für die Schwierigkeiten neuer Führungskräfte aufbringen. Insgesamt bringt das ein Unternehmen deutlich weiter als die Friss-oder-stirb-Philosophie.

Unterstützen Sie neue Mitarbeiter rechtzeitig

Die Übergangsphase lässt sich in ein paar voraussagbare Stadien einteilen. Neue Führungskräfte beginnen zunächst mit intensiver Analysearbeit. Sie verschaffen sich Klarheit über die Situation und entwickeln mit der Zeit eine strategische Ausrichtung (Mission, Ziele, Strategie und Vision) für ihr Unternehmen oder ihre Abteilung. Je klarer die Richtung, umso besser sind sie in der Lage, Entscheidungen zu wichtigen unternehmensspezifischen Themen zu treffen – z. B. zu Struktur, Geschäftsprozessen, Talentmanagement und Team. Anschließend sind sie in der Lage, Chancen zur Sicherung früher Erfolge auszumachen und den Wandel in Gang zu setzen.

Die Unterstützung, die neue Führungskräfte benötigen, verändert sich auf vorhersagbare Weise ganz gemäß der oben beschriebenen Stadien. Am Anfang benötigen sie Unterstützung für effektives Lernen – auf technischer, kultureller und politischer Ebene. Im Laufe der Zeit sollte dann der Fokus eher auf Hilfe bei der Definition einer strategischen Richtung liegen, also auf der Frage, wie man den Grundstein zum Erfolg legt, sich frühe Erfolge sichert und so weiter.

Dabei ist es von besonderer Bedeutung, dass Führungskräfte entsprechende Unterstützung in verdaulichen Häppchen erhalten. Wenn sie sich einmal in die neue Rolle eingefunden haben, werden sie vom Strudel der Ereignisse mitgerissen und können nur sehr begrenzte Zeit fürs Lernen, Reflektieren und Planen aufwenden. Deshalb kann eine Führungskraft Unterstützungsmaßnahmen nur nutzen, wenn sie rechtzeitig erfolgen.

Demzufolge ist es ratsam, die Zeit vor Dienstantritt bestmöglich zu nutzen. Übergangsphasen beginnen mit den Vorstellungsgesprächen und der Auswahl der Kandidaten und nicht erst, wenn Führungskräfte offiziell ihre neuen Stellen antreten. Diese Phase ist deshalb von unschätzbarem Wert, denn jetzt können neue Führungskräfte etwas über ihr Unternehmen lernen und ihre ersten Tage im neuen Job planen.

Fördermaßnahmen sollten deshalb so angelegt sein, dass sie neuen Führungskräften helfen, den größtmöglichen Nutzen aus der Zeit zu ziehen, die ihnen vor Dienstantritt zur Verfügung steht. Deshalb gilt es, ihren Lernprozess zu unterstützen, indem man sie mit wichtigen Dokumenten und Hilfsmitteln ausstattet, durch die sie eine erste Analyse vornehmen können. Außerdem ist es sinnvoll, ihnen so früh wie möglich den Kontakt zu anderen Interessenvertretern zu ermöglichen. Für Manager ist es oft hilfreich, einen Coach an der Seite zu haben, der sie über das Unternehmen informiert, ihnen Gespräche mit wichtigen Personen ermöglicht und dazu beiträgt, dass sie dieses Wissen in eine erste Analyse verwandeln, die wiederum die Basis für erste Gespräche darstellt.

Nutzen Sie strukturierte Prozesse

Paradoxerweise haben neue Führungskräfte häufig das Gefühl, dass sie zum Lernen und zur Planung ihrer Übergangsphase gar keine Zeit haben. Sie wissen, dass sie die verfügbaren Ressourcen nutzen und sich Zeit reservieren sollten, um ihre Aktionen zu planen, aber die dringlichen Erfordernisse ihrer neuen Rolle scheinen ihnen keinen Freiraum für diese wichtige Arbeit zu lassen.

Obwohl es durchaus hilfreich ist, die Zeit vor dem Dienstantritt zu nutzen und für rechtzeitige Unterstützung zu sorgen, benötigen Übergangsprozesse auch Action-forcing Events. Dazu gehören fest eingeplante Coaching-Meetings in jedem Stadium des Prozesses oder ebenfalls fest terminierte Gruppenevents, die Führungskräfte vom Gefechtsstand abziehen, damit sie in Ruhe nachdenken und ihren 90-Tage-Plan erstellen oder verfeinern können.

Die Förderung der Übergangsphase sollte also kein frei fließender Prozess sein, in dem die Führungskraft den Takt vorgibt. Viel sinnvoller ist es, in wichtigen Stadien eine Reihe gebündelter Events anzubieten – eben gezieltes Coaching oder der Austausch in der Gruppe. Nachdem Coach und Kunde vor Dienstantritt die Situation gemeinsam analysiert haben und der Führungskraft zur Selbsteinschätzung verholfen haben, haben die beiden die besten Voraussetzungen für ein hochproduktives Launch-Meeting geschaffen, durch das sie den beruflichen Werdegang des Managers in Gang bringen.

Führungskraft und Coach sollten sich also frühzeitig, konzentriert und engagiert zusammensetzen. Auch für Coaches kann es durchaus hilfreich sein, sich auf eine intensive Diagnose der Situation noch vor Dienstantritt einzulassen, denn sie besitzen eine wichtige Ressource – die genaue Kenntnis der Situation –, die sie der neuen Führungskraft vermitteln können. Ihr Einblick, den sie in der wichtigen, frühen Phase des Übergangs gewähren, kann dazu beitragen, das Coach-Klienten-Verhältnis zu festigen.

Passen Sie die Fördermaßnahme dem Übergangstyp an

Der 90-Tages-Rahmen und die dazugehörigen Hilfsmittel können in sämtlichen Phasen des Übergangs genutzt werden. Doch die Bedeutung verschiedener Aktivitäten – z. B. des kulturellen Lernens – kann sehr unterschiedlich sein, abhängig von den verschiedenen Übergangstypen, die eine Führungskraft gerade erlebt. Deshalb ist es häufig hilfreich, die wichtigsten Übergangstypen zu identifizieren, die ein Unternehmen unterstützen sollte, und spezifische, zielgerichtete zusätzliche Ressourcen bereitzustellen.

Besonders bei zwei Arten des Übergangs empfiehlt es sich, neue Führungskräfte mit zusätzlichen Ressourcen auszustatten:

1. Beförderung. Wie in Kapitel 1 bereits dargelegt, sehen sich Führungskräfte nach einer Beförderungen einigen spezifischen Herausforderungen gegenüber. Die Kompetenzen, die in der neuen Position erforderlich sind, unterscheiden sich von den Fähigkeiten, die bislang für ihren Erfolg sorgten. Außerdem erwartet man von ihnen, eine andere Rolle einzunehmen, sich anders zu verhalten und mit den Mitarbeitern anders umzugehen. Deshalb sollte der frisch Beförderte ein paar Hilfsmittel an die Hand bekommen, um besser zu durchblicken, wie er auf der neuen Ebene erfolgreich sein kann. Er soll lernen, sich selbst einzuschätzen, und einen persönlichen Entwicklungsplan entwerfen.

2. Onboarding. Auch wenn Führungskräfte einem neuen Unternehmen beitreten oder durch einen Abteilungswechsel in eine andere unternehmerische Subkultur wechseln, sehen sie sich größeren Herausforderungen gegenüber. Sie müssen Erwartungshaltungen koordinieren, sich neuen Kulturen anpassen und die richtigen Beziehungen knüpfen. Gebündelte, gut zugängliche Ressourcen, durch die sie verstehen, was zur Erfüllung ihrer Aufgabe erforderlich ist, sowie Hilfe bei der Identifizierung der wichtigen Interessenvertreter und beim Knüpfen von Kontakten können ein Scheitern verhindern und Leistung fördern.

Passen Sie Ihre Unterstützungsmaßnahmen der Führungsebene Ihres Schützlings an

Wenn Kosten keine Rolle spielten, erhielte jede Führungskraft in eine Übergangsphase intensive, auf sie zugeschnittene Unterstützung. In einer vollkommenen Welt würde einer frischgebackenen Führungskraft ein Coach zugewiesen, der eine unabhängige Analyse durchführen und die Person noch vor Dienstantritt über die Ergebnisse in Kenntnis setzen würde. Der Coach würde zudem bei der diagnostischen Planung und der Zielsetzung behilflich sein, er würde bei der Teameinschätzung und Koordination helfen, Feedback über die Führungskraft sammeln und natürlich stets zur Verfügung stehen, um spezielle Themen durchzusprechen.

Da Manager oft enorme Auswirkungen auf das Gesamtgeschäft haben, ist es häufig sinnvoll, ihnen ein Übergangscoaching angedeihen zu lassen. (Führen Sie sich dabei vor Augen, dass ein Coaching für die neu ernannte Führungskraft sich von einem Entwicklungscoaching stark unterscheidet. Siehe hierzu den Kasten »Übergangs- versus Entwicklungscoaching«.) Aber aus ökonomischer Sicht ist es nicht sinnvoll, ein solches Coaching Führungskräften auf niedrigerer Ebene angedeihen zu lassen. Zunächst einmal müssen Sie sich alternative Wege überlegen, um den Betreffenden zu unterstützen (beispielsweise Coaching im Gruppenverband, durch virtuelle Workshops oder durch Selbstlernmaterialien).

Zum Zweiten sollten Sie versuchen, die relativen Kosten und den relativen Nutzen der Fördermaßnahme einzuschätzen, und zum Dritten sollten Sie Art und Ausmaß des Supports an die wichtigsten Ebenen in der Führungsstruktur des Unternehmens anpassen, um die Rentabilität zu maximieren.

Übergangs- versus Entwicklungscoaching

Übergangscoaching unterscheidet sich in hohem Maße von Entwicklungscoaching. Ein Coach für eine neue Führungskraft muss die notwendige Erfahrung haben, um als Vertrauter und Ratgeber für die Führungskraft zu fungieren. Außerdem sind eine gründliche Kenntnis des Unternehmens und der Unternehmenskultur unabdingbar für die Effektivität. Deshalb ist es für neue Führungskräfte nicht sinnvoll, eigene Coaches mitzubringen, denn ihnen fehlen vielleicht die Erfahrung mit Übergangssituationen und das Verständnis der Firmenkultur und des politischen Systems des neuen Arbeitsumfelds.

Tabelle 10.3 Übergangs- versus Entwicklungscoaching

Übergangscoaching	Entwicklungscoaching
Der Coach hilft der Führungskraft, • die Geschäftssituation und sich selbst in seiner neuen Rolle besser einzuschätzen; • eine Strategie zu entwickeln, um schlagkräftig zu werden; • eine Strategie zu entwickeln, um sich selbst zu managen; • einen Aktionsplan auszuarbeiten. Die Erfahrung des Coaches garantiert die richtige Mischung aus Rat und Verhaltenscoaching.	Der Coach hilft der Führungskraft, • vorhandene Kompetenzen und Verhaltensweisen einzuschätzen; • Kompetenzlücken und dysfunktionale Verhaltensweisen zu erkennen; • diese Herausforderungen zu korrigieren und Schlüsselkompetenzen zu entwickeln.

Definieren Sie die Rollen und schaffen Sie Anreize

Die Unterstützung neuer Führungskräfte ist ein Teamsport. Auf jede beliebige neue Führungskraft kommen normalerweise mehrere Mitarbeiter, die den Erfolg der Übergangsphase beeinflussen können. Zu den Schlüsselfiguren gehören Vorgesetzte, Kollegen, Mitarbeiter, Generalisten aus der HR-Abteilung, Coaches und Mentoren. Obwohl die Hauptverantwortung für die Unterstützung einer neuen Führungskraft auf den Schultern eines Einzelnen ruht – normalerweise auf denen eines Coaches oder HR-Generalisten –, ist es wichtig, sich auch über die unterstützende Funktion klar zu werden, die andere haben könnten, und Möglichkeiten zu finden, sie zu ermutigen.

Ein Vorgesetzter beispielsweise hat ein offensichtliches wirtschaftliches Interesse daran, die neue Führungskraft schnell auf Touren zu bringen. Andererseits muss wahrscheinlich auch er sich mit dringenden Anforderungen befassen. Deshalb sollte man sorgfältig darüber nachdenken, wie man Vorgesetzte und andere Entscheidungsträger mit Richtlinien und Hilfsmitteln ausstattet, die es ihnen ermöglichen, bei der Unterstützung der ihnen direkt unterstellten Mitarbeiter ebenso zielgerichtet wie effizient zu bleiben. HR-Generalisten können Führungskräften aus Fremdunternehmen ebenfalls wertvolle Unterstützung bieten, indem sie ihnen helfen, sich in der neuen Unternehmenskultur zurechtzufinden. Aber sowohl Vorgesetzte als auch HR-Manager müssen nicht nur wissen, was zu tun ist, sondern auch Anreize haben, um es tatsächlich zu tun.

Integrieren Sie andere Talent-Management-Systeme

Fördermaßnahmen funktionieren am besten, wenn sie mit dem Recruiting- und Entwicklungssystem für Führungskräfte Hand in Hand arbeiten. Das ist unmittelbar einleuchtend, denn das beste Onboarding-System kann die Sünden schlechter Personalbeschaffung nicht ausgleichen. Wenn das Unternehmen Leute einstellt, die wahrscheinlich gar nicht in die Unternehmenskultur hineinpassen, kann man nur wenig unternehmen, um das Risiko des Derailment durch Onboarding zu minimieren.

Deshalb überrascht es umso mehr, dass viele Firmen Personalbeschaffung und Onboarding immer noch nicht aufeinander abstimmen. Häufig berichten die Mitarbeiter in der entsprechenden Funktion an unterschiedliche Abteilungen und unterstehen Managern mit anderen, vielleicht sogar divergierenden Zielen, Erfolgskriterien und Leistungsanreizen. Ein notwendiger erster Schritt besteht darin, sie unter den gleichen Unternehmensschirm zu holen und ihre Ziele und Anreize zu koordinieren.

Darüber hinaus sollte die Firma schon bei der Personalbeschaffung an das

Übergangsrisiko denken. Das bedeutet, dass bei der Personalsuche eine gewisse Toleranz einberechnet werden sollte. Häufig suchen die Unternehmen nach dem »Leistungsstärksten«, stellen Personen ein, weil sie die erforderlichen Fähigkeiten haben, achten aber nicht darauf, ob sie passen. Natürlich können Sie durchaus das beträchtliche Risiko eingehen, jemanden aus einer vollkommen anderen Kultur ins Unternehmen zu holen, solange Ihnen bewusst ist, dass zwischen individuellen Fähigkeiten und kultureller Gleichheit eine Diskrepanz herrscht, und solange das Übergangsrisiko schon in der Personalbeschaffungsphase ausreichend evaluiert wurde. Das bedeutet natürlich, dass das Unternehmen seine eigene Firmenkultur durchschauen und verstehen muss, warum Menschen Schwierigkeiten bei der Anpassung haben. Durch entsprechendes Feedback über Erfolg und Scheitern des Onboarding lässt sich dieses Verständnis intensivieren (siehe Grafik 10.1).

Grafik 10.1 Verknüpfung von Personalbeschaffung und Onboarding

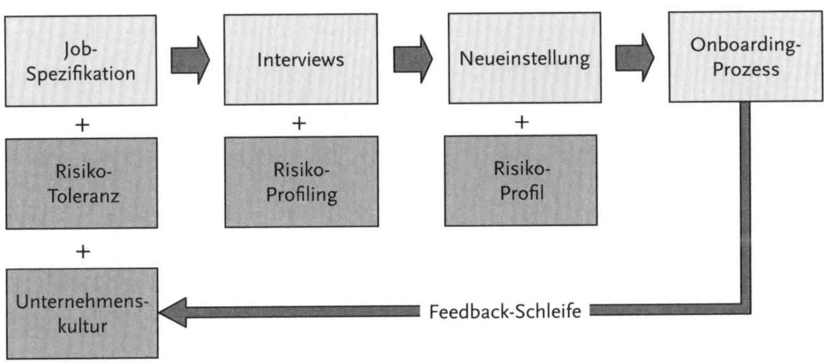

Es kann sehr nützlich sein, wenn potenzielle Risiken aus der Personalbeschaffung auch den Entscheidungsträgern bewusst sind, die für den Onboarding-Prozess verantwortlich sind. Die Personalbeschaffung beinhaltet verschiedene Beurteilungsformen, einschließlich psychometrischer Instrumente und ausführlicher Vorstellungsgespräche. Die Instrumente können Coaches und Workshop-Dozenten wertvolle Einblicke in den Führungsstil des jeweiligen Neulings geben und Aufschluss darüber, welche Schwierigkeiten er bei der Anpassung an die Kultur haben könnte. Genauso können Interviews Informationen über mögliche Übergangsrisiken bieten, sodass ein bestimmtes Risikoprofil erstellt werden kann. Zum anderen gibt es noch eine Beziehung zwischen Systemen zur Führungskräfteentwicklung und Unterstützungssystemen für die Übergangsphase. In der Führungskräfteentwicklung werden talentierte Mitarbeiter darauf vorbereitet, die nächste Verantwortungsstufe zu betreten. Das Übergangscoaching soll ihnen helfen, die Anfangshürde zu nehmen. Obwohl diese Beschreibung nahelegt, dass beide sich voneinander unterscheiden, bietet sich hier in Wirklichkeit die Chance, Entwicklung und Beschleunigung des Übergangs miteinander zu verquicken.

So sollte in der Personalentwicklung durchaus das Basismodell zur Erleichterung der Übergangsphase vorgestellt werden. Auf diese Weise können sich Führungskräfte in die Übergangsphase eindenken und sich mit der Frage auseinandersetzen, wie sie dereinst die nächste Rolle auf ihrer Karriereleiter gestalten wollen. Auf dieser Basis kann man in der Zeit des Übergangs aufbauen, was angesichts der hohen Anforderungen an neue Führungskräfte von unschätzbarem Wert ist.

Auch kann man die Führungskräfteentwicklung fördern, indem man die Erfahrungen von Führungskräften in verschiedenen Arten des Übergangs im Rahmen des STARS-Modells evaluiert. Dadurch lässt sich der Fortschritt hochkarätiger Führungskräfte durch verschiedene Positionen nachvollziehen, der ihre Fähigkeit, eine große Bandbreite von Geschäftssituationen zu meistern, widerspiegelt. Außerdem lassen sich mögliche Entwicklungslücken dadurch identifizieren – wenn eine Führungskraft beispielsweise vornehmlich Turnarounds gemeistert hat, muss man sie mit vielseitigeren, anderen Geschäftssituationen konfrontieren, um ihre Bandbreite zu steigern.

Denken Sie zur Verdeutlichung doch einmal über Ihre eigene berufliche Entwicklung nach. Nehmen Sie sich Zeit, um das Entwicklungsraster auszufüllen, ein Tool, um die eigene berufliche Entwicklung nachzuvollziehen (siehe Tabelle 10.4).

Fügen Sie alles zusammen

Vor dem Hintergrund der zahlreichen Übergänge, die in Unternehmen ablaufen, und den beträchtlichen Folgen, die sie haben, ist es durchaus sinnvoll, Kosten und Nutzen der Implementierung unternehmensübergreifender Fördersysteme zu berechnen. Die besten Systeme basieren auf einem Basismodell zur Erleichterung des Übergangs und entsprechenden Hilfsmitteln. Sie geben rechtzeitige Unterstützung, sind auf die Kunden zugeschnitten, weil sie die Art des Übergangs berücksichtigen, und werden auf kosteneffektive Weise

Tabelle 10.4: Ihr Entwicklungsraster

	Start-up	Turnaround	Wachstums-beschleuni-gung	Restruk-turierung	Stabilisierung einer Erfolgs-strategie
Marketing					
Verkauf					
Finanzen					
Personal					
Operatives Geschäft					
Forschung und Entwicklung					
Information					
Andere					

im ganzen Unternehmen angewandt. Auch berücksichtigen sie den Firmenkontext, indem sie die Hauptinteressenvertreter koordinieren und Leistungsanreize für sie schaffen und indem sie Personalbeschaffung und Führungskräfteentwicklung miteinander verquicken.

Ihre Checkliste: Fördern Sie andere

1. Was sind die wichtigsten Übergangssituationen in Ihrem Unternehmen, und wie häufig treten sie auf?
2. Weiß das Unternehmen, wo und wann solche Übergänge auftreten?
3. Gibt es ein gemeinsames Basismodell zur Förderung von Führungskräften in der Übergangsphase, eine gemeinsame Sprache und entsprechende Hilfsmittel?
4. Bekommen Führungskräfte während der gesamten Übergangsphase die notwendige Unterstützung? Wie können gebündelte Ressourcen für Onboarding- und beförderungsbedingte Übergangsphasen bereitgestellt werden?
5. Sind Personalbeschaffung und Fördermaßnahmen für Führungskräfte im Übergang auf angemessene Weise miteinander verwoben?

6. Sollte die Unterstützung in der Übergangsphase Teil des Unternehmenslehrplans für zukünftige High-Potentials sein?
7. Wie kann der 90-Tage-Plan eingesetzt werden, um den unternehmerischen Wandel zu beschleunigen – zum Beispiel im Hinblick auf Restrukturierungsmaßnahmen oder fusionsgefolgte Integration?

Anmerkungen

Vorwort

1 Es gibt zwei Ausnahmen zu dieser Regel: John J. Gabarro, *Leitende in neuen Positionen: Die Dynamik des Führungsübernahmeprozesses.* Wiesbaden: Gabler, 1988, und Linda A. Hill, *Becoming a Manager: How New Managers Master the Challenges of Leadership.* Boston: Harvard Business School Press, 2003.

2 Dan Ciampa und Michael Watkins, *Right from the Start: Taking Charge in a New Leadership Role.* Boston: Harvard Business Press, 1999.

3 Michael Watkins, *Leadership Transitions Version 3.0.* Boston: Harvard Business Publishing, 2008. Dieses E-Learning-Produkt gewann im Jahre 2001 den Brandon-Hill Excellence in E-Learning Silver Award in der leistungsbezogenen Designkategorie.

4 »Executive Onboarding: That Tricky First 100 Days«, in: *The Economist,* 13. Juli 2006.

5 Michael Watkins, *Shaping the Game: The New Leader's Guide to Effective Negotiating.* Boston: Harvard Business School Press, 2006.

6 Peter H. Daly, Michael Watkins und Cate Reavis, *The First 90 Days in Government: Critical Success Strategies for New Public Managers at All Levels.* Boston: Harvard Business School Press, 2006.

7 Michael Watkins, »The Pillars of Executive Onboarding«, in: *Talent Management,* Oktober 2008.

8 Michael Watkins, *Your Next Move: The Leader's Guide to Navigating Major Career Transitions.* Boston: Harvard Business Press, 2009.

9 Michael Watkins, »Picking the Right Transition Strategy«, in: *Harvard Business Review.* Januar, 2009, S. 47.

10 Michael Watkins, »How Managers Become Leaders: The Seven Seismic Shifts of Perspective and Responsibility«, in: Harvard Business Review, Juni 2012, S. 65.

11 Hervorragende Beispiele sind: Boris Groysberg und Robin Abrahams, »Five Ways to Bungle a Job Change«, in: *Harvard Business Review,* Januar 2010, S. 137; Keith Rollag, Salvatore Parise und Rob Cross, »Getting New Hires Up to Speed Quickly«, in:

Sloan Management Review, 15. Januar 2005; Jean-François Manzoni und Jean-Louis Barsoux, »New Leaders: Stop Downward performance Spirals Before They Start«, in: *HBR Blog Network*, 16. Januar 2009, http://blogs.hbr.org/hmu/2009/01/new-leaders-stop.downward-perf.html. Viele Studien wurden auch von Personalagenturen durchgeführt. Dazu gehört auch eine sehr solide Arbeit über die Dimensionen des Übergangs bei der CEO-Nachfolge.

12 Alle wurden in der ersten Ausgabe von *Die entscheidenden 90 Tage* vorgestellt.

13 Siehe Kapitel 1 »The Challenge« in Ciampa und Watkins, *Right from the Start*.

14 Siehe Einleitung zu Watkins, *Your Next Move*.

Einleitung

15 Befragung von 1350 Personalmanagern, die im Jahre 2008 für die IMD Business School tätig waren. Darüber wurde bereits berichtet in Michael Watkins, *Your Next Move*. Boston: MA: Harvard Business Press, 2009.

16 Genesis Advisers, *Harvard Business Review* und International Institute of Management Development. Nicht veröffentlichte Studie auf elektronischen Medien, 2011.

17 Bei der Untersuchung aus dem Jahre 2000 wurden Personalchefs der Fortune-500-Unternehmen befragt. Die Ergebnisse finden Sie in der ersten Ausgabe von *Die entscheidenden 90 Tage*.

18 Auf jeden individuellen Übergang kommen viele andere – Mitarbeiter, Vorgesetzte und Kollegen, deren Leistung negativ beeinflusst wird. In einer Studie aus dem Jahr 2009, in der Firmenchefs und CEOs untersucht wurden, bat ich die Betreffenden um eine Schätzung der Anzahl von Leuten, deren Leistung durch einen neuen Manager in der mittleren Führungsebene beeinträchtigt wurde. Das arithmetische Mittel lag bei 12,4 Menschen.

19 Meine Untersuchung aus dem Jahre 2000, in der führende Personalverantwortliche in Fortune-500-Unternehmen untersucht wurden. Die Ergebnisse sind in der ersten Ausgabe von *Die entscheidenden 90 Tage* nachzulesen.

20 Diese Studie wurde von zwei Klienten durchgeführt – einem Fortune-100-Unternehmen für medizinische Güter und einem Fortune-500-Finanzdienstleister – die an den Genesis-Advisers-Programmen und dem entsprechenden Coaching teilnahmen. Dabei erfolgte eine subjektive Einschätzung der verbesserten Leistungen durch die Teilnehmer. Zusätzlich wurde der Return on Investment auf der Basis konservativer Gehaltskosten eingeschätzt. Die im Jahre 2006 durchgeführte Studie des international operierenden Unternehmens für medizinische Güter konzentrierte sich auf 125 Teilnehmer an Coaching-Programmen für Führungskräfte in der Übergangsphase. Die Teilnehmer gaben an, ihre Leistung im Durchschnitt um 38 Prozent verbessert zu haben, Manager sprachen sogar von durchschnitt-

lich 40 Prozent. Der geschätzte Return on Investment lag bei 1400 Prozent. Die im Jahre 2008 für den Finanzdienstleister durchgeführte Studie konzentrierte sich auf den Zeitraum, innerhalb dessen der Break-even erreicht wurde. Dabei wurden 50 Teilnehmer an einem Genesis-Advisers-Coaching-Programm befragt. Die Teilnehmer gaben an, den Break-even etwa 1,2 Monate früher erreicht zu haben. Der ROI für das Programm basierend auf den Gehaltskosten lag schätzungsweise ungefähr bei 300 Prozent.

21 Unveröffentlichte Studie von Michael Watkins. Befragt wurden zwei Gruppen im Harvard Business School General Management Program (GMP), und zwar in den Jahren 2010 und 2011.

Kapitel 1 Befördern Sie sich selbst

22 Untersuchung aus dem Jahre 2008 von 1350 Führungskräften im Personalwesen, die der IMD Business School angehörten. Siehe Michael Watkins, *Your Next Move: The Leader's Guide to Navigating Major Career Transitions*. Boston: Harvard Business Press, 2009.

23 Michael Watkins, *Your Next Move: The Leader's Guide to Navigating Major Career Transitions*. Boston: Harvard Business Press, 2009.

24 Abraham Maslow sagt hierzu: »Es ist verführerisch, wenn das einzige Werkzeug, das einem zur Verfügung steht, ein Hammer ist, alles wie einen Nagel zu behandeln.« Siehe: Abraham Maslow, *Die Psychologie der Wissenschaft: Neue Wege der Wahrnehmung und des Denkens*. München: Goldmann, 1977.

Kapitel 2 Lernen Sie effektiv

25 N. M. Tichy und M. A. Devanna, *The Transformational Leader*. New York: John Wiley & Sons, 1986.

Kapitel 5 Sichern Sie sich frühe Erfolge

26 Eine frühe Auseinandersetzung mit der Sicherung früher Erfolge finden Sie in Dan Ciampa und Michael Watkins, *Right from the Start: Taking Charge in a New Leadership Role*. Boston: Harvard Business School Press, 1999. Kapitel 2.

27 Siehe: John J. Gabarro, *Leitende in neuen Positionen: Die Dynamik des Führungsübernahmeprozesses*. Wiesbaden: Gabler, 1988.

28 Siehe wikipedia.org/wiki/confirmation_bias.

29 George Will, »Price of Safety Sometimes Paid in Technology-Boosted War«, in: *Washington Post*, 12. Juni 1994.

30 Diese nützliche Unterscheidung verdanke ich meiner Kollegin Amy Edmondson.

31 Siehe Michael Watkins und Max Bazerman, »Predictable Surprises: The Disasters You Should Have Seen Coming«, in: *Harvard Business Review*, März 2003, S. 5–12.

Kapitel 6 Koordinieren Sie Ihr Umfeld

32 Dies basiert auf dem Modell »S-7« von McKinsey. Siehe Robert Waterman, Tom Peters u. a., »Structure Is Not Organization«, in: *Business Horizons*, 1980. Einen Überblick bietet auch Jeffrey L. Bradach, »Organizational Alignment: The 7-S Model«, Case 9–497–045, Boston: Harvard Business School, 1996. Die sieben »S« stehen für strategy, structure, systems, staffing, skills, style und shared values.

33 Siehe Wikipedia.org/wiki/SWOT_analysis. Eine frühe Beschreibung finden Sie in Edmund P. Learned, C. Roland Christiansen, Kenneth Andrews und William D. Guth, *Business Policy: Text and Cases*. Homewood: Irwin, 1969. Siehe auch: Hermann Simon und Andreas von der Gathen, *Das große Handbuch der Strategieinstrumente. Alle Werkzeuge für eine erfolgreiche Unternehmensführung*. Frankfurt/New York, Campus, 2002.

34 Zweigleisige Firmen zu schaffen, die beides zu tun vermögen ist eine Herausforderung. Siehe dazu: Michael L. Tushman und Charles O'Reilly III, *Innovation ist machbar*. Landsberg am Lech: Verlag Moderne Industrie, 1998.

Kapitel 7 Bauen Sie ein schlagkräftiges Team auf

35 Siehe zu den verschiedenen Typen T. DeLong und V. Vijayaraghavan, »Let's Hear It For B Players«, in: *Harvard Business Review*, Juni 2003: S. 96–102, 137.

36 M. Huselid, R. Beatty und B. Becker, »›A Players‹ or ›A Positions‹? The Strategic Logic of Workforce Management«, in: *Harvard Business Review*, Dezember 2005: S. 110–117, 154.

37 Siehe beispielsweise in A. Edmondson, M. Roberto und M. Watkins, »A Dynamic Model of Top Management Team Effectiveness: Managing Unstructured Task Streams«, in: *Leadership Quaterly* 14, Nr. 3, Frühjahr 2003: S. 297–325.

38 Fairness in Gruppenprozessen wird in folgendem Artikel behandelt: W. Chan Kim und Renée A. Mauborgne, »Fair Process: Managing in the Knowledge Economy«, in: *Harvard Business Review*, Juli – August 1997: S. 127–136.

Kapitel 8 Finden Sie Verbündete

39 Diesen Ausdruck prägten David Lax und Jim Sebenius. »Thinking Coalitionally«, in: *Negotiation Analysis,* hrsg. von V.H. Peyton Young, Ann Arbor: University of Michigan Press, 1991.
40 Siehe D. Krackhardt und J. R. Hanson, »Informal Networks: The Company Behind the Chart«, in: *Harvard Business Review,* Juli – August 1993.
41 Siehe die bahnbrechende Arbeit über Motivation von David McClelland, *Human Motivation.* Cambridge: Cambridge University Press, 1988.
42 Siehe: L. Ross und R. Nisbett, *The Person and the Situation: Perspectives of Social Psychology,* 2. Aufl., London: Pinter & Martin, 2011.
43 Aristoteles, *Rhetorik.* Übers. u. hrsg. von Gernot Krapinger, Stuttgart: Reclam, 1999.
44 Siehe James Sebenius, »Sequencing to Build Coalitions: With Whom Should I Talk First?« in: *Wise Choices: Decisions, Games, and Negotiations.* Hrsg. von Richard J. Zeckhauser, Ralph L. Keeney und James K. Sebenius, Boston: Harvard Business School Press, 1996.

Kapitel 9 Halten Sie Ihr persönliches Gleichgewicht

45 Siehe Ronald Heifetz, *Leadership Without Easy Answers.* Cambridge, MA: Belknap Press, 1994, S. 251.
46 Ursprünglich wurde diese Kurve als Model zur Darstellung von Angst entwickelt. Siehe R.M. Yerkes und J.D. Dodson, »The Relation of Strength of Stimulus to Rapidity of Habit Formation«, in: *Journal of Comparative Neurology and Psychology,* 18 (1908): S. 459–482.
47 Der »Gang an die frische Luft« wird weiter diskutiert in William Ury, *Schwierige Verhandlungen: Wie Sie sich mit unangenehmen Kontrahenten vorteilhaft einigen.* Frankfurt: Campus, 1995.

Kapitel 10 Fördern Sie andere

48 Unabhängige Studie eines Fortune-100-Unternehmens für medizinische Güter, bei der 125 Teilnehmer an einem Genesis Advisers Transition Programm oder Coaching untersucht wurden. Die Teilnehmer gaben an, dass ihre Leistung sich um durchschnittlich 38 Prozent steigert und die Führungskräfte berichteten über eine 40-prozentige Verbesserung.
49 Direkte Zitate stammen aus der gleichen Studie des Genesis Advisers Programms.
50 Eine hervorragende Darstellung dieser systematischen Fehler bei der Zuweisung neuer Rollen für Führungskräfte finden Sie in J. Manzoni und J. L. Barsoux, *Das Versager-Syndrom: Wie Chefs ihre Mitarbeiter ausbremsen und wie es besser geht.* München: Hanser, 2003.

Literatur

Strategieentwicklung

Brandenberger, Adam und Nalebuff, Barry, *Co-opetition*. New York: Doubleday, 1996.

Ghemawat, Pankaj u. a., *Strategy and the Business Landscape*. Reading: Addison-Wesley, 1999.

Porter, Michael, *Wettbewerbsvorteile. Spitzenleistungen erreichen und behaupten*. Frankfurt/New York: Campus, 2000.

Simon, Hermann und von der Gathen, Andreas, *Das große Handbuch der Strategieinstrumente. Alle Werkzeuge für eine erfolgreiche Unternehmensführung*. Frankfurt/New York: Campus, 2002.

Watkins, Michael u. a., *Winning the Influence Game: What Every Business Leader Should Know About Government*. New York: Wiley, 2001.

Organisationsdesign

Kaplan, Robert und Norton, David, *Die strategiefokussierte Organisation: Führen mit der Balanced Scorecard*. Stuttgart: Schäffer-Poeschl, 2001.

Nadler, David, *Organisations-Architektur. Optimale Strukturen für Unternehmen im Wandel*. Frankfurt/New York, Campus, 1994.

Neilson, Gary L. und Pasternack, Bruce A., *Erfolgsfaktor Unternehmens-DNA. Die vier Bausteine für effektive Organisationen*. Frankfurt/New York, Campus, 2006.

Change-Management

Doppler, Klaus und Lauterburg, Christoph, *Change Management. Den Unternehmenswandel gestalten*. Frankfurt/New York: Campus, 2005.

Kotter, John P., *Leading Change. Boston: Harvard Business School Press,* 1996.

Schein, Edgar, *Unternehmenskultur. Ein Handbuch für Führungskräfte.* Frankfurt/New York: Campus, 1995.

Tushman, Michael und O'Reilly, Charles, *Innovation ist machbar.* München: Verlag Moderne Industrie, 1998.

Verhandeln und Überzeugen

Cialdini, Robert, *Die Psychologie des Überzeugens.* Bern: Huber, 1995.

Fisher, Roger, Ury, William und Patton, Bruce, *Das Harvard-Konzept. Der Klassiker der Verhandlungstechnik.* Frankfurt/New York: Campus, 2006.

Püttjer, Christian und Schnierda, Uwe, *Die heimlichen Spielregeln der Verhandlung. So trainieren Sie Ihre Überzeugungskraft.* Frankfurt/New York: Campus, 2002.

Stone, Douglas, Patton, Bruce und Heen, Sheila, *Offen gesagt. Erfolgreich schwierige Gespräche meistern.* München: Goldmann, 2001.

Watkins, Michael, *Breakthrough Business Negotiation: A Toolbox for Managers.* San Francisco: Jossey-Bass, 2002.

Führung und Team

Bazerman, Max, *Judgement in Managerial Decision Making.* New York: Wiley, 2002.

Heifetz, Ronald A. und Linsky, Marty, *Leadership on the Line. Staying Alive through the Dangers of Leading.* Boston: Harvard School Business Press, 2002.

Hill, Linda, *Becoming a Manager. How New Managers Master the Challenges of Leadership.* Boston: Harvard School Business Press, 2003.

Katzenbach, Jon und K. Smith, Douglas, *Teams. Der Schlüssel zur Hochleistungsorganisation.* München: Verlag Moderne Industrie 2003.

Malik, Fredmund, *Führen, Leisten, Leben. Wirksames Management für eine neue Zeit.* Frankfurt/New York: Campus 2014.

Register